Reto U. Schneider

Planetenjäger

Die aufregende Entdeckung fremder Welten

Birkhäuser Verlag
Basel · Boston · Berlin

Ein Kulturengagement des Kantons Solothurn

Die Deutsche Bibliothek – CIP-Einheitsaufnahme
Schneider, Reto U.:
Planetenjäger : die aufregende Entdeckung fremder Welten / Reto U. Schneider. Mit einem Vorwort von Michel Mayor. – Basel ; Boston ; Berlin : Birkhäuser, 1997
ISBN 3-7643-5607-3

Umschlaggestaltung: Matlik und Schelenz, Essenheim
Gedruckt auf säurefreiem Papier, hergestellt aus chlorfrei gebleichtem Zellstoff. ∞
Printed in Germany
ISBN 3-7643-5607-3

9 8 7 6 5 4 3 2 1

Inhaltsverzeichnis

Vorwort von Michel Mayor 7

Einführung 11

1. Eine neue Welt 15
2. Das Rennen beginnt 31
   Exkurs: Stern, Brauner Zwerg, Planet 50
3. Konkurrenz aus den USA 53
   Exkurs: Entfernungen in der Astronomie 68
4. Eine erste Spur 69
5. Ist das Rennen schon vorbei? 81
   Exkurs: Das Lichtspektrum 105
6. Der unmögliche Planet 107
   Exkurs: Unser Sonnensystem 115
7. Eine schicksalhafte Entscheidung 123
8. Im richtigen Tempo zum Rendezvous 137
9. Die Konkurrenz holt auf 145
10. Ein letzter Zweifel 149
11. Der Sklave der Himmelsmechanik 161
    Exkurs: Nachweismethoden für Planeten im Überblick 174
12. Die Welt feiert einen neuen Planeten 177
13. Es regnet Planeten 187
14. Eine gewagte Bekanntgabe 201
15. Ein schmutziges Geheimnis 209
16. Ist da draußen wer? 217

17. Eine unglückliche Wahl 229
18. Wann können wir sie sehen? 235
19. Streit um 51 Pegasi 251

Zeittafel: Die wichtigsten Ereignisse und Entdeckungen bei der Suche nach extrasolaren Planeten 257
Die neuen Planeten im Überblick 266
Die neuen Sonnensysteme im Vergleich 268
Extrasolare Planeten im Internet 271

Literatur 273
Register 277

Vorwort

Für all diejenigen unter uns, die sich wie viele unserer Vorgänger Gedanken über den Platz des Menschen im Universum machen, wird das vergangene Jahr (vom Oktober 95 bis Oktober 96) ein außergewöhnliches Jahr bleiben. Gewiß, wir sind nicht die ersten, die über die Vielzahl der Welten und die Möglichkeit von Leben an anderen Orten im Kosmos nachdenken. Ein Brief von Epikur, vor mehr als 2000 Jahren geschrieben, klingt in diesem Jahr merkwürdig vertraut: «Es gibt unzählige Welten, sowohl solche wie die unsere als auch andere. (...) nichts spricht gegen eine unendliche Anzahl Welten. (...) Wir müssen akzeptieren, daß es auf allen Welten Lebewesen, Pflanzen und andere Dinge gibt, wie wir sie auf unserer Welt erblicken.» Stellen Sie sich vor, Epikur schrieb diese Sätze an Herodot im 3. Jahrhundert vor Christus, zu einem Zeitpunkt, als er vom Himmel nur kannte, was ihm seine Augen und sein Gehirn davon offenbarten.

Die Suche nach extrasolaren Planeten und ihr Studium reihen sich in die lange Tradition der Frage nach unserem Platz im Universum ein: x-beliebig oder einmalig?

Welches ist der Platz der Erde im Sonnensystem? Welches ist der Platz des Sonnensystems in unserer Galaxis (der Milchstraße)? Gibt es Planeten um andere Sterne? Wenn ja, wie viele? Sind sie bewohnbar? Sind sie bewohnt? Schwindelerregende Fragen der Astronomie und der jungen Wissenschaft Exobiologie. Epikurs Gedanken sind bemerkenswert, weil sie weder die Erde als einmaligen Ort im Universum noch das irdische Leben als außergewöhnlich darstellen.

Andere wollten die Erde im Mittelpunkt des Sonnensystems sehen. Es war Kopernikus, der ihr den richtigen Ort zuwies. Ein Planet unter anderen, die um die Sonne kreisen. Dieses Jahrhundert hat den Beweis erbracht, daß unsere Sonne nur ein banaler Stern unter einigen hundert Milliarden ist, der sich in «unserer» Galaxis dreht, und daß es Milliarden anderer Galaxien im beobachtbaren Universum gibt.

Es war dieses Jahr, das es erlaubte, den Beweis für die Existenz extrasolarer Planeten zu erbringen. Sicher, aus der Kenntnis der physikalischen Vorgänge bei der Sternentstehung ließen sich die Vorkommen vieler Planeten um andere Sterne voraussagen. In diesem Sinn war die Entdeckung des ersten extrasolaren Planeten eine erwartete Entdeckung, und doch war der Planetenfund um den Stern 51 Pegasi ein Schock – für die Astrophysiker wie für die Öffentlichkeit.

Einerseits wurde nach so vielen Jahren der vergeblichen Suche endlich ein Planet entdeckt. Andererseits entsprach dieser Planet nicht den Erwartungen. Er kreist in etwa vier Tagen um den Stern. Das war, verglichen mit den Vorhersagen, fast tausendmal zu schnell. Trotz seiner geringen Masse, die etwa bei der Hälfte jener unseres Jupiters liegt, stellte sich die Frage, ob der Begleiter von 51 Pegasi wirklich ein Planet ist oder ob es sich bei ihm um ein besonderes Objekt handelt, ein Überbleibsel eines einzigartigen Phänomens.

Kurze Zeit später zeigten uns die Entdeckungen unserer Kollegen von der Lick-Sternwarte die Vielfalt der Sonnensysteme. Auch wenn viele Sterne ein Gefolge aus Planeten haben, so sind diese Sonnensysteme nicht alle dem unseren ähnlich. Die Entdeckung von 51 Pegasi wirft mehr Fragen auf, als sie beantwortet. Welche physikalischen Mechanismen liegen der Vielfalt verschiedener Strukturen von Sonnensystemen zugrunde?

Wenn die großen Gasplaneten, die bisher entdeckt worden sind, sich dem Stern so stark nähern können, was wird dann aus den erdähnlichen Planeten, was aus den kleinen Planeten aus Gestein, die, wenn sie in günstiger Distanz um den Stern kreisen, geeignet sind, komplexe chemische Reaktionen zu beherbergen? Reaktionen wohlgemerkt, von denen man vermutet, daß sie die erste Etappe auf dem Weg zur Bildung lebender Organismen darstellen!

Glücklicherweise gibt es noch große und schöne Probleme zu lösen. Die Vielfalt bewohnter Planeten gehört dazu.

Ich hoffe, das Buch von Reto Schneider kann Sie an der Begeisterung der Wissenschaftler und ihren Zweifeln während dieses außergewöhnlichen Jahres teilhaben lassen. Es war ein Jahr, in dem ein Vorhang zerrissen wurde und wir den Reichtum der Vielfalt fremder Sonnensysteme entdecken konnten.

Michel Mayor

Sternwarte von La Silla (Chile),
20. November 1996

Einführung

In der Verkürzung einer Pressemeldung trägt jede wissenschaftliche Entdeckung die Insignien eines Wunders. «Gen gefunden» – «Planet entdeckt». Als ob das Gen dick und fett auf dem Tisch gelegen hätte, als der Professor das Labor betrat, und der Planet von der einen Nacht auf die andere plötzlich in den Himmel gehängt worden wäre. In der Öffentlichkeit entsteht dadurch der Eindruck, die Wissenschaft sei ein Metier sprunghafter Fortschritte, die schicksalhaft mal hier, mal dort auftreten. Für die jahrelange Arbeit, die hinter einem wissenschaftlichen Durchbruch steckt, bleibt kein Platz auf den vierzig Zeilen zwischen dem Busunglück in den Karpaten und dem neuen Liebhaber von Lady Di.

Dieses Buch gewährt einen intimen Blick hinter die Kulissen. Es erzählt die Geschichte der ersten Entdeckung von Planeten außerhalb unseres Sonnensystems und ihrer Folgen. Seit Kopernikus vor über 400 Jahren die Erde aus dem Zentrum des Universums verbannte, suchten die Astronomen nach Planeten, die um andere Sterne kreisen. Es gab Wissenschaftler, die Jahrzehnte dafür aufwendeten. Alle paar Jahre behauptete einer unter ihnen, er habe den ersten extrasolaren Planeten gefunden. Aber keine dieser spektakulären Meldungen hielt einer näheren Prüfung stand.

In den achtziger Jahren begannen in den USA und Kanada mehrere Forschergruppen, den Himmel mit extrem genauen Meßgeräten zu durchforsten. Diese Teams hatten bereits jahrelang gesucht, als zwei Schweizer Astronomen nach nur zehn Monaten Beobachtungszeit ankündigten, den ersten extrasolaren Planeten gefunden zu haben. Im nachhinein stellten die erstaunten Konkurrenten in Übersee fest, daß sie längst dieselben Messungen wie die Schweizer hätten machen können.

Dieses Buch handelt von einem ausgesprochen jungen Forschungsgebiet. Viele Astronomen haben mir geraten, mit dem Schreiben noch einige Jahre zu warten, bis sich die Lage geklärt hat und die Bedeutung der verschiedenen Forschungsresultate besser eingeschätzt werden kann. Ich habe mich nicht an ihren Rat gehalten, denn dieses Buch will kein ultimatives Werk über extrasolare Planeten sein. Es ist vielmehr eine Momentaufnahme der Geburtsstunde eines neu entstehenden Wissenschaftszweiges in der Astronomie. Die Interpretationen der gewonnenen Meßresultate mögen sich später als unzureichend herausstellen. Vielleicht wird man feststellen, daß es einen oder mehrere der postulierten Planeten gar nicht gibt. Doch die Geschichte, wie sich dieses Rennen abgespielt hat, warum die Konkurrenten wie gehandelt haben, was sie dabei dachten und fühlten, wird immer ein Stück spannende Wissenschaftsgeschichte bleiben.

Planetenjäger begleitet die Astronomen bei ihrer Arbeit. Das Buch erzählt die Geschichte von langweiligen Nächten in der Sternwarte, von einer falschen Theorie, die einige Forscher in die Irre führte, und von einem Sternenkatalog, in dem ausgerechnet der entscheidende Stern falsch eingetragen war. Es richtet sich an alle, die sich dafür interessieren, wie Astronomen heute arbeiten und was in ihren Köpfen vorgeht, wenn sie eine große Entdeckung machen – oder eine knapp verpassen.

Wer *Planetenjäger* lesen will, benötigt keine Vorkenntnisse in der Astronomie. Ich bin selbst kein Astronom und habe bei meinen Interviews mit den Fachleuten deshalb ähnlich «dumme» Fragen gestellt, wie viele Leser es getan hätten.

Dieses Buch ist nicht nur mein Buch. Ohne die Hilfe einer Reihe von Menschen wären diese Seiten leer geblieben. Mein Dank gilt als erstes Michel Mayor und Didier Queloz, die mir in langen Gesprächen einen großen Teil dessen beigebracht haben, was ich heute über die Suche nach Planeten weiß. Auch ihre amerikanischen Kollegen haben mich trotz ihrer zuweilen vollen Terminkalender herzlich empfangen. Geoff Marcy und Paul Butler gaben mir die Gelegenheit, sie für drei Nächte an die Lick-Sternwarte zu begleiten. Und so gehöre ich heute zu den wenigen Personen, die Jupiter mit eigenen Augen durch ein Drei-Meter-Spiegelteleskop gesehen haben. Auch Gordon Walker, Bob Noyes und George Gatewood haben sich die Zeit genommen, mich zu treffen und mir von ihrer Arbeit zu erzählen.

In langen Telefongesprächen oder Interviews per E-Mail haben mir überdies folgende Wissenschaftler ihren Teil der Geschichte erzählt: Bruce Campbell, Tim Brown, Alan Boss, Roberto Pallavicini, Willy Benz, Adam Burrows, Jim Liebert, Alfred Vidal-Madjar, Roger Angel, David Latham, Alexander Wolszczan, Gilbert Burki, David Black, Scott Tremaine, Bob McMillan, Bill Cochran und Jean Heidmann.

Daß dieses Buch überhaupt möglich war, verdanke ich nicht zuletzt der Großzügigkeit einiger Kolleginnen und Kollegen in der Redaktion des Schweizer Nachrichtenmagazins *Facts*: Gaby Schweizer, Ulrich Bahnsen, Urs Willmann und Jürg Wildberger waren einverstanden, die Umstellungen auf sich zu nehmen, die meine Abwesenheit mit sich brachte. Nik Walter erklärte sich kurzfristig bereit, in die Lücke zu springen. Jan Gunz und Isabelle Imhof haben für mich die Zeitungsarchive nach Planeten durchstöbert. Thomas Hübscher war mir beim Umgang mit elektronischen Bildern behilflich.

Urs Willmann hat mich beim Gegenlesen des Manuskripts mit sprachlichen Spitzfindigkeiten fast in den Wahnsinn getrieben, vor allem weil er in der Regel recht hatte. Weitere Tips zur Verbesserung des Manuskripts gaben mir meine Testleser Ralph und André Schneider. Hilmar Dürbeck hat das Manuskript auf fachliche Fehler durchgesehen, und mein Lektor Christian von Ditfurth hat ihm den letzten Schliff verliehen.

Folgende Personen haben mir – in den meisten Fällen kostenlos – Bildmaterial zur Verfügung gestellt: Steve Vogt, Alexander Wolszczan, Gordon Walker, Joe Wrinn, George Gatewood, Marsha Miller, Alan Boss, Roger Angel, Didier Queloz, Michel Mayor, Alfred Vidal-Madjar, David Black, ESO, SETI-Institut, Swarthmore-College, Harvard-Smithsonian-Zentrum für Astrophysik, Sternwarte von Haute-Provence, Jet Propulsion Laboratory, Verlag Delcourt, NASA.

Ein Großteil der Kosten für die Recherche in Frankreich, den USA, Kanada und der Schweiz wurde vom Schweizerischen Nationalfonds und vom Lotteriefonds des Kantons Solothurn getragen.

Zuletzt ein großer Dank an Regula, die sich in nächtlichen Anrufen immer wieder nach meinem Wohlergehen und dem der neuen Planeten erkundigt hat.

Reto U. Schneider — Zürich, im März 1996

1. Eine neue Welt

Daß es so schnell gehen würde, hatte Michel Mayor nicht erwartet. Der Portier drückte ihm einen Stapel Papier in die Hand: Zeitungsredaktionen, Radio- und Fernsehstationen aus England, Frankreich und den USA ließen den Genfer Astronomieprofessor per Fax wissen, daß sie mit ihm sprechen wollten. «Dringend» stand auf einigen Mitteilungen in fetter Schrift, auf anderen «sofort weiterleiten» oder «wichtige Nachricht». Die Absender der Anfragen bedrängten den Professor überdies mit pausenlosen Anrufen im Hotelzimmer. Wie hatten die Journalisten bloß herausgefunden, in welchem Hotel er abgestiegen war?

Michel Mayor war mit seiner Frau vor drei Tagen in Florenz eingetroffen, wo der neunte Cambridge Workshop on Cool Stars, Stellar Systems and the Sun stattfand. Das «Cool Star Meeting», wie es die Astronomen nennen, gilt als renommiertes Treffen, es wird alle zwei Jahre an wechselnden Orten einberufen. Im Herbst 1995 reisten knapp 300 Sternspezialisten aus aller Welt nach Italien. Da gab es Experten für Magnetfelder der Sonne, Erforscher von pulsierenden Sternen und Theoretiker, die am Computer nachzustellen versuchten, was ihre Kollegen Sonderbares am Himmel beobachtet hatten. Es wurde über «Lithium, Rotation und Aktivität von jungen Sternhaufen» diskutiert und über «Sterne mit geringer Masse und Braune Zwerge».

Mayor hatte bewußt diese Konferenz ausgewählt. Wenn irgendwo genug astronomische Kompetenz versammelt war, um ein fundiertes Urteil über seine Entdeckung abzugeben, dann hier. Sollte er trotz mehrfacher Kontrolle einen Fehler gemacht haben, sollte ihm trotz nächtelangem Studium der Fachliteratur etwas entgangen sein, hatte er gute Chancen, es morgen nach seinem Vortrag zu erfahren.

Mayors Stimmung schwankte am Abend dieses 5. Oktober 1995 zwischen Anspannung und Erleichterung. Wie er es auch drehte und wendete: Was er präsentieren würde, war ein Indizienbeweis. Ein lükkenloser zwar, wie er glaubte, aber es blieb ein kleiner Rest Zweifel, ob wirklich stimmte, was er mit seinem Assistenten Didier Queloz herausgefunden zu haben glaubte. Mayor war froh, daß das Versteckspiel am nächsten Tag ein Ende haben würde. Seit Monaten konnten er und Queloz nicht mehr offen über ihre Forschungsergebnisse sprechen. Sie führten Kodenamen für bestimmte Sterne ein, schlossen ihre Daten abends weg und versuchten, ihre Aufregung vor den Kollegen zu verbergen. Manchmal kamen ihnen ihre Vorsichtsmaßnahmen selbst etwas lächerlich vor, doch im geschwätzigen Milieu der Astronomen breiteten sich Neuigkeiten schnell aus. Und in ihrem Fall hätte das fatale Folgen haben können.

Seit einiger Zeit schon munkelte man, daß Mayor in Florenz Großes anzukündigen habe. Auf einem Astronomentreffen, das kurz zuvor stattgefunden hatte, wurde bereits verbreitet, daß es guten Grund gebe, das Cool Star Meeting nicht zu verpassen. So hatte wohl die Presse Wind davon gekriegt. Mayor hatte aber peinlich darauf geachtet, daß der Name des Objekts, um das es ging, nicht durchsickerte.

Als Mayor die Interviewanfragen kurz durchging, konnte er nicht ahnen, daß sie bloß der harmlose Vorlauf eines Medienspektakels waren, das er am nächsten Morgen um Viertel nach elf selbst in Gang setzen würde. Zwei Wochen später konnte er seinen Namen und den seines Assistenten auf der ersten Seite der *International Herald Tribune* lesen, kurze Zeit darauf in einer Titelgeschichte des deutschen Nachrichtenma-

INTERNATIONAL
Herald Tribune

PUBLISHED WITH THE NEW YORK TIMES AND THE WASHINGTON POST

The World's Daily Newspaper ** Paris, Friday, October 20, 1995

ET's Home? Planet Orbits a Sun-Like Star

Astronomers Confirm Solar System Exists Just 40 Light Years From Earth

By Kathy Sawyer
Washington Post Service

WASHINGTON — For the first time, astronomers have confirmed the discovery of a planet around a star similar to the sun.

The star, 51 Pegasus, is just 40 light years away from Earth and is visible to the naked eye in the northern hemisphere.

The long-awaited discovery of a planet in a system apparently similar to our solar system has made the fifth-magnitude star the focus of intense excitement among astronomers around the world as word spread this week that the findings had been independently verified.

The newly discovered planet's nature is certainly not compatible with life as we know it. It is only 5 million miles from its star — one-twentieth the distance from the Earth to the sun — where its temperatures are about 1,800 degrees Fahrenheit (almost 1,000 centigrade).

It is "literally skimming the surface of the star," said Paul Butler, a postdoctoral reseacher at the University of California at Berkeley.

The detection of a planet with at least half the mass of Jupiter (or about 160 times the mass of Earth) was first reported Oct. 6 at a meeting in Florence by Michel Mayor and Didier Queloz of the Geneva Observatory in Switzerland.

But the scientists remained skeptical because there had been a string of similar claims that failed to stand up to scrutiny. In the last decade, there have been several reported discoveries of planets orbiting stars elsewhere in the universe, most of which proved erroneous.

Until now, the only unshakable evidence of planets outside the solar system had been found in a system that is dramatically different from the sun's. That was the confirmation within the last three years of at least two planets orbiting a whirling dead star called a pulsar that, instead of light, emits a barrage of deadly invisible radiation.

The confirmation of the 51 Pegasus planet gives new credence to theories that there are other earth-like worlds that could harbor life, said Geoffrey Marcy, professor of physics and astronomy at San Francisco State University, whose team confirmed the discovery.

"It's wild," he said. "I'm getting 60 or 70 e-mails per day from astronomers all over the world."

Last week, in four days of observations using the three-meter (10-foot) telescope at the Lick Observatory near San Jose, California, Mr. Marcy and Mr. Butler made independent measurements of the 51 Pegasus system.

They had never studied that star during their own years of searching for planets, they said, because it had been misclassified in a leading star catalogue. Then they heard about the Swiss team's

See PLANET, Page 8

France Is Set to Join Pact

Belgian Lawmakers Authorize Indictmen

Vote Will Force Claes Out o

By Tom Buerkle
International Herald Tribune

BRUSSELS — The Belgian Parliament voted Thursday to lift the immunity of Willy Claes to face corruption charges before the country's highest court, a move that was expected to force Mr. Claes to resign Friday as secretary-general of NATO.

The vote by the Chamber of Representatives, the lower house of Parliament, endorsed the view of the high court that there were sufficient "indications of guilt" that Mr. Claes had committed corruption, fraud and forgery in connection with payments made by two companies — Italy's Agusta and France's Dassault — in 1989 to win defense contracts.

Mr. Claes, who was Belgium's economics minister at the time, rejected the accusations as nothing less than a "political assassination" in a dramatic appeal to his former parliamentary colleagues on Thursday evening.

But the members deliberated barely an hour before voting, 97 to 52, to refer his case to the high court for prosecution, which is equivalent to an indictment.

A NATO official, quoted by Agence France-Presse and speaking on condition of anonymity, said Mr. Claes would resign Friday, summoning the ambassadors of the 16 NATO members to inform them of his decision.

The affair was uncovered by investigators looking into the as-yet unsolved 1991 murder of André Cools, a former minister and leading figure in Belgium's French-speaking Socialist Party. The episode has dominated the Belgian political scene for nearly two years, forcing four former ministers to resign and apparently provoking the suicide of the former head of Belgium's air force in March, after news reports linked him to the scandal.

A resignation announcement will rock

Benoit Doppagne/Reuters

«E.T.s Heimat? Planet umkreist sonnenähnlichen Stern.» Die *International Herald Tribune* vom 20. Oktober 1995 druckte den Bericht über den Planetenfund auf der Titelseite.

gazins *Der Spiegel*. Journalisten aus aller Welt lösten Flugtickets nach Genf, um mit den zwei Astronomen zu sprechen, die «das Rennen um eine der größten Auszeichnungen in der Wissenschaft» gewonnen hatten, wie die *BBC* es ausdrückte. Für Fotografen und Filmteams stellten sich Mayor und Queloz in ständig neuen Variationen mit einem Teleskop zu einem Gruppenbild auf. Nach einem Dutzend Fernsehinterviews hörte Mayor mit dem Zählen auf. Er, der zu Hause nicht einmal einen Fernseher besitzt, um sie sich anzuschauen.

Michel Mayor gehört nicht zu jenem Archetyp in der Astronomie, der zum neunten Geburtstag eine Sternkarte und zum zwölften ein Fernrohr geschenkt bekommen hatte und von da an wußte, womit er sein Leben verbringen würde. Sein Weg zu den Sternen war nicht vorgezeichnet, und um die Krönung seiner Karriere als Astronom wird sich nie der Mythos ranken lassen, er habe schon als Kind in den Nachthimmel geschaut und von neuen Planeten geträumt. «Als ich mein Physikstudium beendet hatte, sah ich eine Anzeige der Sternwarte von Genf. Sie suchten einen Assistenten», beschreibt der 1942 geborene Schweizer Professor emotionslos seinen Einstieg in die Astronomie. Nicht daß er seiner Arbeit gleichgültig gegenübersteht. Mayor ist Forscher mit Leib und Seele. Aber daß er gerade in der Astronomie landete, bezeichnet er selbst als Zufall. «Es gibt fünfzig Gebiete, die mich ebenso faszinieren. Die Gehirnforschung zum Beispiel, die Ozeanographie oder die Biologie.»

Seine Überdosis Neugier scheint ihm eine natürliche menschliche Gabe zu sein. Auf die Frage, warum er in einem Gebiet forsche, das für die Menschheit nie von konkretem Nutzen sein werde, kann er nur mit der Gegenfrage antworten: Wie ist es möglich, daß es Menschen gibt, die nicht wißbegierig sind?

Es dauerte nicht lange, da wurde Mayors Frau auf ihren berühmt gewordenen Gatten angesprochen. Eine Bekannte kleidete ihre Anteilnahme in die Worte: «Ich bin wirklich froh, daß Ihr Mann nach so vielen Jahren endlich etwas gefunden hat.» O ja, Michel Mayor hatte etwas gefunden. Zusammen mit Didier Queloz entdeckte er, wovon andere seit Jahrhunderten geträumt hatten und wonach seit Jahrzehnten gesucht worden war: einen Planeten, der nicht die Sonne, sondern einen anderen Stern umkreist.

«Planet des ‹Pegasus 51›. Entdeckung bei der Suche nach Leben im All.» Das Titelbild des deutschen Nachrichtenmagazins *Der Spiegel* vom 6. November 1995.

Für Laien mag es unverständlich sein: Da berechnen Astronomen das Alter des Universums, kennen Gebiete des Mondes besser als Seitenarme des Amazonas und präsentieren der Öffentlichkeit Bilder von Galaxien vom Anfang der Zeit. Doch auf die naheliegende Frage, ob noch andere Planeten existierten als die neun, die unsere Sonne umkreisen, zuckten sie mit den Schultern. Zwar gab es wissenschaftliche Erkenntnisse, die nahelegten, daß die Entstehung unseres Sonnensystems kein kosmischer Zufall war. Man fand junge Sterne, in Staubscheiben gehüllt, in denen sich laut gängiger Theorie Planeten bilden sollten. Doch den Beweis, daß die Saat auch aufgeht und sich Staub und Eis zu Planeten verklumpen, blieben die Astronomen schuldig. Die Menschheit am Ende des 20. Jahrhunderts kann Atome spalten und computergesteuert Toiletten spülen. Wir schicken das Raumschiff «Enterprise» seit über zwei Jahrzehnten zu Welten, die nie ein Mensch zuvor gesehen hat, doch wir wußten bis vor kurzem noch nicht einmal, ob es eine einzige solche Welt gibt.

Trotzdem glaubten die Astronomen fest daran, daß es noch andere Planeten gab. Weil eine streng wissenschaftliche Begründung aber fehlte, argumentierten zuweilen auch hartgesottene Forscher wie römische Philosophen. «Wenn man nun annimmt, daß sich leerer Raum grenzenlos in alle Richtungen erstreckt und daß sich zahllose Samenteilchen auf unzähligen Bahnen unter dem Anstoß ewiger Bewegung durch das unmeßbare Weltall bewegen, so ist es im höchsten Grade unwahrscheinlich, daß diese Erde und dieser Himmel die einzigen sind, die geschaffen wurden.» Diesen Satz schrieb der römische Dichter Lukrez vor 2000 Jahren. Der chinesische Gelehrte Teng Mu sah es vor 1000 Jahren ähnlich: «Wie unvernünftig wäre es doch, anzunehmen, daß es außer Erde und Himmel, die wir sehen können, keine anderen Erden und Himmel gebe.»

Einige Jahrhunderte später appellierte auch Michel Mayor an den gesunden Menschenverstand: «Es gibt keinen Grund zu glauben, daß von hundert Milliarden Sternen einer – unsere Sonne – grundsätzlich anders sein soll.» Ein schöner Gedanke – wissenschaftlich betrachtet jedoch von beschränkter Beweiskraft.

Damit war nun Schluß. Kein Astronom sollte mehr Zuflucht in der Philosophie suchen müssen, wenn er nach Planeten außerhalb unseres Sonnensystems gefragt wurde. Michel Mayor würde morgen vormittag am Rednerpult stehen und am Tageslichtprojektor eine Revolution vollenden, die ein polnischer Gelehrter vor bald 500 Jahren angezettelt hatte.

In seinem 1543 erschienenen Werk *Über die Kreisbewegungen der Weltkörper* schreibt Nikolaus Kopernikus, die Erde und die Planeten bewegten sich auf Kreisbahnen um die Sonne. Diese Behauptung war viel mehr als die analytische Bereinigung der Himmelsbeobachtung: Kopernikus nahm die Erde aus dem Mittelpunkt des Kosmos und beraubte den Menschen damit seiner Einzigartigkeit. Er endete wohl nur deshalb nicht auf dem Scheiterhaufen, weil das Werk erst einige Stunden, bevor er starb, erschien.

Die Erde war nicht mehr der Ort, über den sich mehrere Käseglocken wölbten, an denen Sonne, Sterne und Planeten befestigt waren. Der Himmel war nicht mehr nur für diese Erde gemacht. Es ist nicht unser exklusives Recht, von der Sonne beschienen zu werden. Auch auf jedem anderen der fünf damals bekannten Planeten geht die Sonne auf und funkeln in der Nacht die Sterne. Was heute die kopernikanische Wende genannt wird, nahm seinen Lauf.

Die Erde ist nicht der Mittelpunkt des Kosmos! Sie ist nicht besser als jeder andere Ort im Universum. Das war ein harter Schlag für die Kirche, die solches Denken als schwere Beleidigung Gottes auffaßte. Der italienische Naturphilosoph Giordano Bruno setzte gleich noch eins drauf: Auch die Sonne sei nur einer von vielen Sternen, die von zahllosen Erden und anderen Planeten umkreist würden. 1600 wurde er verbrannt.

Doch die modernen Ideen ließen sich nicht aufhalten. Die neuen Welten wurden bald schon in populären Büchern beschrieben. 1686 veröffentlichte der Franzose Bernard Le Bovier de Fontenelle sein Buch *Gespräche von mehr als einer Welt, zwischen einem Frauenzimmer und einem Gelehrten*. Darin erklärt er in mehreren Dialogen zwischen einem Philosophen und einer Marquise, daß die Sterne Sonnen seien, die von Planeten umkreist würden. Knapp siebzig Jahre später schreibt der französische Philosoph Voltaire in einer Erzählung mit dem Titel *Le Micromégas* über einen 36 Kilometer großen Nomaden, der einen Planeten des Sterns Sirius bewohnt. Mitte des 19. Jahrhunderts glaubte eine überwiegende Zahl der gebildeten Leute in Europa und den USA, daß die meisten Planeten unseres Sonnensystems bewohnt seien. Und auch die Planeten fremder Sonnen sah man überquellen vor Leben.

Wer sich aber auf die Suche nach den fernen Welten außerhalb unseres Sonnensystems machen wollte, dem verpaßte der holländische Mathematiker und Physiker Christian Huygens bereits 1698 einen Dämpfer. In seiner Schrift *Cosmotheros* erklärt er, warum wir die Planeten anderer Sterne nicht sehen können: Sie sind zu klein und zu weit weg.

Wenn die Beobachtung nichts hergab, so übte man sich wenigstens in der Theorie. Abhängig von der jeweils gängigen Auffassung, wie die Planeten entstanden seien, bewegten sich die Schätzungen, wie viele Sonnensysteme es in unserer Galaxis gebe, zwischen einem und hundert Milliarden. In der Gewißheit, daß sie zumindest vorläufig niemand würde widerlegen können, wagten einige ganz Mutige es sogar, die Zahl intelligenter Zivilisationen zu berechnen, und suchten mit Radioteleskopen den Himmel nach Signalen fremder Wesen ab. Allerdings erfolglos.

Bei all den statistischen Spielereien ging es immer um die gleiche Frage: Ist unser Sonnensystem das Nebenprodukt einer durchschnittlichen Sternentwicklung, oder ist es das Ergebnis eines seltenen kosmischen Unfalls? Bis Anfang dieses Jahrhunderts war die Nebularhypothese des französischen Astronomen Pierre Simon de Laplace in Mode. Laut Laplace entstanden die Planeten in einem heißen Nebel, der den Stern bei der Entstehung umgibt. Ein normaler Vorgang, deshalb hing der Himmel des 19. Jahrhunderts voller Planeten.

Anfang dieses Jahrhunderts wurde jedoch abgeräumt. Bis etwa 1940 war es schlecht bestellt um die Existenz von Planeten fremder Sterne. Nach der in dieser Zeit vorherrschenden Theorie war unser Sonnensystem das Resultat einer seltenen Katastrophe: Zwei Sterne seien sich zu nahe gekommen und hätten sich durch die Gravitation gegenseitig Materie aus den Körpern gerissen. Daraus seien später die Planeten entstanden.

Weil die Sterne weit auseinander liegen, sank mit dieser Theorie die Wahrscheinlichkeit dramatisch, daß es andere Sonnensysteme gibt. Wenn die Sonne, auf Walnußgröße verkleinert, in Paris unter dem Eiffelturm plaziert würde, befände sich unser nächster Nachbar, Proxima Centauri – ebenfalls als Walnuß –, irgendwo in Köln. Es ist statistisch praktisch ausgeschlossen, daß sich die beiden Sterne bei ihrer Wanderung durch den Kosmos je begegnen. «Unsere planetare Familie hatte eine aristokratische Geburt. Es war keine alltägliche Affäre», schreibt 1929 der amerikanische Geologe Thomas Chamberlin, einer der Begründer der neuen Theorie.

Doch in den vierziger Jahren wendete sich das Blatt erneut. Die Theorie von Laplace wurde verfeinert und gilt heute als gefestigt. Falls sie stimmt, ist die Entstehung von Planeten in einer Gas- und Staubscheibe ein Teil der normalen Sternentwicklung. Es müßte Planeten in Hülle und Fülle geben.

Die Jagd nach ihnen fand lange Zeit nur in den Köpfen der Astronomen und zwischen den Buchdeckeln von Science-fiction-Romanen statt. Noch bis vor kurzem war ein Narr, wer extrasolare Planeten am Nachthimmel zu suchen begann. Jeder Astronom konnte auf der Rückseite eines Briefumschlags ausrechnen, daß die dunklen Körper selbst mit modernstem Gerät nicht aufzuspüren waren.

Im Gegensatz zu Sternen, die selbst leuchten, reflektieren Planeten nur deren Licht und sind deshalb milliardenmal dunkler als ihr Zentralgestirn. Der Planet wird vom hellen Schein des Sterns überstrahlt. Man sieht ihn ebensowenig, wie man eine Nadel in einem Rockkonzert fallen hört. Die belgische Zeitung, die Mayor faxte: «Bitte sofort Bild des neuen Planeten senden», erhielt umgehend die Antwort: «Es gibt kein Bild.» Mayor hat «seinen» Planeten nie wirklich gesehen. Es waren kleinste regelmäßige Bewegungen des Sterns, die Mayor und Queloz verrieten, daß ein Planet ihn umkreisen müsse. Dementsprechend dürr war, was Mayor in Florenz zu verkünden hatte: Um den Stern mit dem Namen «51 Pegasi» kreist eine über tausend Grad heiße Kugel. Sie braucht gute vier Tage pro Umlauf, ist etwa so schwer wie Jupiter und steht zwanzigmal näher beim Stern als die Erde bei der Sonne.

Um diesen Planeten zu finden, war kein theoretischer Durchbruch nötig, keine neue physikalische Hürde zu überspringen. Mayors Methode war seit dem letzten Jahrhundert bekannt. Bereits in den fünfziger Jahren hatte der amerikanische Astronom Otto Struve vorgeschlagen, damit nach Planeten zu suchen. Es war bloß eine Frage der Zeit, bis die Geräte genau genug waren und der richtige Stern beobachtet wurde.

Trotzdem hätten viele Astronomen ihre Karriere gerne mit diesem Fund gekrönt. Sie nannten ihn den «heiligen Gral der Astronomie» oder den «Stein von Rosette» für die Frage nach der Einzigartigkeit von Leben im Universum. Denn hinter der Jagd nach Planeten außerhalb unseres Sonnensystems steckt mehr als der buchhalterische Ehrgeiz, ein paar weitere weiße Punkte in einer Sternkarte einzutragen. Planeten, so die gängige Meinung, sind die einzigen Orte im Universum, an denen sich Leben entwickeln kann. Nur in günstiger Entfernung von einem Stern, der den Planeten durch sein Licht mit Energie versorgt, herrschen Temperaturen, die der Chemie des Lebens entgegenkommen.

Als Faustregel gilt: Wo es Wasser in flüssiger Form gibt, ist eine wichtige Bedingung für die Entstehung von Leben erfüllt. Ist es zu kalt, können die komplizierten chemischen Verbindungen, die als Voraussetzung für Leben angesehen werden, nicht miteinander reagieren. Ist es zu heiß, werden sie zerstört wie das Eiweiß in der Pfanne. Stimmt die Temperatur, aber gibt es kein Wasser, dann fehlt das Lösungsmittel, worin die für die Bildung von Leben wichtigen biochemischen Reaktionen stattfinden können.

Letztlich soll die Suche nach Planeten fremder Sonnen die Frage beantworten: Sind wir allein, oder gibt es noch andere Welten mit anderen intelligenten Wesen? «Hocken auch anderswo bierbäuchige Gestalten allabendlich vor der Glotze?» fragte der *Spiegel* kurz nach der Bekanntgabe von Mayors Entdeckung.

Daß der Planet um 51 Pegasi ein bißchen zu heiß wäre für Menschen und Ratten, ist nebensächlich. «Die Physik hat auch an anderen Orten im Universum für Planetensysteme gesorgt, unseres ist kein Einzelfall», kommentiert Mayor später die Bedeutung seines Fundes. Gut möglich, daß um 51 Pegasi weitere, kleinere Welten kreisen, die wir aber mit der heutigen Technik nicht nachweisen können.

Als Mayor den Konferenzraum betrat, war ihm klar, daß er sich auf eine heikle Mission begeben hatte. Er war nicht der erste, der es wagte, die Entdeckung eines extrasolaren Planeten bekanntzugeben. Immer wieder hatten Astronomen Herzflattern bekommen, wenn sie glaubten, in ihren Daten den großen Treffer gelandet zu haben. Eilig wurden Champagnerflaschen geöffnet, Pressekonferenzen einberufen, Interviews gegeben – und kurze Zeit später alles dementiert.

1897 hatte der amerikanische Astronom Thomas See verkündet, gleich mehrere Planeten gefunden zu haben. «Wenn sich herausstellen sollte, daß es wirkliche dunkle Körper sind, die nur leuchten, indem sie das Licht der Sterne, die sie umkreisen, reflektieren, sollten wir den ersten Fall von Planeten – dunklen Körpern – haben, die um Fixsterne entdeckt wurden», erklärte er in einem Artikel in der Zeitschrift *Atlantic Monthly*. Eine andere vermeintliche Planetenentdeckung Sees verursachte einen üblen Streit, der damit endete, daß See nicht mehr im *Astronomical Journal* publizieren durfte.

Es sollte nicht der einzige Streit um neue Planeten bleiben. Die Publizität, die mit einem solchen Fund verbunden war, verleitete einige Wissenschaftler dazu, ein paar Gehirnwindungen zu überspringen, bevor sie ihr Resultat niederschrieben. Erschwerend kam hinzu, daß es keine allgemeingültige Definition eines Planeten gab – und bis zum heutigen Tag nicht gibt. Auf dem Steckbrief eines extrasolaren Planeten standen in der ersten Hälfte des 20. Jahrhunderts nur zwei Eigenschaften: «kreist um einen Stern» und «leuchtet nicht selbst». Darüber hinaus war es weitgehend der Phantasie der Astronomen überlassen, welche Anforderungen sie an ihre Planeten stellten. Kein Wunder, daß viele den Begriff so definierten, daß ihre Entdeckung noch als Planet durchging.

Der Astronom Kaj Strand von der Sternwarte der US-Marine gab 1943 die Entdeckung eines Planeten beim Stern 61 Cygni bekannt. Das amerikanische Nachrichtenmagazin *Time* schrieb: «Der erste klare Beweis der Existenz eines Planeten außerhalb des Sonnensystems ist nun von den Astronomen akzeptiert worden.» Ein wohlwollender Artikel, den der angesehene amerikanische Astronom Henry Russell zu diesem und zwei weiteren angeblichen Planetenfunden in der Zeitschrift *Scientific American* veröffentlichte, trübte jedoch den «klaren Beweis». Russell schaffte es, sich in sechs Spalten Text dreimal zu widersprechen. Während er den Entdeckern im zweiten Absatz zubilligt, daß die gefundenen Körper «gutes Recht haben, Planeten genannt zu werden», erklärt er später, daß «der neu entdeckte Himmelskörper wenigstens als auf dem halben Weg zwischen Planet und Stern beschrieben werden kann», und ganz am Schluß des Beitrags fragt Russell, «ob er [der Himmelskörper] wirklich Planet genannt werden sollte», und entscheidet mutig: Diese Diskussion «muß auf den nächsten Monat verschoben werden».

Für den Definitionsnotstand war vor allem der beschränkte Erfahrungshorizont der Astronomen verantwortlich. Bisher hatten sie neun Planeten entdeckt, die alle um unsere Sonne kreisen. Das war alles. Eine magere Basis für wissenschaftliche Aussagen. Aus neun Ameisen eines Ameisenhaufens läßt sich kein Artenverzeichnis der Insekten erstellen.

Von den neuen extrasolaren Planeten, die einige Astronomen von Zeit zu Zeit gefunden zu haben glaubten, war nur wenig bekannt. Meistens gab es eine grobe Schätzung der Masse. Der auffälligste Unterschied zwischen unseren Planeten und der Sonne ist die Masse. Deshalb war es vor allem die vergleichsweise geringe Masse, mit der sich die extrasolaren Sternbegleiter den Namen «Planet» erkaufen konnten.

Wie schwer darf ein Planet höchstens sein, um immer noch als Planet zu gelten? Jupiter, unser größter Planet, hat den tausendsten Teil der Sonnenmasse. Der kleinste damals bekannte Stern, Krüger 60 B, bringt es auf ein Siebtel der Sonnenmasse oder 140 Jupitermassen. Irgendwo dazwischen stellten die Astronomen den Grenzzaun zwischen Planeten und Sternen auf. Einmal bei fünfzig Jupitermassen, später zwischen zehn und zwanzig oder zwischen einer und neun. Bis heute gibt es keine schlüssige Antwort darauf, wo genau die Grenze liegt.

Das hielt die Astronomen nicht davon ab, ständig weitere Planetenfunde bekanntzugeben. 1963 etwa wollte sich der holländisch-amerikanische Astronom Peter van de Kamp als erster Entdecker eines extrasolaren Planeten ins Stammbuch der Astronomie einschreiben. Er glaubte, bei Barnards Pfeilstern – zu Ehren seines Entdeckers Edward Barnard so genannt – einen Planeten nachgewiesen zu haben. Doch andere Forscher konnten seine Messungen nicht bestätigen.

Der Planet bei Barnards Pfeilstern war nur einer aus einer Serie, die der Himmel gleich wieder verschluckte. 1984 stritten sich zwei amerikanische Teams um einen Planeten beim Stern Van Biesbroeck 8, den es – wie sich später herausstellte – gar nicht gibt. Wahrscheinlich hatten die Meßgeräte den Forschern einen Streich gespielt. Die Kurzversion der Geschichte geben die Schlagzeilen in der Presse wieder: «Möglicher Planet außerhalb unseres Sonnensystems gefunden», «Extrasolarer Planet gefunden – vielleicht», «Wissenschaftler bestreiten Planetenentdekkung», «Der seltsame Fall eines verschwindenden Sterns – oder war das ein Planet?».

Wer einen Planeten nachgewiesen haben wollte, der sich später in kosmischen Staub auflöste, brauchte für den Spott nicht zu sorgen. Trotzdem ließen einige Astronomen alle paar Jahre einen Versuchsballon steigen. Hinter einer Armada aus Abwägungen und Fragezeichen geschützt, verkündeten sie, daß sie unter Umständen berechtigte Hinweise auf einen Planeten in ihren Daten gefunden hätten.

Die Verwirrung war zuweilen so groß, daß die Astronomen selbst nicht mehr genau wußten, ob der erste Planet außerhalb unseres Sonnensystems schon entdeckt worden war oder nicht. Astronomielexika machen dazu je nach Erscheinungsjahr und Autor unterschiedliche Angaben.

Bis auf eine Entdeckung hielt jedoch keine einer näheren Prüfung stand. Und diese eine brachte nicht die ersehnten Wunschkinder. Der polnische Astronom Alexander Wolszczan und sein kanadischer Kollege Dale Frail gaben 1992 die Entdeckung von drei Planeten bekannt. Doch statt um einen sonnenähnlichen Stern kreisen die drei Brocken um einen Pulsar, der mit der Sonne wenig gemeinsam hat. Ein Pulsar ist das Überbleibsel eines explodierten Sterns, das sehr starke Strahlung abgibt und in dessen Nähe deswegen Leben nicht möglich ist. Wahrscheinlich haben diese Planeten kaum etwas mit den Planeten in unserem Sonnensystem gemeinsam.

Als Wolszczan seinen Fund bekanntgab, waren die Astronomen von den vielen Falschmeldungen längst abgehärtet. Überdies war ein Pulsar so ziemlich der letzte Ort im Universum, an dem Planeten erwartet wurden. Die vorangegangene Explosion des Sterns, so glaubte man, hätte alles wegfegen müssen, was in seiner Nähe gewesen war. 1994 gelang es Wolszczan aber, die Existenz seiner Planeten mit einer zweiten, unabhängigen Methode zu bestätigen, doch bis dahin hatte er sich viele abfällige Kommentare anhören müssen. Von der glatten Ablehnung «Pulsarplaneten? Nein, danke!!!» bis zum spitzfindigen Einwand: «Ein Pulsarplanetensystem ist, statistisch gesehen, so gut wie überhaupt keines!»

Mayor mußte mit ähnlichen Reaktionen rechnen, denn eines hatte sein Planet mit jenen von Wolszczan gemeinsam: Laut Theorie durfte es ihn nicht geben. Als er den Konferenzsaal betrat, wußte er, daß der Weg ans Rednerpult mit Planetenleichen gepflastert war. Aber er war sich seiner Sache sicher: Um 51 Pegasi kreist ein Planet – der erste, der je bei einer fremden Sonne entdeckt worden war.

2. Das Rennen beginnt

Als der Boden aufgehört hatte zu zittern, tippte Didier Queloz hastig ein paar Zahlen in die Computertastatur. Ein Stockwerk höher hatten zwei Stellmotoren gerade 48 Tonnen Stahl und Glas in Position gebracht. 1 Stunde und 39 Minuten nach Mitternacht zeigte das große Teleskop der Sternwarte von Haute-Provence auf einen kleinen Lichtfleck im Sternbild des Pegasus. Es war der 15. September 1994, ein gutes Jahr vor der Konferenz in Florenz.

Die Sternwarte von Haute-Provence wurde zu einer Zeit gebaut, als die Ansprüche an einen guten Teleskopstandort ziemlich genau mit den Anforderungen an ein schönes Ausflugsziel übereinstimmten: gutes Wetter, klare Sicht, abseits von größeren Städten, deren Beleuchtung die Beobachtung stören könnte, aber trotzdem nicht zu abgelegen, damit der Ort leicht zu erreichen war. Bei neueren Sternwarten wurde das letzte Kriterium fallengelassen. Große Teleskope sind heute so teuer, daß die Reisespesen der Astronomen im Vergleich dazu kaum mehr ins Gewicht fallen. Viel wichtiger sind gute atmosphärische Bedingungen, damit die kostbaren Geräte möglichst wenig brachliegen. Die Teleskope der Europäischen Südsternwarte stehen zum Beispiel auf einem abgelegenen Berg 600 Kilometer nördlich von Santiago de Chile. Die Astronomen aus Hamburg, Genf oder Rom reisen über zwanzig Stunden im Flugzeug, um während der 300 klaren Nächte pro Jahr von den südamerikanischen Anden aus in den Himmel zu starren.

Anfang dieses Jahrhunderts wurde der Standort einer Sternwarte oft nicht nur nach wissenschaftlichen Gesichtspunkten ausgewählt. Als die

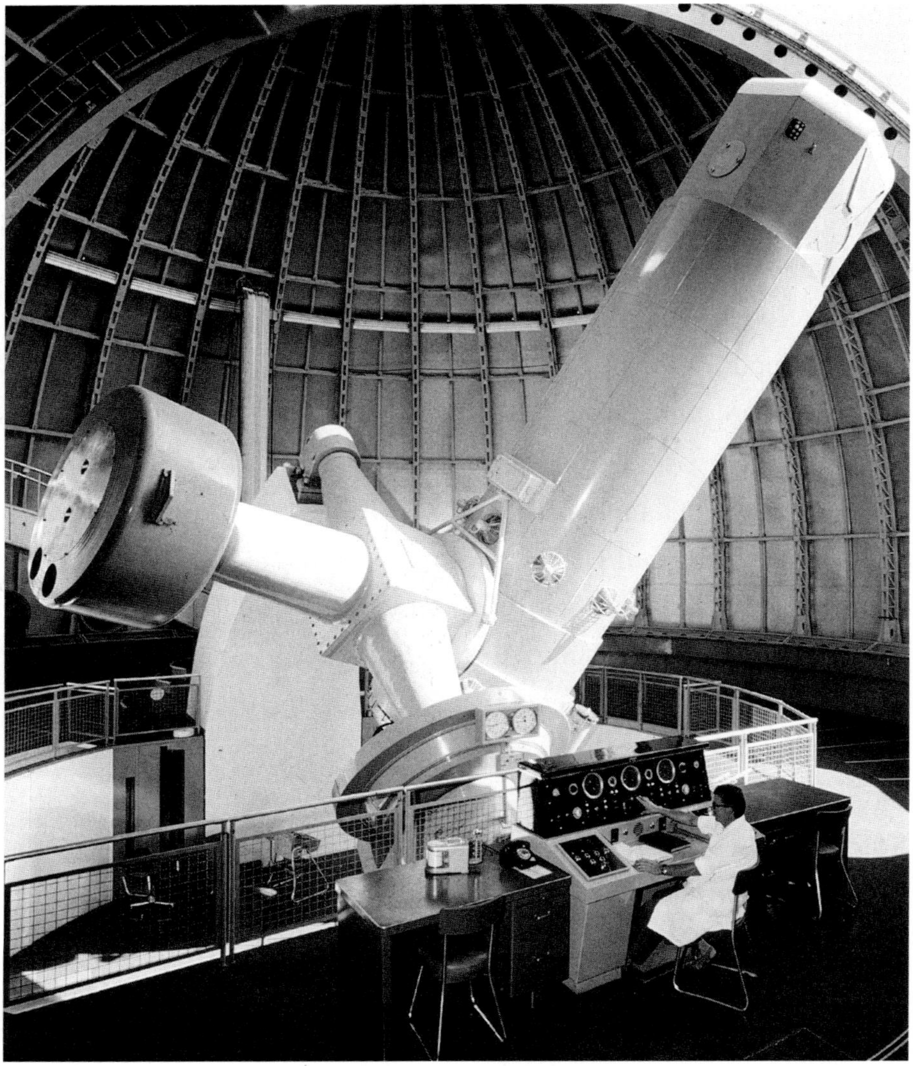

Das große Spiegelteleskop der Sternwarte von Haute-Provence mit einem Spiegeldurchmesser von 1,93 Metern (Quelle: © CNRS-Observatoire de Haute Provence OHP).

reiche Amerikanerin Mary Dina und ihr Ehemann 1922 die Idee hatten, ein Teleskop zu stiften, wollten sie es in der Nähe ihres Schlosses unmittelbar südlich von Genf bauen lassen. Es war zu dieser Zeit nicht ungewöhnlich, daß Privatpersonen als Mäzene der Astronomie auftraten, und es war ebenfalls normal, daß die Astronomen ihren Spendern als erstes schonend beibringen mußten, wie ungeeignet die Umgebung ihres Schlosses, ihrer Villa oder ihres Heimatorts für die Beobachtung des Himmels sei.

Nach längeren Studien wurde in den dreißiger Jahren schließlich ein kleiner Hügel in der Nähe von Manosque in Südfrankreich als idealer Standort gefunden. Heute ist er leicht auszumachen wegen der vielen weißen Kuppeln, in denen Teleskope untergebracht sind. Mayor oder Queloz fahren durchschnittlich alle zwei Monate für vier oder fünf Nächte dorthin. Sie benutzen vor allem das größte Teleskop auf dem Gelände. Es ist mit einem Spiegel von 193 Zentimetern Durchmesser ausgestattet und wird deshalb von den Astronomen nur das «193er» genannt. Damit gehört es heute zu den mittelgroßen Geräten. Auf Hawaii, in Chile oder in Rußland gibt es Teleskope mit fünf Metern Spiegeldurchmesser und mehr.

Das 193er wurde bereits 1958 in Betrieb genommen. Das merken vor allem die Teleskoptechniker, die dafür zuständig sind, den Spiegel während der Beobachtungen zu positionieren. Um das Teleskop grob auf 51 Pegasi auszurichten, mußte der Techniker in der Kuppel unmittelbar neben dem Teleskop an einem großen Kommandopult riesige Knöpfe drehen und Tasten drücken. Während man von den Motoren, die das mächtige Stahlrohr bewegen, bloß ein dumpfes Surren vernahm, drehte sich die Kuppel mit dem Lärm eines Stahlwerks, um die Sicht auf den Himmelssektor von 51 Pegasi freizugeben. Bei modernen Anlagen läßt sich das Teleskop aus dem geheizten Beobachtungsraum fernsteuern. Doch darauf kommt es nicht an. Das einzige, was bei einem Teleskop zählt, ist die Qualität des Spiegels. Und der Spiegel des 193ers ist erstklassig.

Wie immer schaute Queloz auch in der Nacht des 15. September 1994 nicht mit eigenen Augen in den Himmel. Als ihn später ein Journalist bat, ihm 51 Pegasi am nächtlichen Firmament zu zeigen, fuchtelte er ratlos mit dem Zeigefinger in der Luft herum und sagte: «Ich glaube, es ist dieser da.»

Was der junge Astronom normalerweise von seinen Sternen zu Gesicht bekommt, ist einzig ein unscharfes Kontrollbild auf einem der Videoschirme, der sich in die unübersichtliche Zahl von Monitoren vor ihm einreiht: ein zittriger weißer Punkt auf schwarzem Grund, der es erlaubt, die Position des Teleskops zu überprüfen. Die Astronomen nennen es das «langweiligste Fernsehprogramm der Welt». Die Zeit, als in der Astronomie Augen an Okulare gepreßt wurden, um kantige Mondkrater oder spiralfömige Galaxien zu sehen, ist schon lange vorbei. Heute sind es komplizierte Meßgeräte, sogenannte Spektrographen, die das ankommende Licht der Sterne zerlegen, und mächtige Computerprogramme, die daraus deren Eigenschaften berechnen.

Sechs Jahre war es her, da hatte Queloz als junger Physiker an der Universität Genf die Einführungsvorlesung in Astronomie besucht. Bei Michel Mayor, der eben zum Professor ernannt worden war, hatte er gelernt, wie ein Sternleben beginnt, was ein planetarer Nebel ist und warum Jupiter – der größte Planet unseres Sonnensystems – nicht zu nahe bei der Sonne entstehen konnte. Mayor versuchte, seinen Studenten damals auch zu erklären, wie ein von ihm mitentwickeltes Gerät namens «Coravel» funktioniert. Mit dem Meßinstrument, das seit 1977 am Schweizer Ein-Meter-Teleskop auf dem Gelände der Sternwarte von Haute-Provence in Betrieb ist, kann aus dem Licht eines Sterns bestimmt werden, wie schnell er sich auf den Beobachter zu- oder von ihm weg-

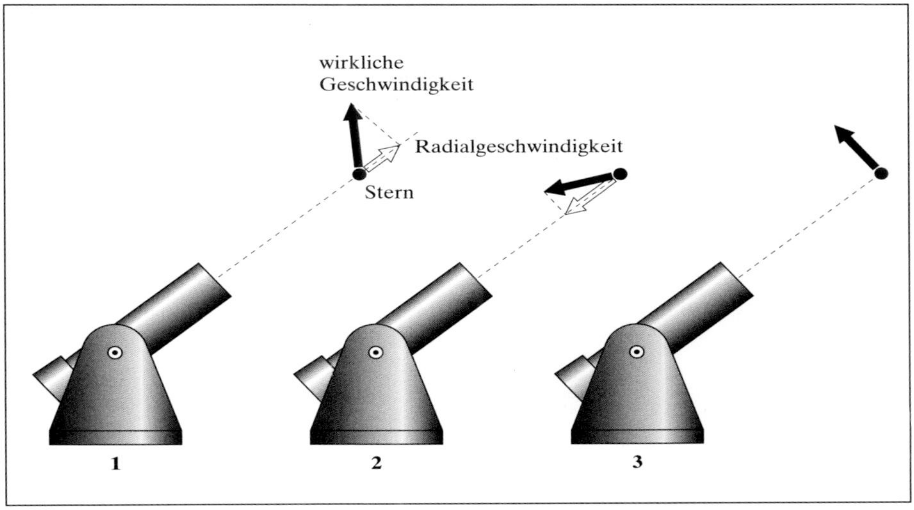

bewegt. Man nennt diesen Teil der Geschwindigkeit eines Objekts seine Radialgeschwindigkeit.

Queloz nahm die Ausführungen seines Professors damals mit Schulterzucken zur Kenntnis: «Ich hatte überhaupt nichts verstanden.» Zwei Jahre später begann er bei Michel Mayor seine Doktorarbeit und half beim Bau von «Elodie», einem noch viel genaueren Geschwindigkeitsmesser für Sterne. Manchmal wagte er es selbst fast nicht zu glauben, daß er mit Elodie feststellen konnte, ob sich ein Stern in Lichtjahren Entfernung unserem Sonnensystem mit der Geschwindigkeit eines Mofas näherte oder sich von ihm entfernte. Elodie war eine Art astronomische Präzisionsradarfalle. Man richtete das Teleskop einige Minuten auf einen Stern, und

Radialgeschwindigkeit: Die Radialgeschwindigkeit bezeichnet jenen Teil der Geschwindigkeit eines Objekts, der genau in Richtung des Beobachters oder von ihm weg zeigt (1). Abhängig von der Bewegungsrichtung eines Sterns können bei ihm unterschiedliche Radialgeschwindigkeiten gemessen werden. Ist der Winkel zwischen der Bewegungsrichtung eines Objekts und der Sichtlinie sehr klein, stimmt die Radialgeschwindigkeit fast mit der wirklichen Geschwindigkeit überein (2). Bewegt sich ein Objekt dagegen senkrecht zur Sichtlinie, kann man überhaupt keine Radialgeschwindigkeit messen, ganz gleich wie groß die wirkliche Geschwindigkeit des Objekts ist (3).

Michel Mayor (links) und Didier Queloz. Im Hintergrund ein neues Teleskop (Coralie), das ab 1998 von Chile aus nach Planeten suchen soll (Foto: Eddy Mottaz).

das von Queloz entwickelte Computerprogramm gab kurze Zeit später dessen Radialgeschwindigkeit aus.

Sein Verarbeitungstempo unterschied Elodie grundlegend von den Geräten, mit denen andere Astronomen arbeiteten. Normalerweise kehrten die Astronomen mit Bergen von Daten aus ihren Sternwarten zurück, um die Beobachtungsergebnisse dann mühsam auszuwerten. Oft war jedoch der Rückstau unverarbeiteter Messungen so groß, daß ein Teil davon für immer liegenblieb. Mayor kannte dieses Ärgernis aus der Zeit, als man noch mit Fotoplatten arbeitete, die in mehreren arbeitsaufwendigen Schritten erst entwickelt und dann ausgemessen werden mußten. «Die Beobachtungen mit dem Teleskop waren außergewöhnlich langweilig. Zudem wußte man, daß jede Messung in der Kuppel noch einige Stunden Nachbearbeitung erforderte. Es war die Hölle.»

Bereits bei Coravel, dem ungenaueren Vorläufer von Elodie, hatte Mayor darauf geachtet, daß das Resultat augenblicklich nach der Beobachtung ausgegeben wird. Das machte die Konstruktion zwar komplizierter, die Arbeit aber um so angenehmer. Als 1990 der Bau eines neuen Spektrographen an der Sternwarte von Haute-Provence zur Diskussion stand, wollte Mayor den Vorteil der schnellen Datenausgabe auf keinen Fall verlieren. Als angenehmer Nebeneffekt der Arbeitsersparnis wurden die Beobachtungsnächte viel spannender. Die Astronomen wußten sofort, was sie gemessen hatten, und waren nicht bloß blinde Akkordarbeiter mit Hochschulabschluß.

Die Sternwarten von Haute-Provence und Genf kamen überein, zwei Spektrographen zu bauen: einen für das 193er in Südfrankreich, der in den Besitz der französischen Wissenschaftsbehörde CNRS (Centre National de la Recherche Scientifique) übergehen sollte, und einen für die Schweizer, mit dem diese später ein neues Teleskop in Chile ausstatten wollten.

An Planung und Bau der beiden Spektrographen wirkte mehr als ein halbes Dutzend Spezialisten mit. Didier Queloz entwickelte die Programme, die aus dem Licht der Sterne binnen Minutenfrist deren Radialgeschwindigkeit berechneten. In der Software, die so einfach wie ein Fahrkartenautomat zu bedienen ist, stecken 100 000 Zeilen Programmkode: Der Rechner wickelt innerhalb von zehn Minuten eine Milliarde mathematische Operationen ab.

Genau das tat er auch am 15. September 1994. Doch es war keine günstige Nacht, um Sterne zu beobachten. «Wolken!» schrieb Queloz in sein Beobachtungsprotokoll, während er darauf wartete, daß die Sicht auf den nächsten Stern frei wurde.

Es ist nicht ungewöhnlich, daß Astronomen selbst bei schlechtem Wetter die ganze Nacht am Teleskop ausharren in der meist irrigen Hoffnung, die Wolken würden sich plötzlich teilen und ihnen die Arbeit ermöglichen. Teleskopzeit ist knapp. Viele Forschungsteams von verschiedenen Universitäten arbeiten mit dem 193er. Jedem wird eine bestimmte Anzahl Nächte pro Monat zugeteilt, meistens weniger als gewünscht. Mayor und Queloz waren mit etwa dreißig Nächten pro Jahr gut bedient. Wer heute die weltgrößten Teleskope auf Hawaii oder in Chile benutzen will, muß zuweilen mit zwei oder drei Nächten pro Jahr zufrieden sein.

Normalerweise hatte Queloz um Mitternacht bereits etwa zehn Sterne hinter sich, doch wegen des schlechten Wetters war «51 Peg», wie ihn dicke Sternkataloge abkürzen, erst der dritte Stern, dessen Geschwindigkeit er in dieser Nacht messen konnte. 51 Pegasi hatte sich bisher durch keine besondere Taten hervorgetan. Eine ganz normale Sonne wie unsere auch. Über 140 solche Sonnen im Umkreis von hundert Lichtjahren standen auf der Beobachtungsliste der beiden Schweizer Astronomen.

Es war das erste Mal seit Beginn der Beobachtungen im April 1994, daß Queloz die Geschwindigkeit von 51 Pegasi bestimmte, denn der

Stern ist nicht das ganze Jahr über zu beobachten. Ende Februar verschwindet er am Horizont und läßt sich erst im Sommer wieder in günstiger Position am Nachthimmel blicken. Eine Tatsache, die Mayor und Queloz noch Kopfzerbrechen bereiten sollte.

Der 28jährige Queloz war noch nicht geboren, als das Licht von 51 Pegasi vor 50 Jahren die Reise angetreten hatte, die in dieser Nacht im 193er endete. Reflektiert vom sonnenschirmgroßen Hohlspiegel am Grund des haushohen Stahlrohrs, gelangte es auf verschlungenen Pfaden in den Spektrographen, der es in seine Bestandteile zerlegte. Dort berichtete es den Astronomen von seiner Herkunft. Und das Licht von 51 Pegasi hatte viel zu erzählen.

Queloz wußte nicht, daß er dabei war, 51 Pegasi zur steilsten Karriere zu verhelfen, die je ein Stern in der Astronomie gemacht hatte. «E.T.s Heimat» nannte ihn die *International Herald Tribune* ein gutes Jahr später. Die Zeitschrift *National Geographic* verzeichnete den Stern nach der Entdeckung des Planeten umgehend in ihrer Sternkarte. Und ein italienischer Priester wollte den Bewohnern der neuen Welt, sollte es denn welche geben, sofort die Beichte abnehmen.

Doch vorerst verhielt sich 51 Pegasi unauffällig. Der Wert, den der Computer ausspuckte, nachdem das Teleskop fünf Minuten das Licht des Sterns gesammelt hatte, betrug 33 251,9 Meter pro Sekunde. 51 Pegasi raste mit über hundertfacher Schallgeschwindigkeit auf unser Sonnensystem zu. Daran ist nichts Ungewöhnliches. Alle Sterne bewegen sich mehr oder weniger schnell durch den Raum. Weil sie unvorstellbar weit von uns entfernt liegen, nehmen wir ihr Tempo von der Erde aus nicht wahr.

Mayors und Queloz' Methode sollte auf einem kleinen Umweg zeigen, um welche Sterne Planeten kreisen. Bei ihren Bewegungen durch den Raum gehorchen die Sterne einem einfachen physikalischen Gesetz: Solange keine fremde Kraft auf sie einwirkt, müssen sie sich immer gleich schnell auf einer geraden Linie bewegen. Verändert sich die Geschwindigkeit eines Sterns, die Mayor und Queloz jeweils im Abstand von einigen Monaten messen, bedeutet das: Die geradlinige Bahn des Sterns wird von einer fremden Kraft gestört. Die Ursache dafür, daß sich der Stern mal etwas schneller nähert oder entfernt, dann wieder etwas langsamer, kann ein Planet sein.

Die Wendung «ein Planet kreist um einen Stern» gibt die tatsächlichen Verhältnisse in einem Sonnensystem nämlich nur unvollkommen wieder. Tatsächlich kreisen Planet und Stern um ihren gemeinsamen Schwerpunkt. Bei zwei gleich schweren Körpern liegt dieser in der Mitte zwischen den beiden. Ist ein Körper viel schwerer als der andere, verschiebt sich der Schwerpunkt in Richtung des schwereren Körpers. Sitzen sich ein Erwachsener und ein Kind auf einer Wippe gegenüber, muß der Erwachsene näher zum Auflagepunkt rutschen, um das Gleichgewicht zu halten. Könnte die Wippe sich waagerecht drehen, beschriebe das Kind einen großen Kreis, während der Erwachsene sich nur in kleinen Runden um den Auflagepunkt bewegt.

Ähnlich sieht das Verhältnis aus zwischen einem schweren Stern und seinem viel leichteren Planeten. Der Planet «zerrt» am Stern. Die Folgen sind regelmäßige kleine Geschwindigkeitsänderungen des Sterns. Was die beiden Astronomen der Weltpresse ein Jahr nach ihrer ersten Beobachtung bieten konnten, war einzig ein Diagramm mit diesen periodisch wiederkehrenden Temposchwankungen von 51 Pegasi (Grafik S. 140).

Ursprünglich hatten Mayor und Queloz gar nicht vorgehabt, nach Planeten zu suchen. Sie interessierten sich vor allem für eine Klasse von Objekten, die in der Astronomie «Braune Zwerge» genannt werden.

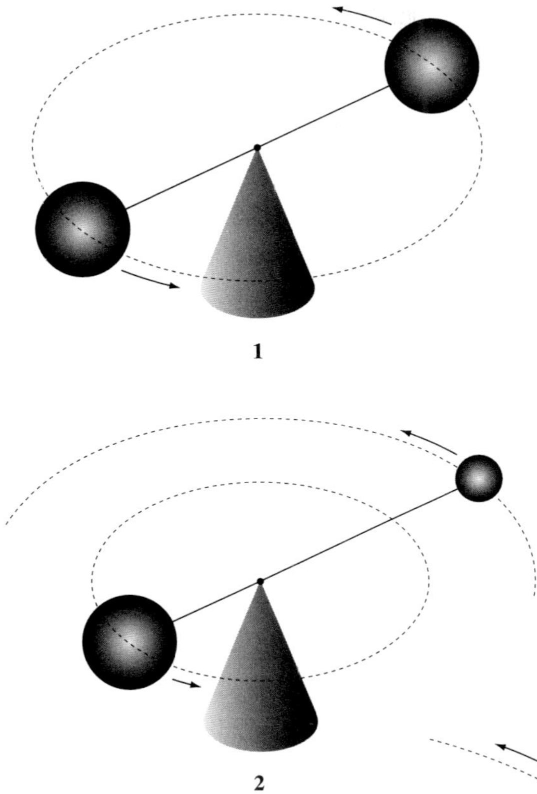

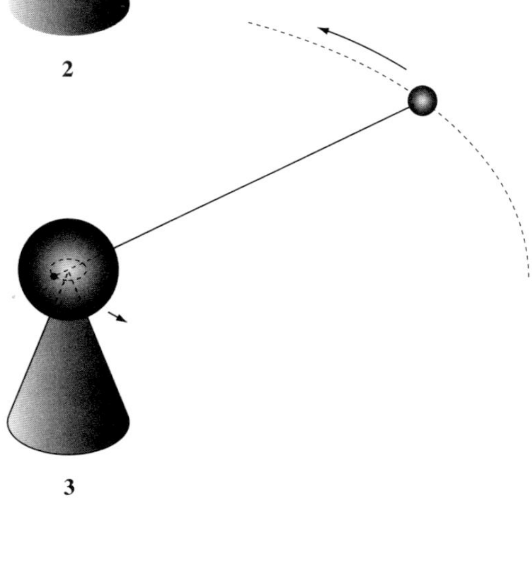

Schwerpunkt zweier Körper: drei Beispiele für die Wirkung des Gravitationsgesetzes, wenn zwei Körper sich gegenseitig umkreisen. Die Körper drehen sich immer um ihren gemeinsamen Schwerpunkt. Bei gleich schweren Körpern (zum Beispiel zwei Sternen) liegt dieser genau zwischen ihnen (1). Hat ein Körper eine größere Masse als der andere, verschiebt sich der Schwerpunkt in dessen Richtung (2 und 3) und kann bei sehr großen Masseunterschieden (zum Beispiel Stern/Planet) auch innerhalb des Sterns liegen (3).

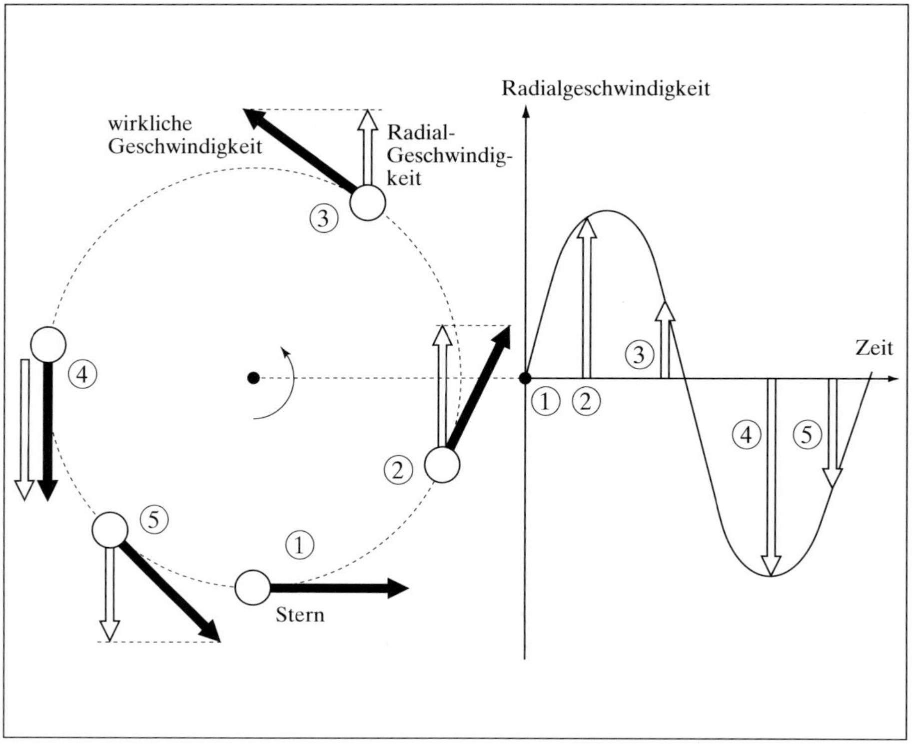

Verlauf der Radialgeschwindigkeit: Wenn ein Stern von einem Planeten zu einer kleinen Kreisbewegung gezwungen wird, können die Astronomen eine regelmäßige Änderung der Radialgeschwindigkeit feststellen. In der Position 1 ist die Radialgeschwindigkeit null. Sie steigt dann und erreicht kurz nach der Position 2 ihren Maximalwert. Bis kurz nach Position 3 nimmt sie ab und wechselt dann die Richtung. Bei Position 4 wird der zweite Maximalwert erreicht. Bei Position 5 nimmt sie wieder ab und beginnt den Zyklus von vorn. Bewegt sich der Stern auf einer Ellipse, kann die Kurve auch eine andere Form annehmen.

Braune Zwerge sind Himmelskörper, deren Masse zwischen jener von Sternen und Planeten liegt: Sie sind leichter als Sterne, aber schwerer als Planeten.

Ein Stern wie die Sonne erzeugt Energie, indem in seinem Kern Wasserstoff zu Helium verschmilzt. Die nötige Temperatur, um diesen Prozeß in Gang zu setzen, entsteht als Folge der Gravitation nur im Inneren von Körpern mit mindestens acht Prozent der Sonnenmasse. Braune Zwerge fallen unter diese Grenze, leuchten nicht und werden deshalb auch als «mißratene Sterne» bezeichnet. Da sie schwerer sind als Planeten, zerren Braune Zwerge stärker am Stern, den sie umkreisen, und lassen sich durch Messungen der Radialgeschwindigkeit des Sterns leichter nachweisen.

Bei den ersten Tests des Meßgeräts Elodie im Januar 1993 stellte Queloz fest, daß es viel präziser arbeitet, als eigentlich vorgesehen war. Statt der verlangten Genauigkeit von dreißig Metern pro Sekunde konnte Elodie aus dem Licht eines Sterns dessen Geschwindigkeit auf dreizehn Meter pro Sekunde genau lesen. Damit waren Mayor und Queloz unversehens in die Kategorie der Planetenjäger aufgestiegen, denn dreizehn Meter pro Sekunde ist die Geschwindigkeit, zu der Jupiter unsere Sonne zwingt, indem er mit seiner Masse an ihr zerrt. Jupiter ist zwar rund tausendmal leichter als die Sonne, aber er ist mit Abstand der größte Planet in unserem Sonnensystem und hat daher auch den größten Einfluß auf die Bewegung der Sonne. Von der über 300mal leichteren Erde dagegen bleibt die Sonne praktisch unbeeindruckt: Gerade mal neun Zentimeter pro Sekunde bewegt sie sich durch die Kraft, die der blaue Planet auf sie ausübt.

Mit einem Gerät, das eine Geschwindigkeit von dreizehn Metern pro Sekunde messen kann, könnten Außerirdische an der Bewegung unserer Sonne erkennen, daß Jupiter um sie kreist. Also sollten wir damit umgekehrt die größten Planeten um fremde Sonnen nachweisen können. Wie alle Planetensucher stützten sich auch Mayor und Queloz auf die Eigenschaften unseres Sonnensystems, als sie ihre Suchstrategie festlegten. Was blieb ihnen anderes übrig, schließlich gab es nur das eine, an dem sie sich orientieren konnten?

Auch bei der NASA wurde das Analogiedenken gepflegt. 1992 schrieben die Spezialisten der US-amerikanischen Weltraumbehörde:

«Die groben Eigenschaften unseres Sonnensystems scheinen die unausweichlichen Folgen der Entstehung unserer Sonne gewesen zu sein, was nicht nur bedeutet, daß andere Sonnensysteme wahrscheinlich in großer Zahl existieren, sondern auch, daß viele in groben Zügen unserem ähnlich sein werden.»

Also suchten Mayor und Queloz wie alle anderen Planetenjäger nach den Jupitern anderer Sterne. Da Jupiter für eine Umrundung der Sonne zwölf Jahre benötigt, rechnete man mit ähnlichem Zeitaufwand, um einen vergleichbaren Planeten außerhalb unseres Sonnensystems dingfest zu machen. Ein folgenschwerer Irrtum, wie sich später herausstellen sollte. Aber auch Mayor und Queloz glaubten, Jahre beschäftigt zu sein, bevor sich die einzelnen Geschwindigkeitsmessungen zu einer Kurve zusammensetzen ließen, die einen Planeten verrät. In einer ersten Phase war das teilweise vom Schweizerischen Nationalfonds finanzierte Projekt auf drei Jahre angelegt.

Um das größte Rennen in der Astronomie dieses Jahrhunderts zu gewinnen, glaubten Mayor und Queloz zu spät gestartet zu sein. In den USA gab es bereits Mitte der siebziger Jahre Konferenzen, auf denen über den Nachweis extrasolarer Planeten diskutiert wurde. Die NASA finanzierte einige Workshops zu diesem Thema und legte 1992 den Bericht *TOPS* vor, der auf über hundert Seiten alle Möglichkeiten erörtert, wie Planeten außerhalb unseres Sonnensystems gefaßt werden können.

Überdies waren einige Gruppen schon seit Jahren auf der Jagd – mit der gleichen Methode wie die Schweizer und vor allem mit der gleichen Genauigkeit. Bruce Campbell von der Dominion-Sternwarte in Victoria und Gordon Walker von der Universität von British Columbia in Vancouver sammelten seit 1980 Daten. Außer den Kanadiern starteten 1986 und 1987 drei weitere Gruppen: Bill Cochran und Artie Hatzes von der

Universität von Texas in Austin, Geoff Marcy und Paul Butler von der Universität von Kalifornien in Berkeley und der Staatsuniversität San Francisco sowie Bob McMillan von der Universität von Arizona in Tucson. Als Queloz die erste Messung von 51 Pegasi machte, hatten die Konkurrenten bereits Hunderte von Geschwindigkeitsmessungen vieler Sterne in ihren Schubladen.

Bei der Suche nach Planeten mittels Radialgeschwindigkeiten ist die Zeitdauer entscheidend, über welche die Messungen gemacht werden. Sie läßt sich auch mit genaueren Apparaten nicht verkürzen. Die Planetenjäger mußten geduldig warten, bis sich die gemessenen Geschwindigkeiten im Verlauf der Jahre als Spur eines Planeten interpretieren ließen oder eben nicht. Wer zu spät begonnen hatte, kämpfte gegen einen Rückstand, der sich kaum mehr aufholen ließ.

Allerdings tauchten in der Zeit, als Mayor und Queloz ihre Messungen begannen, immer häufiger Publikationen auf, in denen ihre Konkurrenten vorläufige Resultate ihrer Suche bekanntgaben: Die Ernte war ausgeblieben. Sie hatten nichts gefunden. Kein zweiter Jupiter weit und breit. Dafür gab es eigentlich nur eine Erklärung: Schwere Planeten wie Jupiter sind selten. Mayor hatte die Achillesferse der erfolglosen Suchaktionen schnell gefunden – sie beschränkten sich auf eine zu kleine Zahl von Sternen. Die vier oben genannten Forschergruppen konnten zwar alle Radialgeschwindigkeiten mit der Genauigkeit messen, die erforderlich ist, um einen Jupiter zu entdecken. Doch mit einer Ausnahme hatten alle weniger als dreißig Sterne auf ihrer Beobachtungsliste.

Einzig Marcy und Butler hatten eine größere Auswahl getroffen. Doch von den 120 Sternen, die sie beobachteten, hatten sie erst einen sehr kleinen Teil analysiert. Die Daten der meisten Sterne waren unverarbeitet in ihrem Computer gespeichert. Im Vergleich zu den Zehntausenden von Sternen, die für eine Suche in Frage kamen, war der Umfang der verarbeiteten Daten aller beteiligten Gruppen kläglich.

Das hatte vor allem zwei Gründe: Einerseits war es schwierig, für die Planetensuche genug Teleskopzeit zu bekommen. Die Messungen mußten über Jahre gemacht werden, und es war nicht sicher, ob sie je zum Erfolg führen würden. Andererseits gab es damals für die Forscher keinen Grund, besonders viele Sterne auf Planeten zu untersuchen. Als Anfang der achtziger Jahre die Suche begann, war man sicher, daß der Himmel voller Planeten hängt, die nur darauf warten, gepflückt zu werden. Die Forscher waren überzeugt, bei jedem Stern einen Riesenplaneten zu finden. Es reichte also aus, einige wenige Sterne genau zu beobachten, um früher oder später über einen Jupiter zu stolpern.

«In gewisser Hinsicht war unser später Start auch ein Glück», erklärt Mayor einen Teil seines Erfolgs. Aus der Seltenheit schwerer Planeten schloß er folgerichtig, daß möglichst viele Sterne beobachtet werden mußten, damit ein Planet ins Netz ging. «Planetensuche ist ein bißchen wie Lotterie. Wer mehr Lose kauft, hat die größere Chance zu gewinnen», sagt Mayor. Er kaufte viele Lose. 200 Sterne setzte er auf seine Liste. Etwa ein Viertel davon mußte er später aus Zeitgründen streichen. Doch mit über 140 Objekten hatten die beiden Schweizer Astronomen immer noch die größte Auswahl aller Gruppen.

Die bessere Chance bei der Planetensuche war jedoch nur *ein* Grund für die große Zahl von Beobachtungsobjekten. Mayor hatte schon immer mit großen Mengen von Sternen gearbeitet. Ihn interessierte weniger der einzelne Stern als der Blick aufs Ganze: Aus Distanz, Position und Radialgeschwindigkeit von Tausenden von Sternen hatte er früher Form und

Beschaffenheit der Milchstraße bestimmt. Später beschäftigte er sich mit Doppelsternen und kam zum überraschenden Resultat, daß mindestens zwei Drittel der sonnenähnlichen Sterne in unserer Umgebung Teil eines Systems sind, bei dem sich zwei oder mehr Sterne gegenseitig umkreisen.

1984 stellten Richard Muller vom Lawrence-Berkeley-Laboratorium in Kalifornien und einige seiner Kollegen die These auf, daß auch zu unserer Sonne ein zweiter Stern gehöre. Die Forscher hatten diesen Stern, den sie «Nemesis» nannten, nie gesehen. Sie begründeten seine Existenz mit der Tatsache, daß in der Erdgeschichte etwa alle dreißig Millionen Jahre ein großes Aussterben von Tierarten stattfand: In diesen Zeitabständen komme der Partnerstern in die Nähe der Sonne und verursache durch seine Gravitationskraft einen Kometenschauer im inneren Sonnensystem einschließlich der Erde. Daß sich ein Stern alle dreißig Millionen Jahre um einen anderen dreht, ist nicht außergewöhnlich. Auch das Aussterben von Tieren kann, zum Beispiel im Fall der Dinosaurier, in Zusammenhang mit dem Einschlag von Kometen auf der Erde gebracht werden. Doch weil der Stern Nemesis in unserer Nachbarschaft nie gefunden worden ist, sind die meisten Astronomen heute überzeugt davon, daß unsere Sonne ein Einzelstern ist.

Bei der Auswahl der Sterne für die Planetensuche gingen Mayor und Queloz ähnlich vor wie ihre Konkurrenten. «Sonnenähnlich», «Einzelstern», «hell genug» waren die wichtigsten Bedingungen. Die Sterne, die Mayor auf die Liste setzte, waren alte Bekannte. Er hatte sie bereits mit Coravel ausgemessen. Darunter war auch 51 Pegasi.

Nach der Messung von 51 Pegasi überzogen erneut Wolken den Himmel, und Queloz entschied sich, einen kleinen Spaziergang zum

Schweizer Pavillon zu machen. Die schmucklose Holzbaracke ist die Unterkunft der Schweizer Astronomen auf dem Gelände der Sternwarte. Sie liegt ein paar hundert Meter von der Teleskopkuppel entfernt. Queloz kannte den Weg durch das stockfinstere Wäldchen auswendig und brauchte die Taschenlampe nicht. Andere Lichtquellen gibt es auf dem Gelände der Sternwarte draußen nicht. Keine Straßenlampen, keine Beleuchtung am Hauseingang, die Fensterläden werden bei Sonnenuntergang geschlossen, und die Autos fahren mit ausgeschalteten Scheinwerfern. Dunkelheit ist Bedingung für einwandfreie Beobachtungen. Jede künstliche Lichtquelle kann das mühsam vom Himmel geholte Sternenlicht «verschmutzen».

In der kleinen Küche des Schweizer Pavillons kochte sich Queloz einen Tee und ging dann langsam zur Kuppel zurück. Er mochte die Nächte an der Sternwarte in Südfrankreich. Sie hatten etwas Magisches. «Die Nacht ist eine andere Welt», sagt Queloz. Eine Welt, in der er seine Gedanken ungestört auf Wanderschaft schicken konnte. Wenn er in der richtigen Stimmung war, machte er gerne Zukunftspläne.

In einem Jahr wollte er seine Dissertation abschließen. Danach konnte er vielleicht noch ein oder zwei Jahre in Genf arbeiten und sich nach einer Forschungsstelle an einer amerikanischen Universität umsehen. Einen Planeten zu finden hielt er in dieser kurzen Zeit für unmöglich. Nach Abschluß der Messungen wollte er einen Übersichtsartikel über das Projekt veröffentlichen. «Nichts, was die Öffentlichkeit wirklich interessiert.»

Auch Michel Mayor ahnte nicht, daß sich eine Sensation anbahnte. Er war eben im Begriff, Genf für ein Gastsemester an der Universität von Hawaii in Honolulu zu verlassen. Hawaii ist ein beliebtes Ziel der Astronomen. Mehr als 4000 Meter über Meer stehen dort einige der besten Teleskope der Welt. Während Mayors Abwesenheit sollte sein Assistent Queloz alleine weitere Messungen durchführen. Sie konnten noch keine wichtigen Resultate bringen. Davon war Mayor überzeugt.

Exkurs: Stern, Brauner Zwerg, Planet

Diese Tabelle gibt einen kleinen Überblick über die Merkmale der verschiedenen Himmelskörper. Die Definitionen von Planeten, Braunen Zwergen und Sternen beziehen sich auf deren Entstehung. Alle anderen Eigenschaften sind die Folgen dieses Bildungsprozesses. Über viele ist man sich heute, nach den neuen Funden, nicht mehr einig.

	Stern
Entstehung:	aus einer Staub- und Gaswolke, die sich verdichtet, bis hohe Temperaturen in ihrem Zentrum die Kernfusion in Gang setzten, die den Stern zum Leuchten bringt.
Energieabgabe:	gibt das Maximum seiner Energie im sichtbaren Bereich ab (Licht).
Oberflächentemperatur:	3000 bis 50 000 Grad Celsius.
Vorkommen:	Mindestens siebzig Prozent aller Sterne sind Teile von Doppel- oder Mehrfachsternsystemen. Unsere Sonne ist ein Einzelstern.
Umlaufbahn:	Ein Stern umläuft einen anderen auf einer starken Ellipse; bei sehr kurzen Umlaufzeiten auch auf einem Kreis.
Masse:	zwischen 0,08 und 100 Sonnenmassen.
Zusammensetzung:	größtenteils Wasserstoff (Sonne 73 %) und Helium (Sonne 25 %). Kein fester Kern.

1 Sonnenmasse =
1000 Jupitermassen;
1 Jupitermasse =
318 Erdmassen

Brauner Zwerg	Planet
wie Stern. Hat aber zuwenig Masse, um die Kernfusion zu starten. Wird auch als «mißratener Stern» bezeichnet, weil er nicht oder nur schwach leuchtet.	durch fortgesetzte Zusammenballung von Staub und Eis in einer Staubscheibe, die ein Stern nach seiner Entstehung umgibt. Ist ein Nebenprodukt der Sternentstehung.
Der in sich zusammenfallende Stern gibt Gravitationsenergie ab, die ihn schwach glimmen läßt. Maximum im Infrarotbereich.	gibt selten Gravitationsenergie ab (Jupiter). Leuchtet normalerweise nur durch das reflektierte oder umgewandelte Licht seines Muttersterns. Maximum im Infrarotbereich.
unter 2500 Grad Celsius.	abhängig von der Distanz zum Stern. 51 Pegasi B: über 1000 Grad Celsius, Pluto: unter –225 Grad Celsius.
kann um einen Stern kreisen oder isoliert vorkommen.	Entstehen in einer Staubscheibe Planeten, so sind es nach der Theorie immer mehrere.
wie Stern.	kreisförmig (umstritten, siehe 15. Kapitel).
obere Grenze bei 0,08 Sonnenmassen (80 Jupitermassen). Untere Grenze zwischen 5 und 12 Jupitermassen (umstritten, siehe 15. Kapitel).	obere Grenze bei einigen Jupitermassen (unklar, siehe 15. Kapitel). Untere Grenze 0,0001 Jupitermassen.
wie Stern. Aber auch Lithium, das die Kernfusion eines Sterns verbraucht, oder Methan, das bei den hohen Temperaturen eines Sterns zerstört wird. Lithium und Methan werden deshalb als Unterscheidungsmerkmale zwischen Stern und Braunem Zwerg benutzt. Kein fester Kern.	erdähnliche Planeten (Merkur, Venus, Mars): Silikate (Gestein, Metalle). Gasplaneten (Jupiter, Saturn, Uranus, Neptun): Kern aus Eis und Silikaten (zehn Erdmassen), Atmosphäre aus Gas (vor allem Wasserstoff, Helium, auch Methan, Ammoniak, Wasser).

3. Konkurrenz aus den USA

Acht Nächte nach Queloz' erster Messung saß Bob Noyes im Beobachtungsraum des Tillinghast-Teleskops auf dem Mount Hopkins im US-Bundesstaat Arizona. Ziemlich genau um Mitternacht richtete er das Teleskop auf den nächsten Stern seiner Liste: 51 Pegasi.

Auch Bob Noyes suchte nach Planeten. Er ist Professor am Harvard-Smithsonian-Zentrum für Astrophysik in Cambridge bei Boston. Gemeinsam mit seinem Kollegen Tim Brown vom Observatorium von Boulder in Colorado hatte er ein ähnliches Gerät gebaut wie Mayor und Queloz. Auch sein Spektrograph war dafür ausgelegt, Geschwindigkeiten von Sternen präzise zu messen.

Als 51 Pegasi als weißer Punkt auf seinem Kontrollmonitor erschien, positionierte Noyes das Teleskop mit der Fernsteuerung so, daß der Stern genau in der Mitte des Bildschirms lag. Nur dann gelangte das Licht von 51 Pegasi auch wirklich zum Spektrographen. Weil sich die Erde unter dem Himmel wegdreht, muß das Teleskop während der Beobachtung ständig nachgeführt werden. Normalerweise übernimmt diese Aufgabe eine Automatik, doch beim Tillinghast-Teleskop funktionierte diese schon seit einiger Zeit nicht mehr richtig. Die Astronomen mußten das Teleskop mittels vier Tasten – oben, unten, links, rechts – von Hand steuern und dafür sorgen, daß der weiße Punkt immer in der richtigen Position blieb. Ein Videospiel der mühseligen Sorte. «Es ist schwierig zu erklären, wie langweilig das um vier Uhr morgens wird», sagt Brown, der sich mit Noyes am Teleskop abwechselte.

Eine Glasfaser leitete das Licht vom 1,5-Meter-Teleskop in einen temperaturkontrollierten Raum, in dem der Spektrograph steht. Dieser ermöglichte es den Astronomen auf einigen Umwegen, die Radialgeschwindigkeit von 51 Pegasi zu bestimmen. Anders als Queloz war es Noyes jedoch nicht möglich, die Geschwindigkeit sofort auszurechnen. Er und Brown mußten sich vielmehr damit begnügen, die Rohdaten der Beobachtung auf ein Magnetband zu überspielen, das sie zu einem späteren Zeitpunkt in Cambridge oder Boulder auswer-

Das Tillinghast-Teleskop (links) auf dem Mount Hopkins in Arizona (Quelle: Smithsonian Institution).

ten wollten. Oft kam anderes dazwischen, und die Daten blieben monatelang liegen.

Noyes und Brown flogen abwechselnd jeden Monat für einige Nächte nach Arizona. Die Smithsonian-Sternwarte liegt etwa 60 Kilometer südlich von Tucson auf dem Mount Hopkins, der 2600 Meter hoch wie eine Insel aus der umliegenden Wüste ragt. Neben Mount Hopkins gibt es noch zwei weitere große Observatorien in Arizona: Kitt Peak, mit einem vier Meter großen Spiegelteleskop, und Flagstaff. Das trockene Klima begünstigt die Sternbeobachtung in dieser Region. Doch wie gut die Bedingungen auch sein mögen, an einer Tatsache können auch sie nichts ändern: Die Sterne am Himmel bleiben bloße Lichtpunkte. Selbst mit den größten Teleskopen können sie nicht als Körper wahrgenommen werden. Anders die Planeten unserer Sonne: Sie tauchen im Teleskop als kleine Scheiben auf.

Wie die Lichter einer weitentfernten Stadt, deren Quelle Autoscheinwerfer, Straßenlampen oder Ampeln sein können, erreicht das Licht der Sterne die Teleskope, ohne die Form seiner Quelle direkt preiszugeben. Sterne lassen sich optisch nicht auflösen.

Der banale Grund dafür sind die enormen Distanzen. Die Strecke zwischen Erde und Sonne beträgt etwa 150 Millionen Kilometer. Ein Jet mit Schallgeschwindigkeit würde dafür etwas über vierzehn Jahre benötigen. Könnte man die Sonne ausknipsen, würden wir erst acht Minuten später merken, daß sie erloschen ist. So lange benötigt das Licht, um die Strecke Sonne–Erde zurückzulegen. Der sonnennächste Stern Proxima Centauri liegt über vier Lichtjahre von uns entfernt. Ein Lichtjahr ist die Distanz, die das Licht in einem Jahr zurücklegt. Das Düsenflugzeug würde dafür über 900 000 Jahre benötigen. Um heute bei Proxima Centauri anzukommen, hätte unser Vorfahr Homo erectus den Jet besteigen müssen – im Handgepäck ein paar Steinwerkzeuge. Es wäre ein Nichtraucherflug gewesen, das Feuer hatte sich dieser Urmensch noch nicht nutzbar gemacht. Von 51 Pegasi ist das Licht fünfzig Jahre unterwegs, bis es die Erde erreicht hat. Damit gehört dieser Stern aber immer noch zu den direkten Nachbarn der Sonne.

Auf den ersten Blick scheint es unmöglich zu bestimmen, wie schnell sich ein Stern uns nähert, der nur als immer gleich großer Lichtpunkt am Himmel sichtbar ist. Doch das Licht jedes Sterns birgt eine Menge Information. Es war der englische Wissenschaftler Isaac Newton, der 1666 einen Sonnenstrahl durch einen dreieckigen Glaskörper leitete und dabei feststellte, daß sich der Strahl in ein vielfarbiges Streifenmuster auffächerte. Offensichtlich hatte er die Bestandteile des Lichts gefunden: die verschiedenen Farben. Wie ein Akkord aus Tönen unterschiedlicher Höhe besteht, ist das Licht aus Teilchen zusammengesetzt, die verschieden schnell schwingen. Die Frequenz entspricht dabei dem Farbton: Die langsamen Schwingungen nehmen wir als rotes Licht wahr, die schnellen als blaues. Ein Regenbogen ist nichts anderes als in seine Farben aufgespaltetes Sonnenlicht. Ein Spektrograph ist in der Lage, Licht künstlich in einen Regenbogen zu zerlegen. Er spuckt den Lichtakkord, der von der Sonne oder den Sternen kommt, Note für Note aus.

1814 experimentierte der deutsche Physiker Joseph von Fraunhofer mit einem Spektrographen und entdeckte im Spektrum der Sonne schwarze Linien (Grafik S. 104). Einige «Tonhöhen» des Lichts schienen zu fehlen. Der kontinuierliche Übergang von Rot über Gelb nach Blau war mit senkrechten schwarzen Balken übersät. Später stellte sich heraus, daß ein Teil der Sonnenatmosphäre den Durchgang des Lichts an bestimmten Stellen blockiert. Deshalb die schwarzen Linien. Die «Photosphäre» genannte heiße Zone der Sonne erzeugt in ihrer inneren

Schicht ein kontinuierliches Spektrum von Rot nach Blau, ohne schwarze Linien. Erst die Gase in der kühleren äußeren Schicht der Photosphäre absorbieren das Licht an einigen Stellen und fügen dem Spektrum die schwarzen Absorptionslinien hinzu. Im Fall der Sonne kennt man etwa 25 000 davon.

Versuche im Labor zeigten, daß jedes Gas das Licht an mehreren ganz bestimmten Stellen absorbiert. Die Absorptionslinien sind Ausdruck der physikalischen Eigenschaften eines Gases. Sie treten überall und für alle Zeiten als festes Muster am selben Ort auf und sind damit eine Art Fingerabdruck. Aus der Anordnung der schwarzen Absorptionslinien im Spektrum eines Sterns kann auf die chemische Zusammensetzung von dessen Atmosphäre geschlossen werden und damit auch auf die Elemente in seinem Inneren.

An der chemischen Zusammensetzung von 51 Pegasi waren Noyes und Brown allerdings nicht interessiert. Sie wollten ja wissen, wie schnell sich der Stern auf sie zubewegt. Wie aus der Verschiebung der Absorptionslinien die Geschwindigkeit eines Sterns berechnet werden kann, wurde ebenfalls im 19. Jahrhundert entdeckt. 1842 erklärte der österreichische Physiker Christian Johann Doppler, warum die wahrgenommene Tonhöhe des Signalpfiffs einer Lokomotive von deren Bewegung abhängt. Wenn sich die Lokomotive dem Zuhörer nähert, werden die Schwingungen des Pfiffs zusammengedrückt, entfernt sie sich von ihm, werden sie auseinandergezogen.

Lichtwellen unterliegen dem gleichen Effekt: Wenn sich eine Lichtquelle auf den Beobachter zubewegt, wird das ganze Konzert der Lichtwellen eine Spur höher empfangen, wenn sie sich entfernt, ein bißchen tiefer. Diese Erscheinung wirkt sich auf die Position der Absorptionslinien aus: Sie werden zwar immer noch an den für das jeweilige Gas typischen Frequenzen erzeugt, doch die Bewegung des Sterns verschiebt sie für den Empfänger alle eine Spur in Richtung des roten oder des blauen Endes des Regenbogens. Dieser Effekt heißt «Doppler-Verschiebung».

Nach solchen minimalen Sprüngen der dunklen Linien im Spektrum eines Sterns suchten Noyes und Brown. Wenn die Verschiebung der Absorptionslinien nicht konstant bleibt, sondern periodisch wechselt, ist der Grund die sich ändernde Geschwindigkeit des Sterns: ein möglicher Hinweis auf einen Planeten, der ihn umkreist (Grafik S. 61).

Noyes und Brown waren durch die Hintertür zur Planetensuche gekommen. Ursprünglich waren beide in der Sonnenforschung tätig gewesen. Noyes hatte Anfang der sechziger Jahre zusammen mit anderen Forschern entdeckt, daß die Sonne pulsiert. Alle fünf Minuten bläht sie sich leicht auf und zieht sich dann wieder zusammen.

Die Sonne ist 1,3millionenmal größer als die Erde und über 300 000mal schwerer. Sie besteht zu 73 Prozent aus Wasserstoff, dem leichtesten chemischen Element, und zu 25 Prozent aus Helium, dem zweitleichtesten Element. In ihrem Kern baut sich durch ihre enorme Masse ein großer Druck auf, der hohe Temperaturen verursacht. Dort werden pro Sekunde 655 Millionen Tonnen Wasserstoff in 650 Millionen Tonnen Helium verwandelt, indem je vier Wasserstoffkerne zu einem Heliumatom verschmelzen. Die restlichen fünf Millionen Tonnen Wasserstoff werden vollständig in Energie verwandelt, die vom Kern nach außen abgestrahlt wird. Nachdem sie zwei Drittel des Sonnenradius zurückgelegt hat, gelangt die Energie zur Konvektionszone, wo sie aufschäumende Materie an die Oberfläche transportiert. In dieser Konvektionszone, die man sich wie kochendes Wasser vorstellen kann, entstehen die von Noyes entdeckten Schwingungen.

Bob Noyes in seinem Büro am Harvard-Smithsonian-Zentrum für Astrophysik in Cambridge bei Boston (Foto: Reto U. Schneider).

«Es ist wie ein Erdbeben», erklärt Noyes. Weil die Sonne aber nicht fest ist und sich deshalb in ihrem Inneren keine Spannungen aufbauen können wie zwischen den tektonischen Platten der Erde, gibt es keine Sonnenbeben. Vielmehr beginnt die Sonne durch die brodelnde Materie in ihrer Konvektionszone zu schwingen. Wie ein großer Gong, der in einem Sandsturm zu summen anfängt.

Genau wie Erdbeben uns Aufschluß geben über das Innere der Erde, bieten die Schwingungen der Sonne die Möglichkeit, unter ihre Oberfläche zu blicken. Heute befaßt sich damit die Fachrichtung der Helioseismologie, die in den letzten Jahren in der Sonnenforschung eine überragende Stellung gewonnen hat.

Noyes hatte die Schwingungen der Sonne mit einem Spektrographen gemessen. Im Spektrum des Lichts konnte er sehen, wie sich die Absorptionslinien alle fünf Minuten periodisch gegen das rote, dann gegen daß blaue Ende des Spektrums verschoben. Die Interpretation war klar: Die Oberfläche der Sonne kam ihnen während fünf Minuten entgegen und entfernte sich dann fünf Minuten lang von ihnen – die Sonne pulsierte.

«Das führte natürlich zur Idee, das gleiche Spiel mit Sternen zu machen», sagt Brown. Es gibt eigentlich nur einen Unterschied zwischen der Sonne und den Sternen: die Helligkeit. Doch für die präzise Messung der Doppler-Verschiebung ist die Helligkeit entscheidend. Erscheint ein Stern, von der Erde aus gesehen, halb so hell wie ein anderer, kann seine Geschwindigkeit viermal weniger genau gemessen werden.

Moderne Meßgeräte können heute binnen Sekunden feststellen, ob sich die Sonnenoberfläche einige Millimeter pro Sekunde auf sie zubewegt. Bei Pulsationsmessungen an viel dunkleren Sternen lag die Meßgrenze dagegen bei Sportwagentempo.

1991 begannen Noyes und Brown einen Spektrographen zu bauen, der ihnen auch bei anderen Sternen als der Sonne genaue Geschwindigkeitsmessungen hätte ermöglichen sollen. Wegen der erforderlichen Präzision des Geräts stießen die beiden Astronomen aber bald auf Schwierigkeiten. Kurz nach den ersten Tests des AFOE (Advanced Fibre Optics Echelle) im Herbst 1992 stellten sie fest, daß in der Glasfaser, die das Sternenlicht vom Teleskop zum Spektrographen transportierte, viel Licht verlorenging. Deshalb war es vorerst nur möglich, sehr helle Sterne auf Pulsationen zu untersuchen. «Ich bezweifle, daß damals die Zahl der

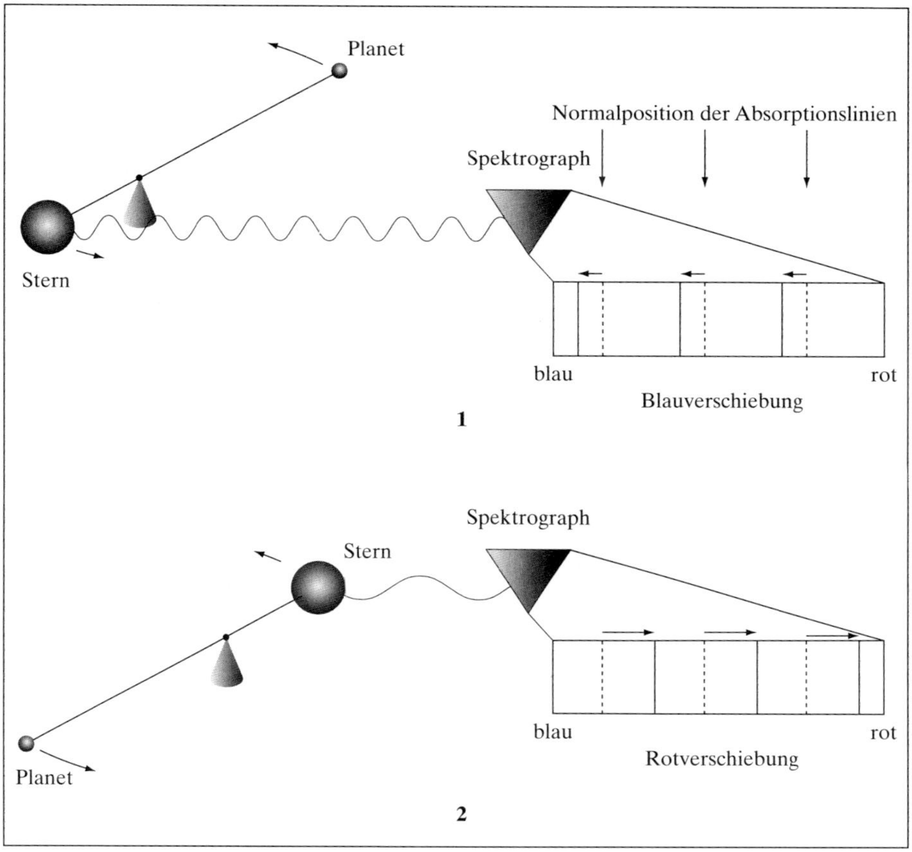

Messung der Radialgeschwindigkeit: Die Radialgeschwindigkeit eines Sterns kann in seinem Spektrum gelesen werden. Die Verschiebung der Absorptionslinien gibt an, wie schnell sich der Stern auf den Beobachter zu- oder von ihm wegbewegt. Nähert sich der Stern, werden die Linien gegen das blaue Ende des Spektrums verschoben (1), entfernt er sich, werden die Linien gegen das rote Ende verschoben (2). Man spricht auch von der Blau- und Rotverschiebung des Lichts.

Sterne, von denen wir vernünftige Daten bekommen konnten, die Zahl der Finger an meiner Hand überstieg», sagt Noyes.

Noyes und Brown entschlossen sich, auf Planetensuche zu gehen, bis das Problem gelöst war. Die Idee war naheliegend. Wer Pulsationen von Sternen untersucht, arbeitet mit der gleichen Methode, wie sie Mayor und Queloz und ihre Kollegen anwenden: der regelmäßigen Bestimmung der Radialgeschwindigkeit des Sterns. Ob sich dabei der ganze Stern periodisch bewegt, weil er von einem Planeten umkreist wird, oder ob er sich rhythmisch ausdehnt und wieder zusammenzieht, ist für den Spektrographen einerlei. Er mißt einfach die Doppler-Verschiebung im Spektrum der leuchtenden Sternoberfläche, die periodisch ihre Geschwindigkeit ändert.

Der einzige Unterschied zwischen den beiden Phänomenen ist die Zeitdauer der Messungen: Die Pulsationen von sonnenähnlichen Sternen wiederholen sich innerhalb von Minuten. Um in der Bewegung eines Sterns den vollständigen Umlauf eines jupiterähnlichen Planeten zu erkennen, sind dagegen jahrelange Messungen nötig.

Das hat zwar den Nachteil, daß der Spektrograph über Jahre stabil sein muß, aber auch den Vorteil, daß wesentlich dunklere Sterne für die Messung in Betracht kommen. Bei einer Pulsation, die nur wenige Minuten dauert, wechselt die Geschwindigkeit der Sternoberfläche schnell, deshalb muß eine einzelne Messung in kurzer Zeit gemacht werden, zum Beispiel innerhalb von zehn Sekunden. Bei den langen Umlaufzeiten von Planeten dagegen kann das Licht für ein Sternspektrum während Stunden in der Gewißheit gesammelt werden, daß sich dessen Geschwindigkeit in dieser Zeit nur geringfügig verändern wird.

Da Noyes und Brown eigentlich Sonnenforscher sind, fiel es ihnen nicht leicht, eine Liste mit Sternen zusammenzustellen, bei denen sie nach Planeten fahnden wollten. Anders als Mayor, der bereits Tausende von Sternen nach schwereren Begleitern untersucht hatte, kannten sich die beiden Amerikaner auf diesem Gebiet nicht besonders gut aus. Es war ihnen daher nur recht, daß ein Kollege von Noyes, David Latham, einige Sterne vorschlug, die sich bei seinen eigenen Messungen verdächtig gemacht hatten.

David Latham (rechts) und sein Forscherkollege Robert Stefanik vor dem 1,5-Meter-Teleskop an der Oak-Ridge-Sternwarte (Foto: Joe Wrinn).

Latham arbeitet wie Noyes am Harvard-Smithsonian-Zentrum für Astrophysik in Cambridge. Er ist Spezialist auf dem Gebiet der Messung von Radialgeschwindigkeiten. Seinen größten Erfolg feierte er 1988, als er beim Stern HD114762 einen Begleiter nachweisen konnte. Latham gab seine Meßresultate gemeinsam mit Michel Mayor bekannt, der unabhängig von seinem amerikanischen Kollegen ebenfalls auf diesen unsichtbaren Himmelskörper gestoßen war. Die beiden Astronomen vermuteten, daß der mindestens elf Jupiter schwere Brocken ein Brauner Zwerg ist. Die Existenz dieser Himmelskörper in der Größenordnung zwischen Planet und Stern war bis dahin noch durch keine Beobachtung belegt worden. Zwar konnten auch die Messungen bei HD114762 nicht alle Zweifel ausräumen, doch war sein Begleiter zu diesem Zeitpunkt der aussichtsreichste Kandidat im Wettbewerb um den ersten nachgewiesenen Braunen Zwerg.

Latham konnte mit seinem Spektrographen zwar Braune Zwerge aufspüren, aber um Planeten nachzuweisen, war das Gerät nicht genau genug. Es konnte die Radialgeschwindigkeit eines Sterns bloß bis zu 400 Metern pro Sekunde bestimmen. Noyes' Spektrograph AFOE dagegen sollte mindestens zwanzigmal genauere Resultate liefern. Deshalb gab Latham Noyes eine Liste mit Sternen, die bei seiner Analyse durch sonderbare Geschwindigkeitsänderungen aufgefallen waren. Vielleicht konnte Noyes' genauerer Spektrograph etwas Licht ins Dunkel bringen. Das war 1992. Auf Lathams Liste stand auch 51 Pegasi.

Bei Latham hatte 51 Pegasi eine periodische Schwankung gezeigt, die sich nach exakt einem Jahr wiederholte. Kein vertrauenerweckendes Ergebnis. Bei jeder Umlaufzeit, die irgend etwas mit 365 Tagen zu tun hat, klingeln bei allen Astronomen die Alarmglocken. Solche Resultate lassen sich praktisch immer auf einen Fehler in der Analyse zurückführen. «Latham sagte mir, daß er einen Fehler vermutet, aber es gab eine Ein-Prozent-Chance, daß die Abweichung stimmte», sagt Noyes.

Jedes Teleskop sitzt auf dem Karussell Erde, das auf seiner Reise um die Sonne mit dreißig Kilometern pro Sekunde durch den Raum zieht. Diese Bewegung muß bei der Berechnung der Geschwindigkeit eines Sterns berücksichtigt werden, denn ob sich ein Stern der Erde nähert oder die Erde dem Stern, kann der Spektrograph nicht unterscheiden. Der Computer errechnet deshalb aus der Uhrzeit, in welche Richtung und wie schnell sich die Erde zur Zeit der Messung gegenüber dem Schwerpunkt des Sonnensystems bewegt. Dieses sogenannte Baryzentrum ist der momentane gemeinsame Drehpunkt aller Planeten unseres Sonnensystems und der Sonne. Er ist der einzige Punkt, der gegenüber Sonne und Planeten in Ruhe bleibt. Um den Effekt der drehenden Erde zu eliminieren, müssen alle gemessenen Geschwindigkeiten auf das Baryzentrum zurückgerechnet werden. Anderenfalls entdeckt man in den Messungen die Erde.

Genau das ist Andrew Lyne passiert. 1991 gab der britische Astronom von der Universität von Manchester mit zwei Kollegen die Entdekkung des ersten Planeten außerhalb des Sonnensystems bekannt. Der etwa zehn Erdmassen schwere Begleiter umkreise alle sechs Monate den Pulsar PSR1829–10. Ein Pulsar ist ein Überbleibsel einer Sternexplosion: eine Kugel von bloß zehn bis zwanzig Kilometern Durchmesser mit einer Masse größer als die Sonne. Ein Stück seiner Materie von der Größe eines Würfelzuckers kommt auf über eine Milliarde Tonnen.

Lynes Entdeckung machte Schlagzeilen in der ganzen Welt. Ein halbes Jahr später, im Januar 1992, hielt er einen Vortrag auf dem Treffen der Amerikanischen Astronomischen Gesellschaft in Atlanta. Er begann ihn mit den Worten: «Diese Rede ist nicht jene, die ich ursprünglich zu halten vorgesehen hatte.» Bevor er in die USA abreiste, hatte Lyne seine Daten noch einmal überprüft und war auf einen Fehler gestoßen. «Ich saß da, ging alles durch, was ich in den letzten sechs Monaten zu allen möglichen Leuten gesagt hatte, und stellte fest, daß es überwiegend völliger Unsinn war.» Lyne hatte vergessen, die geringfügige Abweichung der Erdbahn von einem Kreis zu berücksichtigen. Als er den Fehler korrigiert hatte, war der Planet verschwunden.

Latham vermutete richtig, daß auch die einjährige Periode von 51 Pegasi auf einen ähnlichen Fehler zurückzuführen war. Doch als er ihn fand, hatten Noyes und Brown bereits einige Messungen vom Stern gemacht, und sie entschlossen sich, ihn auf ihrer Liste zu behalten.

Insgesamt dreimal in fünf Nächten richtete Noyes im September 1994 das Teleskop auf 51 Pegasi. Mit den drei Beobachtungen, die er und Brown 1993 von diesem Stern gemacht hatten, waren das insgesamt sechs Messungen. Damit wären sie zwar zu diesem Zeitpunkt noch nicht in der Lage gewesen, die Resultate zu interpretieren, doch die starken Geschwindigkeitsveränderungen hätten ihnen – wie sich später herausstellte – klar gezeigt, daß etwas nicht stimmt mit 51 Pegasi.

Die Daten blieben jedoch unverarbeitet liegen. Noyes brachte die auf Magnetbändern gespeicherten Spektren von 51 Pegasi nach Cambridge. Gewissermaßen elektronische Fotos des zerlegten Lichts des Sterns mit den verschobenen schwarzen Absorptionslinien. Die Verschiebungen dieser Linien sind so klein, daß ein umfangreiches Computerprogramm nötig ist, um daraus die Geschwindigkeit des Sterns zu berechnen. Brown hatte zwar ein solches Programm geschrieben, doch statt die Daten damit zu analysieren, legten die beiden Astronomen damals größeres Gewicht darauf, ihr Gerät zu verbessern, um endlich auch das Pulsieren von Sternen messen zu können.

Noyes und Brown wußten nicht, daß sie an einem Wettkampf teilnahmen, den Queloz acht Tage zuvor gestartet hatte. Brown war überzeugt davon, daß noch einige Zeit verstreichen würde bis zum Fund des ersten extrasolaren Planeten. «Wenn es ein Rennen ist, dann eines über eine Langstrecke», hat er damals gedacht.

Exkurs: Entfernungen in der Astronomie

Wegen der enormen Distanzen im Weltraum haben die Astronomen dafür eigene Maßeinheiten eingeführt:
Für Distanzen innerhalb von Sonnensystemen wird meistens die **Astronomische Einheit (AE)** verwendet. Sie ist definiert als die Strecke zwischen Erde und Sonne; 1 AE = 150 Millionen km.
Für größere Entfernungen zwischen Sternen oder Galaxien gibt es zwei Größen:
Das **Lichtjahr (LJ)** ist definiert als die Distanz, die das Licht innerhalb eines Jahres zurücklegt (die Lichtgeschwindigkeit beträgt 300 000 Kilometer pro Sekunde); 1 LJ = 63 240 AE = 9,5 Billionen km.
Das **Parsec (pc)** ist über den Winkel definiert, aus dem ein Stern zu verschiedenen Jahreszeiten zu sehen ist; 1 pc = 3,3 LJ = 206 260 AE = 30,8 Billionen km.

Distanztabelle

Erde zu Mond	1 Lichtsekunde
Erde zur Sonne	8 Lichtminuten
Sonne zu Jupiter	40 Lichtminuten
Sonne zu Pluto	5,5 Lichtstunden
Sonne zu nächstem Stern	4 Lichtjahre
Sonne zu 51 Pegasi	50 Lichtjahre
Sonne zum Zentrum der Milchstraße	30 000 Lichtjahre
Durchmesser der Milchstraße	100 000 Lichtjahre
Distanz zur nächsten Galaxie	2 Millionen Lichtjahre
Distanz zu den entferntesten Galaxien	15 Milliarden Lichtjahre

4. Eine erste Spur

Wie immer fuhr Didier Queloz mit der Bahn zur Sternwarte. Die Reise von Genf nach Manosque dauerte zwar fast sieben Stunden. Aber die Zeit ließ sich im Zug viel besser nutzen als während der kürzeren Autofahrt. Zudem schätzte er den malerischen letzten Teil der Strecke über den Col de la Croix und danach entlang der Durance. In Manosque nahm er ein Taxi, das ihn auf kaum befahrenen Nebenstraßen durch den Wald und schließlich vorbei am «Restaurant de l'Observatoire» zum Gelände der Sternwarte brachte. Es war der 9. Januar 1995, fast vier Monate, nachdem er 51 Pegasi im September des vorigen Jahres zum ersten Mal beobachtet hatte. Ende Oktober war er noch einmal hier gewesen, doch auch diese Messungen ließen nicht vermuten, daß sich Ungewöhnliches anbahnte.

Die langen Nächte machten es nötig, daß Queloz einen Tag vor seiner ersten Beobachtungsnacht anreiste. Die Zeit zwischen seiner Ankunft um halb fünf am Nachmittag und dem Einbruch der Nacht eine knappe Stunde später wäre zu kurz gewesen, um am Teleskop alle nötigen Vorbereitungen zu treffen. Die Nächte im Winter dauern zwölf Stunden und länger und sind deshalb bei den Astronomen unbeliebt. Es ist oft das zweifelhafte Vorrecht der Assistenten, die langen Schichten in dieser Jahreszeit zu schieben. Die Professoren bevorzugen die kurzen Nächte im Sommer.

Am nächsten Tag um vier Uhr nachmittags setzte sich Queloz zu den anderen Astronomen an den großen Tisch im schmucklosen Speisesaal der Sternwarte. Er hatte versucht, etwas zu schlafen, und fand es danach wie immer sonderbar, als erstes eine Suppe zu essen. Wie in vielen Observatorien erinnert die Atmosphäre auch an der Sternwarte von Haute-Provence an ein Kloster, speziell im Winter. Ein Besucher aus einer anderen Welt würde die Astronomen für Mitglieder eines Geheimordens halten, der die Nacht verehrt und sich bedingungslos der Himmelsmechanik unterordnet. Wo andere auf ein Leben nach dem Tod hoffen, warten die Astronomen auf das Leben nach Sonnenuntergang. Und wenn dieser Untergang morgens um zehn Uhr wäre, würden sie ihre Suppe um neun löffeln.

Das Gelände der Sternwarte von Haute-Provence bei Manosque in Südfrankreich (Quelle: © CNRS-Observatoire de Haute-Provence OHP).

Nach dem Mahl – gekocht wird nach provenzalischer Art mit Olivenöl und viel Knoblauch – zogen sich Queloz und die anderen in ihre kuppelförmigen Klausen zurück. Unter dem Arm eine Thermosflasche mit Kaffee als Wegzehrung für die Lichtjahre, die sie vor sich hatten.

Queloz erwartete in dieser Nacht keine besonderen Ereignisse. Seit er und Mayor im April des Vorjahrs mit den Messungen begonnen hatten, lief alles nach Plan. Der Spektrograph und die Programme arbeiteten zuverlässig. Wenn das Wetter mitmachte, würde er in dieser Winternacht die Geschwindigkeiten von über dreißig Sternen bestimmen können.

Die Reihenfolge der Beobachtungen hängt von der Position der Sterne ab. Für eine qualitativ gute Messung sollte der Weg, den das Licht des Sterns in der Erdatmosphäre zurücklegt, möglichst kurz sein. Die günstigste Stellung eines Sterns ist deshalb möglichst hoch am Himmel. Befindet er sich nahe am Horizont, wird sein Licht auf dem langen Weg von der Thermosphäre bis an den Erdboden verfälscht und abgelenkt.

Die günstigste Zeit, 51 Pegasi zu beobachten, war in dieser Nacht gleich nach der Dämmerung, denn der Stern erreicht seinen Zenit um diese Jahreszeit, für die Astronomen unbeobachtbar, um Viertel nach vier am Nachmittag und verschwindet dann kurz vor Mitternacht am Horizont.

Als Queloz die Geschwindigkeit von 51 Pegasi auf dem Bildschirm sah, erschrak er: Der Computer errechnete, daß sich der Stern mit 33 327,4 Metern pro Sekunde näherte. Seit der langsamsten im September gemessenen Geschwindigkeit hatte er um gut hundert Meter pro Sekunde zugelegt. «Ich habe sofort gedacht, daß mit der Messung etwas nicht stimmt.» Ein Planet fiel Queloz nicht ein. Weil man damit rechnete, daß Riesenplaneten, die eine solche Geschwindigkeitsänderung bei einem Stern verursachen können, Jahre für einen Umlauf brauchen, durfte 51 Pegasi nicht innerhalb von drei Monaten so viel schneller werden.

Queloz vermutete, daß es Schwierigkeiten mit der Uhrzeit gab. Damit hatte er schon früher Probleme gehabt. Der Computer benötigte die exakte Angabe, wann eine Messung gemacht worden war. Daraus konnte er die Bewegung der Erde zu diesem Zeitpunkt ermitteln und in der Berechnung der Sterngeschwindigkeit berücksichtigen. War die Zeit falsch, wurde eine falsche Geschwindigkeit der Erde vorausgesetzt, und das errechnete Resultat für die Geschwindigkeit des Sterns wich von der wirklichen ab. Die hundert Meter pro Sekunde Geschwindigkeitsunterschied, mit der Queloz nun zu tun hatte, hätten auch entstehen können, wenn die Uhr um eine knappe Stunde falsch gelaufen wäre.

Doch Queloz erkannte bald, daß der Computer mit der richtigen Zeit gerechnet hatte. Er setzte seine Messungen der anderen Sterne fort, dachte aber immer wieder darüber nach, woher das sonderbare Resultat kommen könnte. «Ich hatte völlig verrückte Ideen. Hatte ich den falschen Stern anvisiert? War es der Mistral oder eine Änderung des Luftdrucks?» Doch Queloz' Hauptsorge galt nicht den äußeren Bedingungen, sondern dem Spektrographen und den Programmen.

Wenn Planetenjäger etwas gemeinsam haben, dann die technische Herausforderung, ein Gerät zu bauen, dessen Meßgenauigkeit die Grenze des Möglichen erreicht. Der Spektrograph, der in einer schwarzen Kiste im klimatisierten Nebenraum stand, war vergleichbar mit einem hochgezüchteten Automotor, und Queloz' Analyseprogramme holten das letzte aus ihm heraus. Das Gerät hatte den labilen Charakter eines genialen Künstlers, der auf kleinste Störungen völlig unberechenbar reagiert. Mayor und Queloz behandelten es wie einen Patienten, dessen Fieber und Blutdruck gemessen werden, bevor man das Fenster öffnet.

Bereits geringste Temperaturveränderungen konnten die Messungen stark verfälschen. Sogar zufällig einfallende kosmische Strahlung beeinflußte sie auf nicht genau vorhersehbare Weise. Mayor und Queloz mußten alle Tricks und Kniffe, die sie kannten, anwenden, um Meter um Meter an Genauigkeit zu gewinnen.

Die entscheidende Eigenschaft des Spektrographen ist neben seiner Genauigkeit die Langzeitstabilität. Weil die Astronomen erwarteten, daß sich die Radialgeschwindigkeit eines Sterns mit einem Planeten nur sehr langsam verändert, mußten die Meßgeräte über Jahre oder Jahrzehnte exakte Resultate liefern. Es ist einfach, in ein und derselben Nacht zwei Messungen zu machen, die sich miteinander vergleichen lassen. Aber eine Messung von 1996 mit einer aus dem Jahr 2006 zu verknüpfen ist nur möglich, wenn Spektrograph und Software mit aufwendigen Maßnahmen dafür ausgelegt werden.

Die Technik, die Mayor und Queloz dabei anwenden, ist eigentlich alt: Sie vergleichen das Spektrum des Sterns mit dem Spektrum einer bekannten Quelle. Bereits im letzten Jahrhundert waren so die ersten Radialgeschwindigkeiten von Sternen gemessen worden. Nachdem das Sternspektrum sein Streifenmuster auf einer Fotoplatte hinterlassen hatte, stellte man damals eine Eisenbogenlampe vor den Eingangsschlitz des Spektrographen. Die Fotoplatte wurde so belichtet, daß das bekannte Eisenspektrum genau neben dem Sternspektrum lag. Aus der Verschiebung zwischen den Absorptionslinien der stillstehenden Lampe und des bewegten Sterns konnte dessen Geschwindigkeit berechnet werden. Das Spektrum der Lampe war der Maßstab neben dem Sternspektrum.

Doch diese Technik war sehr ungenau und die Distanz zwischen den verschwommenen Absorptionslinien von Stern und Lampe Interpretationssache. Die Radialgeschwindigkeit eines Sterns konnte bloß auf einige Kilometer pro Sekunde genau bestimmt werden. Um Planeten zu finden, sind hundertmal präzisere Messungen nötig.

Mayors und Queloz' Spektrograph kann das Sternenlicht extrem stark auffächern. Statt eines kontinuierlichen Regenbogens mit den schwarzen Absorptionslinien erzeugt seine besondere Optik das Spektrum zeilenweise untereinander. Astronomen nennen ein solches Gerät deshalb einen «Echelle-Spektrographen» (von französisch «echelle»: Stufenleiter, Skala). Lesen läßt sich dieses Spektrum wie ein Buch: Es beginnt oben links mit den langwelligen roten Bestandteilen des Lichts und endet unten rechts mit kurzwelligen blauen. Dieses Zeilenspektrum projiziert der Spektrograph nicht auf eine Fotoplatte, sondern auf einen elektronischen Lichtsensor, so, wie ein Diaprojektor ein Bild auf eine Leinwand wirft. Die Leinwand ist in diesem Fall allerdings nur etwa daumennagelgroß und besteht aus über einer Million schachbrettartig angeordneten lichtempfindlichen Elementen, auch «Pixel» (für «Picture Elements»: «Bildpunkte») genannt. Ein solcher Lichtsensor heißt «Charge-Coupled Device» oder CCD und steckt heute in jeder Videokamera. Er sammelt das Licht, das der Spektrograph auf ihn wirft, und erzeugt ein elektronisches Bild des Spektrums. Diese elektronischen Bilddaten eignen sich vorzüglich zur Weiterverarbeitung im Computer.

Auch bei dieser Technik wird eine Referenzquelle benötigt. Schließlich hat man bloß die umständlichen Fotoplatten durch das praktischere CCD ersetzt. Welche Wellenlänge des Spektrums bei welchem Pixel des CCD liegt, ist nach wie vor nicht bekannt.

Statt einer Eisenbogenlampe benutzen Mayor und Queloz das Thoriumspektrum einer Thorium-Argon-Lampe als Referenz. Ihr Spektrograph wird über Glasfasern gleichzeitig von zwei Lichtquellen gespeist: vom Sternenlicht des Teleskops und von der Thorium-Argon-Lampe. Die

Glasfasern sind am Eingang des Spektrographen so angeordnet, daß die Zeilenspektren der beiden Quellen genau untereinander liegen – eine Zeile Stern, eine Zeile Thorium, eine Zeile Stern, eine Zeile Thorium usw. Sobald das CCD geeicht ist, kann zu jedem Zeitpunkt die Geschwindigkeit des Sterns bestimmt werden, indem man die beiden Spektren miteinander vergleicht. Diese Meßanordnung ist relativ unempfindlich gegenüber äußeren Störungen. Vibrationen, kosmische Strahlung oder Temperaturveränderungen beeinflussen die beiden vom selben Spektrographen erzeugten Spektren in der gleichen Art und Weise und lassen sich deshalb leicht erkennen.

Wenn sich die Geschwindigkeit eines Sterns um dreizehn Meter pro Sekunde verändert, verschieben sich die Absorptionslinien seines Lichts auf dem kleinen elektronischen Lichtdetektor allerdings nur um den tausendsten Teil eines Haardurchmessers. Es war die Aufgabe von Queloz' Programmen, diese Mikrosprünge aus dem elektronischen Bild zu extra-

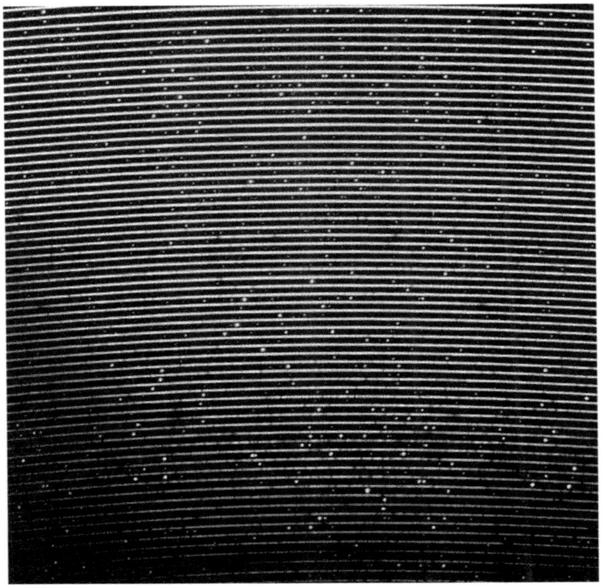

Echelle-Spektrum: Bei einem Echelle-Spektrum wird das kontinuierliche Spektrum in einzelnen Zeilen dargestellt. Als Referenzquelle projiziert der Spektrograph von Mayor und Queloz zwischen das Sternspektrum (helle Zeilen) das Spektrum einer Thorium-Argon-Lampe (dunkle Zeilen) (Bild: Didier Queloz). Die senkrechten Absorptionslinien in den einzelnen Zeilen sind auf diesem Bild nicht zu erkennen.

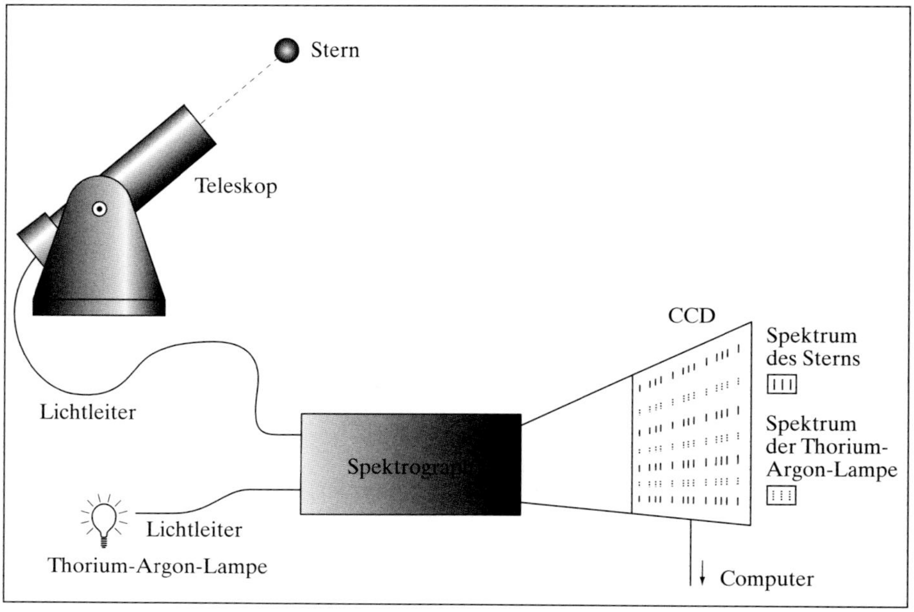

Messung mit Elodie: Um die Radialgeschwindigkeit eines Sterns zu bestimmen, vergleichen Michel Mayor und Didier Queloz das Spektrum des Sternenlichts mit dem Referenzspektrum einer Thorium-Argon-Lampe. Vom Teleskop und von der Lampe führt je ein Lichtleiter zum Spektrographen. Dort wird das Licht beider Quellen so zerlegt, daß ihr Spektrum in Zeilen auf das CCD projiziert wird. Zwischen den Zeilen des Sternspektrums liegt immer eine Zeile des Referenzspektrums. Von unerwünschten Effekten wie kosmischer Strahlung oder Temperaturänderungen hervorgerufene Verschiebungen der Absorptionslinien können am Verhalten des Referenzspektrums leicht erkannt werden: Verschiebt sich das Spektrum der ruhenden Thorium-Argon-Lampe, muß eine solche Störung dafür verantwortlich sein.

hieren, das das CCD vom Zeilenspektrum machte. Queloz wußte, daß auf dem langen Weg zwischen dem Teleskop und dem Resultat auf seinem Bildschirm alles mögliche passieren konnte. Deshalb verdächtigte er zuerst Software und Spektrographen und kam nicht auf die Idee, daß mit 51 Pegasi etwas nicht stimmen könnte. Die ganze Nacht überlegte er, ob er nicht irgend etwas übersehen hatte. «Es war eine Reihe von Ängsten wie: Habe ich die Autotür geschlossen? Habe ich die Herdplatte ausgeschaltet?» Doch Queloz konnte keine offene Autotür oder glühende Herdplatte finden. Es blieb ihm nichts anderes übrig, als 51 Pegasi in der folgenden Nacht erneut zu messen.

Die Geschwindigkeit, die er in der Nacht darauf maß, beruhigte und beunruhigte ihn zugleich. Der Stern war langsamer geworden. Sein Tempo lag wieder näher bei den Messungen vom September. Zu diesem Zeitpunkt hätte es nahegelegen, den Maximalwert der vorigen Nacht als einmaligen Ausreißer zu deuten. Eine Abweichung, die vom launischen Meßgerät selbst produziert worden war.

Doch Queloz war die Sache nicht geheuer. Obwohl im Januar eigentlich nur zwei Messungen von 51 Pegasi vorgesehen waren, entschied er sich, den Stern ein drittes Mal ins Visier zu nehmen. Mit erstaunlichem Resultat: Jetzt war seine Geschwindigkeit plötzlich niedriger als jeder zuvor gemessene Wert. Innerhalb von 48 Stunden war der Stern um über 110 Meter pro Sekunde langsamer geworden! Das jedenfalls zeigte der Computer an. «Da verstand ich überhaupt nichts mehr.»

Queloz hatte allen Grund, nichts mehr zu verstehen, denn einen Planeten, der den Stern zu solchen Kapriolen zwingt, konnte es laut Theorie nicht geben. Wenn aber kein Planet um den Stern kreiste und kein Instrumentenfehler vorlag, blieben nur noch zwei mögliche Erklärungen: Entweder 51 Pegasi pulsierte, oder er rotierte. Wenn sich ein Stern rhythmisch aufbläht und zusammenzieht, nähert und entfernt sich seine Oberfläche mit verschiedenen Geschwindigkeiten. Der Spektrograph zeigt diese Geschwindigkeitsänderungen durch eine Verschiebung der Absorptionslinien an. Doch diesen Effekt, wie ihn die Sonnenforscher Bob Noyes und Tim Brown untersuchten, schloß Queloz von Anfang an aus. Für einen sonnenähnlichen Stern wie 51 Pegasi waren die 110 Meter pro Sekunde Geschwindigkeitsunterschied eindeutig zu hoch. Wenn die Sonne pulsiert, bewegt sich ihre Oberfläche mehrere Größenordnungen langsamer.

Blieb die Rotation. Es war bekannt, daß die Rotation eines Sterns die Absorptionslinien seines Spektrums verschieben konnte. Von der Seite betrachtet, nähert sich die eine Hälfte eines rotierenden Sterns ständig dem Beobachter, während sich die andere von ihm entfernt. Bei einem makellosen Stern, der gleichmäßig leuchtet, werden dadurch die Absorptionslinien symmetrisch verbreitert. Die entgegenkommende Hälfte verschiebt sie zum blauen Ende des Spektrums, die fliehende zum roten. Wenn sich auf dem Stern jedoch Flecken befinden, wandern die Absorptionslinien unter Umständen nicht gleichzeitig auf beide Seiten, sondern zuerst in Richtung Rot, wenn sich der Fleck nähert und die stärker leuchtende Fläche sich entfernt, und dann, im umgekehrten Fall, in Richtung Blau. Die Auswertungsprogramme deuten diese Verschiebung der Absorptionslinien als – in Wirklichkeit nicht existierende – Geschwindigkeitsänderung des Sterns.

Auch diesem Irrlicht waren die Planetenjäger schon gefolgt. 1987 kündigte Bruce Campbell von der Dominion-Sternwarte im kanadischen Victoria an, «klare Belege» für die Existenz von mehreren jupitergroßen Sternbegleitern gefunden zu haben. Campbell hatte zusammen mit Gordon Walker und Stephenson Yang von der Universität von British Columbia in Vancouver bereits 1980 begonnen, nach Planeten zu suchen. Ihr Musterschüler war der Stern Gamma Cephei, der Geschwindigkeitsänderungen zeigte, die sich alle 2,7 Jahre wiederholten. Fünf Jahre nach der Ankündigung wurde klar, daß sich Gamma Cephei mit derselben Periode um die eigene Achse drehte. Weitere Messungen legten schließlich nahe, daß Campbell und seine Kollegen keinen Planeten, sondern Flecken auf einem Stern gefunden hatten.

Zurück in Genf, suchte Queloz alles zusammen, was er über 51 Pegasi finden konnte. Im *Geneva Photometric Catalogue* glaubte er schließlich, fündig geworden zu sein. Dieses Nachschlagewerk verzeichnet die über Jahrzehnte gemessenen Helligkeitsänderungen von Sternen. Für 51 Pegasi fand er einen Wert von einem Prozent: Die hellste und die dunkelste Messung im Verlauf dieser Jahre lagen ein Hundertstel auseinander. Das war zwar nicht viel, konnte aber auf Sonnenflecken hindeuten. Allerdings bemerkte Queloz, daß für den Katalogeintrag Messungen von mehreren Teleskopen kombiniert worden waren. Ein Grund, mißtrauisch zu sein. Genauer sind Messungen, die immer mit demselben Gerät gemacht werden.

Doch es gab eine Möglichkeit, diese Angabe zu überprüfen. Die von Queloz gemessene Geschwindigkeitsänderung war so stark, daß nur ein großer Sonnenfleck als ihre Ursache in Frage kam. Große Sternflecken werden von einem starken Magnetfeld eines Sterns hervorgerufen, das wiederum auf dessen schnelle Rotation zurückgeht. Als Faustregel gilt: Je schneller ein Stern rotiert, desto stärker ist sein Magnetfeld, das die Sonnenflecken erzeugt. Ein starkes Magnetfeld heizt gleichzeitig die äußere Schicht des Sterns so auf, daß sie einen Teil ihrer Energie an ganz bestimmten Stellen im Spektrum wieder abgibt. Dort begann Queloz zu suchen.

Er hielt in diesem Fall nicht nach schwarzen Absorptionslinien verschluckter Strahlung Ausschau, sondern nach bestimmten Stellen im Regenbogen, die besonders hell hätten sein müssen. Je stärker zwei von heißem Kalzium hervorgerufene Linien im Spektrum auftreten, desto stärker ist das Magnetfeld, das die großen Sonnenflecken erzeugen kann. Doch Queloz fand die Kalziumlinien nicht. Offenbar waren die Angaben im *Geneva Photometric Catalogue* tatsächlich ungenau. Die gemessenen Geschwindigkeitsänderungen des Sterns ließen sich nicht auf einen rotierenden Fleck zurückführen.

Obwohl Queloz nun Pulsation und Rotation als Ursachen für seine sonderbaren Messungen ausschloß, wähnte er sich noch weit weg vom Ziel. «Ich dachte keine Sekunde an einen Planeten. Wir waren völlig fixiert darauf, daß die Planeten, die wir suchten, sehr lange Umlaufzeiten haben würden.» Trotzdem wollte er dem Verhalten von 51 Pegasi auf den Grund gehen. Es bestand immer noch die Möglichkeit, daß etwas mit dem Meßgerät nicht in Ordnung war, und darüber wollte Queloz so schnell wie möglich Gewißheit. Er entschloß sich, den Stern bei nächster Gelegenheit intensiv zu beobachten.

Doch da tauchte ein unerwartetes Problem auf: Das Teleskop war erst im März wieder für das Planetensuchprogramm reserviert. 51 Pegasi war aber im März am Nachthimmel nicht mehr sichtbar. Die Drehung der Erde um die Sonne bewirkt, daß der Stern nicht während des ganzen Jahrs beobachtet werden kann. Gegen Ende Februar verabschiedet er sich von der Nacht und taucht erst im Sommer wieder in vernünftiger Position auf. Als Queloz merkte, daß er ein halbes Jahr würde warten müssen, bis er den nächsten Blick auf 51 Pegasi werfen könnte, begann er, den Teleskopbelegungsplan zu studieren. «Ich wollte 51 Pegasi unbedingt messen, bevor er verschwand, und versuchte einige Nächte Teleskopzeit zusammenzukratzen.»

Die erste Möglichkeit bot sich, als ein Kollege von ihm zwischen dem 19. und 21. Januar 1995 am Teleskop arbeitete. Queloz bat ihn, in jeder Nacht eine Messung von 51 Pegasi durchzuführen. Doch das Wetter war schlecht, und der Kollege kehrte nur mit einer neuen Geschwindigkeit von 51 Pegasi zurück. Zuwenig, um daraus Schlüsse zu ziehen.

5. Ist das Rennen schon vorbei?

«Exklusiv: Der erste extrasolare Planet wurde gefunden», verkündete am 1. Februar 1995 das französische Wissenschaftsmagazin *Science & Vie* auf seinem Titelblatt. Im Inneren des Hefts wurde auf zehn Seiten ein französisches Team gefeiert, das «die wichtigste Entdeckung in der Astronomie am Ende dieses Jahrhunderts» gemacht habe. War das Rennen schon vorbei, noch bevor Queloz das sonderbare Verhalten von 51 Pegasi geklärt hatte? Auf dem Titel jedenfalls ließ *Science & Vie* keine Zweifel daran aufkommen. Doch der Artikel selbst klang nicht mehr ganz so überzeugend. Man könne, «so scheint es», von Beweisen sprechen, oder, eine Seite weiter: «Die Beobachtung in dieser Nacht kann (...) als Planet interpretiert werden.» Offenbar war die Sache doch nicht so sicher, wie der Titel glauben machen wollte.

Das Team um die Astronomen Alfred Vidal-Madjar, Roger Ferlet und Alain Lecavelier des Etangs vom Institut für Astrophysik in Paris hatte eine verdächtige Helligkeitsänderung des Sterns Beta Pictoris entdeckt. Bei jedem anderen Stern hätte man darum nicht viel Aufhebens gemacht, aber Beta Pictoris war nicht irgendein Stern. Er hatte es bereits mehrmals auf das Cover von Wissenschaftszeitschriften geschafft und einmal sogar auf die Titelseite der *New York Times*. Wenn es um Planeten ging, war Beta Pictoris schon seit einem guten Jahrzehnt der Hauptverdächtige. Doch wie sie es auch anstellten, die Astronomen konnten dem Stern seine Planeten – wenn es sie denn wirklich gab – einfach nicht hieb- und stichfest nachweisen.

Die abenteuerliche Geschichte von Beta Pictoris hatte mit dem Start des Satelliten IRAS (Infrared Astronomy Satellite) Anfang 1983 begonnen. IRAS war ein Teleskop, das um die Erde kreiste wie das Weltraumteleskop Hubble heute. Es konnte Licht sehen, das wir mit unseren Augen nicht wahrnehmen können: infrarote Strahlung.

Das sichtbare Licht bildet nur eine Oktave auf der Tonleiter dessen, was die Astronomen elektromagnetische Wellen nennen. Nach dem roten und dem blauen Ende des Regenbogens geht es – für uns unsichtbar – weiter. Radiowellen, Röntgenstrahlen, Mikrowellen, Ultraviolett- und Infrarotstrahlung sind ein und dieselbe Sache: elektromagnetische Wellen, die sich nur dadurch voneinander unterscheiden, daß sie verschieden schnell schwingen und dadurch unterschiedlich viel Energie mit sich tragen (Grafik S. 104 oben).

Im Weltall gibt es unzählige Effekte, die eine Fülle solcher Schwingungen erzeugen. Ein kleiner Teil davon ist sichtbares Licht, für den Rest haben wir keine körpereigenen Sensoren. Doch mit geeignetem Gerät haben die Astronomen gelernt, diese Signale aufzufangen und so dem bloßen Auge verborgene Vorgänge zu untersuchen. Mit riesigen Antennen können zum Beispiel die Radiowellen empfangen werden, wie sie physikalische Prozesse fremder Sterne oder Galaxien erzeugen.

Die Arbeit im Infrarotbereich stellt die Astronomen vor ganz besondere Schwierigkeiten. Im Gegensatz zum sichtbaren Licht oder zu Radiowellen versperrt unsere Atmosphäre der infraroten Strahlung den Weg. Wasserdampf, Kohlendioxid oder Ozon absorbieren einen Teil davon und verhindern eine umfassende Beobachtung vom Erdboden aus. Deshalb wurde IRAS im Weltraum stationiert.

Ein noch viel größeres Problem als die Blockade durch die Atmosphäre liegt in der Entstehung der infraroten Strahlung. Sie wird von der

«Exklusiv: Der erste extrasolare Planet wurde gefunden.» Das Titelbild des französischen Wissenschaftsmagazins *Science & Vie* vom 1. Februar 1995.

thermischen Bewegung von Atomen und Molekülen erzeugt. Oder, anders ausgedrückt: von Wärme. Mit der unangenehmen Folge, daß jeder Körper, dessen Temperatur über dem absoluten Nullpunkt von minus 273 Grad Celsius liegt, im infraroten Bereich strahlt – fatalerweise auch das Teleskop selbst. Mit einem Infrarotteleskop bei Normaltemperatur zu arbeiten wäre dasselbe, wie mit einem Lichtteleskop, das selbst leuchtet, in der Nacht nach Sternen zu suchen. Damit sich IRAS nicht selbst blendete, wurde dem Infrarotteleskop superkaltes flüssiges Helium mitgegeben, das den Satelli-

Der Infrarotsatellit IRAS während eines Tests (Quelle: Jet Propulsion Laboratory).

ten für ein Jahr «zum kältesten von Menschenhand geschaffenen Objekt im Weltraum» machte. IRAS war so empfindlich, daß er die Hitze eines Haarföns in Monddistanz registrieren konnte.

Die erste große Entdeckung machte IRAS im Sommer 1983 durch Zufall. Hartmut Aumann vom Jet Propulsion Laboratory der NASA im kalifornischen Pasadena und Frederick Gillett vom nationalen Observatorium Kitt Peak in Arizona wollten das Teleskop zu Beginn ihrer Beobachtungen eichen. Dazu richteten sie IRAS auf Wega, einen der hellsten und am besten bekannten Sterne am Himmel.

Wie jeder Stern strahlt auch Wega ein Lichtgemisch aus verschiedenen Wellenlängen ab. Doch nicht jede Farbe dieses Lichtkonzerts wird gleich laut gespielt. Wie stark welche Teile des Spektrums eines Körpers leuchten, läßt sich ziemlich genau vorausberechnen, wenn dessen Temperatur bekannt ist. Genau stimmt diese Rechnung zwar nur, wenn die Strahlungsquelle die Absorptionseigenschaften eines schwarzen Körpers hat (man spricht deshalb auch von Schwarzkörperstrahlung), doch annähernd gilt sie auch für einen Stern. Aumann und Gillett konnten so die Strahlungsverteilung von Wega berechnen: Sie wußten, daß seine Oberflächentemperatur fast 10 000 Grad Celsius beträgt und er deshalb am stärksten im kurzwelligen, ultravioletten und vergleichsweise schwach im langwelligen, infraroten Teil seines Spektrums strahlt.

Bei kühleren Körpern ist es gerade umgekehrt: Mit sinkender Temperatur verschiebt sich ihr Strahlungsmaximum zum langwelligen roten Ende des Regenbogenspektrums, bis es, bei Temperaturen von unter 3200 Grad Celsius, schließlich in den für das menschliche Auge unsichtbaren infraroten Bereich wandert (Grafik S. 86).

Die Messung von IRAS lieferte ein merkwürdiges Resultat. Die Menge des sichtbaren Lichts, das Wega abstrahlte, stimmte zwar mit der Vor-

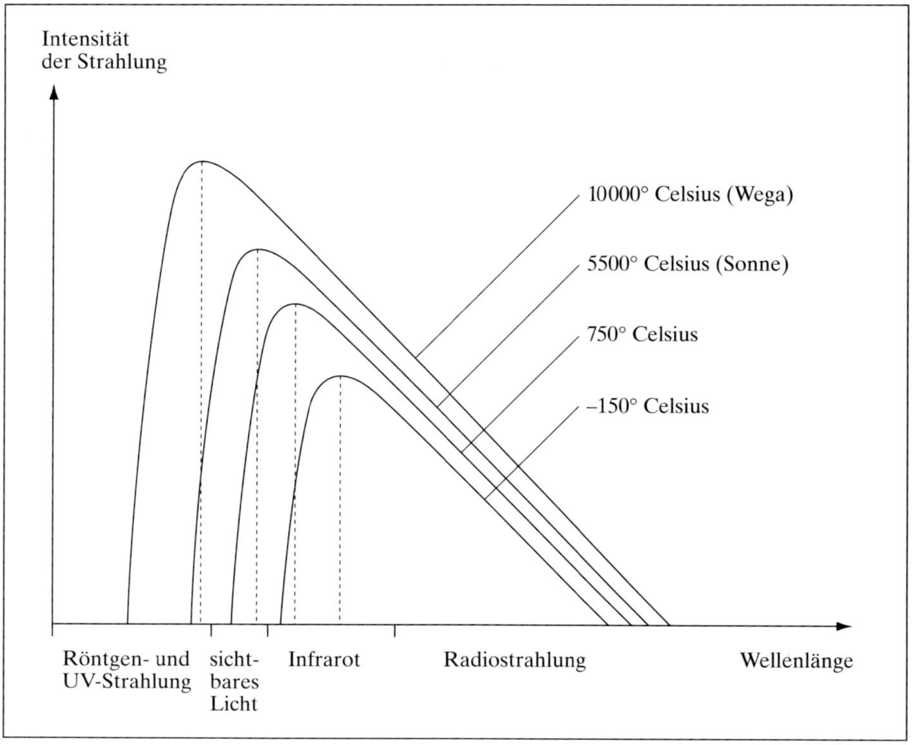

Schwarzkörperstrahlung: Die Temperatur eines schwarzen Körpers verrät, bei welcher Wellenlänge er wieviel Energie abgibt. Daraus kann näherungsweise auch die Verteilung der Strahlungsintensität von Sternen berechnet werden. Die Sonne gibt am meisten Energie im Bereich des sichtbaren Lichts ab. Bei kühleren Körpern verschiebt sich dieser Maximalwert in den unsichtbaren Infrarotbereich.

hersage überein, aber in bestimmten Infrarotbereichen strahlte es aus Richtung des Sterns sechzehnmal stärker als erwartet. Die Abweichung konnte nur eines bedeuten: Es mußte bei Wega neben dem Stern noch eine zweite, kühlere Wärmequelle geben, die den Großteil ihrer Energie in Infrarot abgibt.

Aumann und Gillett standen vor einem Rätsel. Sie konnten aus den Messungen zwar berechnen, daß die Temperatur des unbekannten Objekts bei minus 190 Grad Celsius liegt, doch ein solider Körper kam nicht in Frage. Er hätte

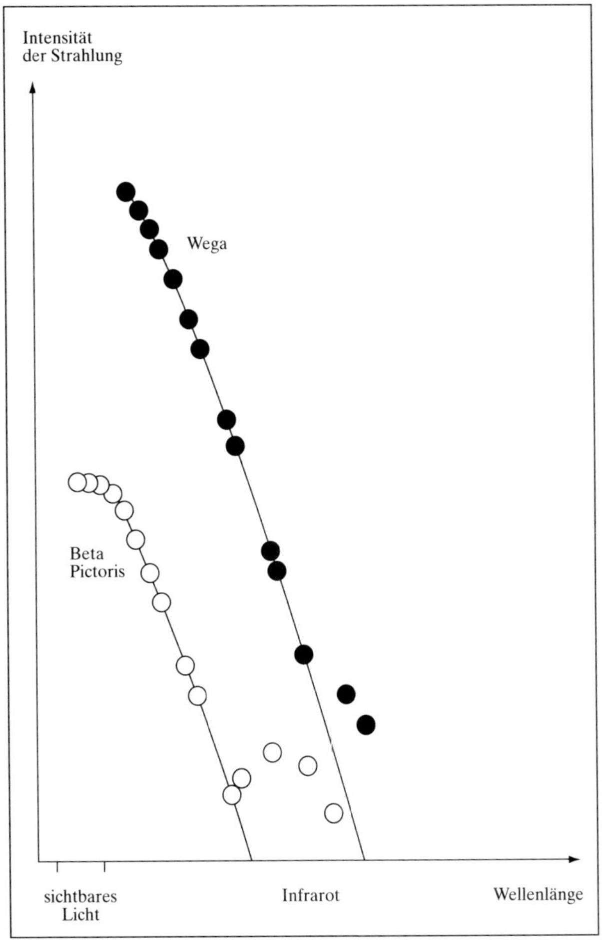

Infrarotüberschuß: Die Sterne Wega und Beta Pictoris zeigen Energieüberschüsse im Infrarotbereich. Die durchgezogenen Linien zeigen die Energieverteilung, wie sie aus der Temperatur der Sterne allein berechnet werden kann. Im Infrarotbereich weichen die Meßpunkte von dieser Kurve ab. Das bedeutet, daß es bei Wega und Beta Pictoris je ein zweites Objekt mit tiefer Temperatur geben muß, das die Infrarotstrahlung erzeugt. In beiden Fällen geht diese Strahlung von Staubscheiben aus.

62mal den Durchmesser des Sterns haben müssen, um die ermittelte Strahlung abgeben zu können. Ein solcher Brocken wäre längst gesichtet worden.

Worauf Aumann und Gillett bei Wega auch immer gestoßen waren, das Objekt mußte zwei Bedingungen erfüllen: Es durfte, erstens, keine große Masse haben, mußte aber, zweitens, über eine riesige Oberfläche verfügen, um die im Infrarotbereich gemessene Energie überhaupt abstrahlen zu können. Es gab nur eine Erklärung: Staub. Wega ist von einer

Scheibe aus Staub umgeben, die einen Raum einnimmt, der etwa doppelt so groß ist wie unser Sonnensystem. Die Oberfläche aller Staubteilchen zusammengenommen ist viel größer als die eines kompakten Körpers gleicher Masse, deshalb ist Staub im Infrarotbereich besser zu sehen als zum Beispiel ein Planet.

Aumann und Gillett berechneten den Durchmesser der Staubkörner auf einen Millimeter und mehr. Staubteilchen, die man bei der Bildung von Sternen beobachtet hatte, waren über 2000mal kleiner. Seit Wega vor 300 Millionen Jahren entstanden war, hatten sich die kleinen Staubteilchen, die damals in einer Scheibe um den Stern kreisten, offenbar zu größeren Körnern verklumpt.

Genauso stellte man sich die Entstehung des Sonnensystems vor: Bei ständigen Zusammenstößen der kleinen Teilchen in der Staubscheibe verschmolzen diese zu immer größeren Körnern, dann zu meter- und kilometergroßen Brocken und schließlich zu Planeten. Aumann und Gillett fanden den ersten Hinweis außerhalb unseres Sonnensystems, der diese Theorie der Planetenentstehung stützt.

In der Folge entdeckte IRAS noch bei vielen anderen Sternen starke Infrarotstrahlung, die mit Staubscheiben erklärt wurde, darunter auch bei Beta Pictoris. Das allein hätte diesem Stern allerdings noch nicht zu seiner Sonderstellung verholfen. Es waren Bradford Smith von der Universität von Arizona in Tucson und Richard Terrile vom Jet Propulsion Laboratory, die Beta Pictoris zum Star unter den Sternen machten.

Als die Resultate von IRAS bekannt wurden, hatte das Team von Smith eben einen neuen Koronographen fertiggestellt und wartete darauf, das Gerät auszuprobieren. Ein Koronograph ist eine Vorrichtung, die ursprünglich erfunden worden war, um die Sonnenscheibe abzudecken, damit die äußerste Schicht der Sonne, die Korona, beobachtet werden kann. Auch die Sonnenforscher standen vor dem Problem, daß das grelle Licht unseres Muttersterns alles überstrahlte, was an dessen Rändern zu sehen gewesen wäre.

Smith wollte seinen Koronographen allerdings nicht für die Sonne einsetzen. Er hatte vielmehr die Absicht, damit bei Uranus und Neptun nach noch nicht entdeckten Ringen und Monden zu suchen, die besser sichtbar sind, wenn der helle Planet abgedeckt wird. Doch es sprach nichts dagegen, mit dem neuen Gerät auch das Licht von Sternen auszuschalten, in deren Umgebung viel schwächer leuchtende Staubscheiben vermutet wurden. IRAS selbst lieferte nur die Stärke der Infrarotstrahlung. Ein Bild der neuen Objekte brachte der tiefgekühlte Satellit nicht zustande.

Wega und zwei weitere Sterne mit einer Überdosis Infrarot beobachtete Smith von Arizona aus. Doch ihre Staubscheiben blieben auf den Bildern unsichtbar. Für Untersuchungen an Uranus und Neptun reisten Terrile und Smith im April 1984 an die Sternwarte Las Campañas in den chilenischen Anden.

Zu Beginn der Nacht mußten sie eine Stunde warten, bis die Planeten in günstiger Position standen. In dieser Zeit richteten sie das Teleskop auf Beta Pictoris. Doch auf den rohen Bilddaten war nichts zu erkennen. Die Magnetbänder, die sie zurückbrachten, blieben zunächst einige Monate liegen. Im Juli erst erzeugte ein kompliziertes Computerprogramm daraus ein von störenden Effekten gereinigtes Bild. Und was für eines! Nach unzähligen Bearbeitungsschritten erschien auf dem Monitor, was später zu einer Ikone der Astronomie werden sollte: die diskusförmige Staubscheibe um Beta Pictoris (Bild S. 97 oben). Lange Zeit blieb dieses Bild der einzige sichtbare Beleg für die Existenz von Staubscheiben um Sterne. Staubscheiben, in denen vielleicht Planeten entstehen können – oder schon entstanden sind.

Es ist ein glücklicher Zufall, daß die Scheibe um Beta Pictoris von der Erde aus genau seitlich zu sehen ist, sonst hätten Smith und Terrile sie wahrscheinlich nicht ausmachen können. Nach ihrer spektakulären Aufnahme wurde Beta Pictoris sofort zu einem der meisterforschten Sterne am Himmel. Keine Nacht, in der nicht irgendein Teleskop in Chile, Australien oder Südafrika auf ihn gerichtet wurde. Nicht zuletzt, weil die beiden Amerikaner aus seiner Helligkeit schlossen, daß zwischen dem Stern und dem inneren Rand der Staubscheibe eine Lücke klaffen mußte. In der Scheibe, die etwa zehnmal so groß ist wie unser Sonnensystem, soll der innere Teil – etwa so groß wie die Distanz zwischen Sonne und Pluto – leergefegt sein. Als mögliche Erklärung nannten Smith und Terrile in der Zeitschrift *Science*: «Verdichtung des verschwundenen Materials zu planetaren Körpern».

Alfred Vidal-Madjar erfuhr vom spektakulären Schnappschuß im Flugzeug nach Chile. Er war unterwegs zur ESO-Sternwarte La Silla, als er per Zufall einen Blick auf die Zeitung warf, die ein Passagier in der Reihe vor ihm in Händen hielt: Die *International Herald Tribune* hatte das Bild von Beta Pictoris auf der ersten Seite gedruckt. Obwohl Vidal-Madjar bisher auf einem ganz anderen Gebiet gearbeitet hatte, entschied er sich spontan, während der nächsten Nächte in La Silla einige Spektren von Beta Pictoris aufzunehmen. Dabei machte er bald eine sonderbare Entdeckung.

Im Spektrum von Beta Pictoris und seiner Staubscheibe fand Vidal-Madjar Absorptionslinien, die sehr stark gegen das rote Ende des Spektrums verschoben sind. Das Gas, von dem diese Linien stammen, entfernt sich also mit hoher Geschwindigkeit vom Beobachter. Es stürzt mit mehreren hundert Kilometern pro Sekunde auf den Stern zu. Doch aus welchem Grund? Und woher kommt es? In der Staubscheibe verbliebenes Gas von der Wolke, die den Stern ursprünglich gebildet hatte, kann es nicht sein. Das hatte der Teilchenstrom, mit dem der Stern ständig um sich wirft, längst ins All gepustet.

Vidal-Madjar bemerkte bald, daß er gar keinen exotischen Effekt erfinden mußte, um diese Beobachtung zu erklären. Es handelt sich um ein Phänomen, das aus unserem Sonnensystem bekannt ist: Kometen, die mit großer Geschwindigkeit auf die Sonne stürzen und dabei verdampfen. Um die tausend sollen es pro Jahr sein. Sie stammen zum Teil aus dem Kuiper-Ring, einer knapp hinter der Bahn des Pluto gelegenen Zone, wo sie als gefrorene Mischung aus Eis und Staub ihre dumpfen Kreise ziehen. Hin und wieder, wenn die Gravitationskraft von Jupiter oder Saturn einen dieser schmutzigen Schneebälle aus der kosmischen Tiefkühltruhe reißt, verschlägt es ihn in die Nähe der Sonne. Vidal-Madjar ist überzeugt davon, daß die Kometen bei Beta Pictoris die Reise zum Zentrum ihres Systems aus dem gleichen Grund antreten: Wegen eines oder mehrerer Planeten, die sich dort bereits gebildet haben.

Was sich bei Beta Pictoris heute abspielt, sind nach Meinung vieler Astronomen die Geburtswehen eines Sonnensystems. Unsere Sonne entstand etwa vor 4,5 Milliarden Jahren. Die vielen Krater auf dem Mond belegen, daß es in ihrer Umgebung während der ersten 700 Millionen Jahre ziemlich ungemütlich war. Planeten und Monde waren dem ständigen Sperrfeuer der Kometen ausgesetzt, die auf unberechenbaren Bahnen auf sie niederstürzten. Beta Pictoris ist zwischen 100 Millionen und 200 Millionen Jahre alt und erlebt im Moment die wilden Jugendjahre eines Sonnensystems.

Die Argumentation für die Existenz von Planeten bei Beta Pictoris ging um ziemlich viele Ecken: vom Gas, das sich mit hoher Geschwindigkeit entfernt, zum Kometen, der das Gas erzeugt, wenn er auf den Stern stürzt, und von dort zum Planeten, der den Kometen zuvor aus einer weit entfernten Umlaufbahn gerissen hat. Doch es gab ein weiteres Indiz für einen oder mehrere Planeten. Bereits ein flüchtiger Blick auf das Bild von Terrile und Smith offenbarte, daß die Staubscheibe nicht auf beiden Seiten gleich weit ins All ragt. Eine mögliche Erklärung dieser Asymmetrie ist ein schwerer Körper, der das Material jeweils auf die eine oder die andere Seite des Sterns zerrt. Die Schwerkraft des Planeten hinterläßt ihren Fußabdruck auf der Scheibe.

In den Jahren nach der Entdeckung der Staubscheibe um Beta Pictoris probierten die Astronomen an diesem Stern alles aus, was sie in ihrer Werkzeugkiste fanden. Vidal-Madjar und seine Mitarbeiter versuchten es auch mit einer der ältesten Techniken der Astronomie, der Photometrie. Mit Photometrie wird die Messung der Helligkeit von Himmelsobjekten bezeichnet. Die Überlegung der Astronomen war einfach: Wenn der Staub und die übrige Materie in der Scheibe von Beta Pictoris wegen der Gravitation eines Planeten tatsächlich ungleichmäßig verteilt um den Stern kreisen, muß sich dessen Helligkeit laufend ändern. Wenn ein dichter Sektor der Scheibe vor den Stern gerät, wird er abgedunkelt. Schiebt sich dagegen weniger Staub vor Beta Pictoris, wird seine Helligkeit zunehmen. Mit etwas Glück würde man aus den photometrischen Messungen Erkenntnisse über die innere Struktur der Scheibe gewinnen.

Um allerdings kleine Helligkeitsveränderungen feststellen zu können, müssen komplizierte Meßreihen eingehalten werden. Dabei wird das Licht eines Sterns ständig mit der Helligkeit von mehreren Referenzsternen in ähnlicher Position verglichen, damit Abweichungen erkannt werden, die durch den Einfluß der Erdatmosphäre entstehen.

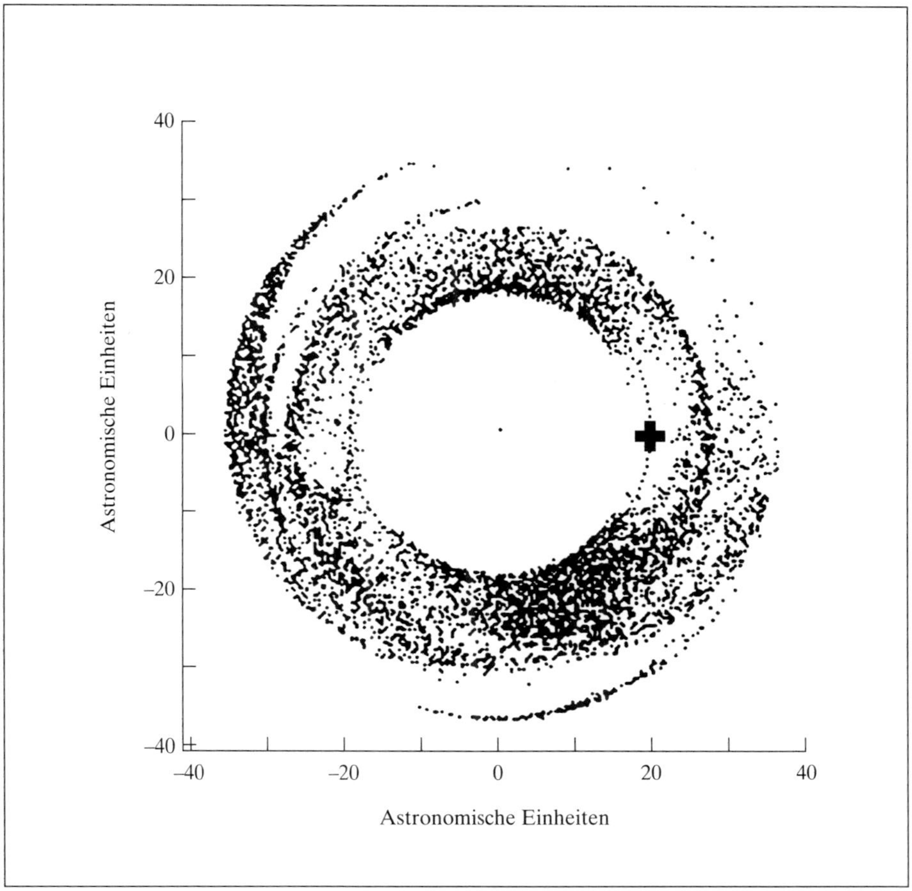

Simulation einer Staubscheibe: Ein Computer hat berechnet, wie die Symmetrie der Staubscheibe um Beta Pictoris durch einen Planeten gestört würde. Das Kreuz gibt die Position des Planeten an. (Quelle: F. Roques, Observatoire de Paris).

Einige der besten Spezialisten für hochpräzise Photometrie arbeiten wie Michel Mayor an der Sternwarte von Genf. Christian Nitschelm, der bei Vidal-Madjar in Paris seine Doktorarbeit gemacht hatte, trat 1988 eine Stelle in Genf an. Sofort begann er Beta Pictoris regelmäßig zu beobachten.

Auf der Suche nach Referenzsternen in der Nähe von Beta Pictoris, deren Helligkeit als

Vergleichswert hätte dienen können, erlebte er eine Überraschung: Von 1975 bis 1982 war Beta Pictoris selbst ein Referenzstern gewesen. In 238 Fällen hatten die Genfer Astronomen ihn als vermeintlich stabilen Lichtwert bei der Messung anderer Sterne benutzt. 1982 strichen sie ihn jedoch aus dem Katalog zuverlässiger Quellen am Himmel, nachdem bei ihm eine starke Variation der Helligkeit festgestellt worden war: Anfang November 1981 stieg die Helligkeit von Beta Pictoris langsam an, um dann in der Nacht vom 10. November plötzlich um drei Prozent zu fallen. Danach nahm sie ebenso schnell wieder zu und verminderte sich dann gemächlich innerhalb der nächsten Tage auf ihren Normalwert. Die Genfer Forscher wußten die merkwürdige Messung nicht zu deuten. Damals war die besondere Natur von Beta Pictoris noch nicht bekannt. Das Bild von Smith und Terrile entstand erst drei Jahre später.

Als jedoch der Astronom aus Paris auf die alten Messungen stieß, gab es eine naheliegende Erklärung: Auf der Umlaufbahn von Beta Pictoris hatte sich für einige Stunden ein Planet vor den Stern geschoben. Grob geschätzt zwei Jupiter groß soll er gewesen sein – das ist alles, was man von ihm weiß.

Ein bißchen wenig für den großspurigen Titel in *Science & Vie*, das gibt auch Vidal-Madjar zu: «Der Artikel war sehr seriös, aber mit dem Titel waren wir nicht unbedingt glücklich.» Denn mit einer Helligkeitsveränderung ist noch gar nichts bewiesen; mindestens dreimal muß das Phänomen beobachtet werden, bevor eine Planetenentdeckung wissenschaftlich spruchreif wird. Zweimal, um die Umlaufzeit festzustellen, und das dritte Mal, um sie zu bestätigen.

Eine zweite, geschweige denn eine dritte Abdunkelung des Sterns haben die Astronomen aber bisher nicht beobachten können. Und selbst wenn sie dereinst stattfinden sollte, sind die Chancen klein, daß

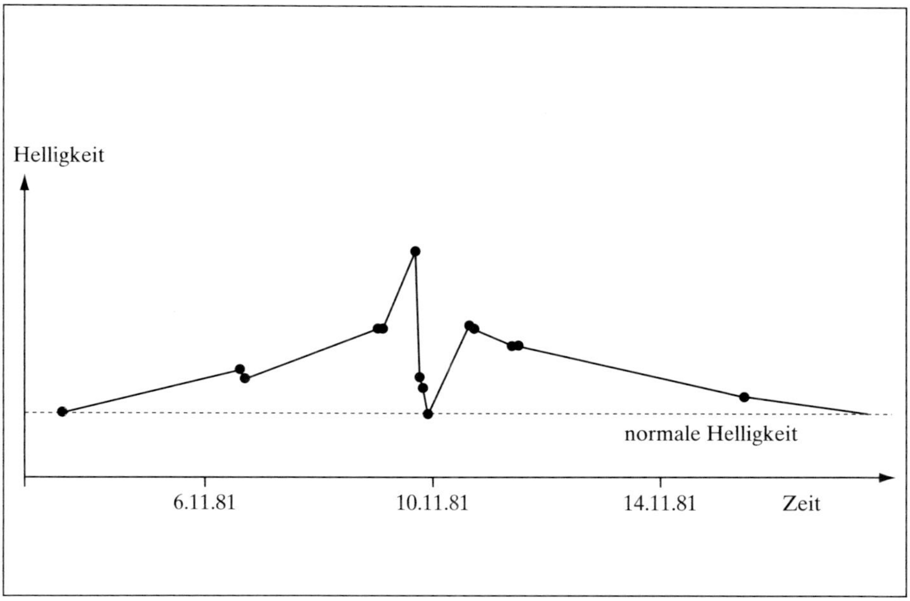

Helligkeitsabfall: Am 10. November 1981 fiel die Helligkeit von Beta Pictoris binnen Stunden um drei Prozent ab, nachdem sie zuvor über Tage langsam angestiegen war. Sie nahm danach ebenso schnell wieder zu und verminderte sich schließlich auf den Normalwert. Französische Forscher vermuten, ein Planet habe den Stern für einige Stunden abgedunkelt. Auch für den Anstieg der Helligkeit vor dem möglichen Planetendurchgang haben die Astronomen eine Erklärung: In seiner Umgebung habe der Planet die Staubscheibe ausgeräumt. Er sitze in einem Loch, das er aus der Staubscheibe gestanzt habe.

die Astronomen dabeisein werden. Von der Erde aus gesehen, dauert die extrasolare Sonnenfinsternis nur wenige Stunden. Wenn sie am Tag stattfindet oder bei schlechtem Wetter, verbringen die Sterngucker die nächsten neun bis achtzehn Jahre in der Warteschleife. Auf etwa diese Zeit schätzt Vidal-Madjar die Periode des Planeten. «Es ist wirklich etwas frustrierend.»

Bis sie mit besseren Beweisen aufwarten können, müssen sich die französischen Astronomen damit abfinden, daß es auch andere Interpretationen für die Messung vom 10. November 1981 gibt: eine Gruppe kleiner Planetesimale zum Beispiel – einige Kilometer große

Bruchstücke, aus denen sich Planeten formen –, die sich vor den Stern schoben, oder ein riesiger Komet, der mit seinem Schweif Beta Pictoris für einen Moment abdunkelte.

Trotz des unzweideutigen Titels von *Science & Vie* war das Rennen also noch nicht zu Ende.

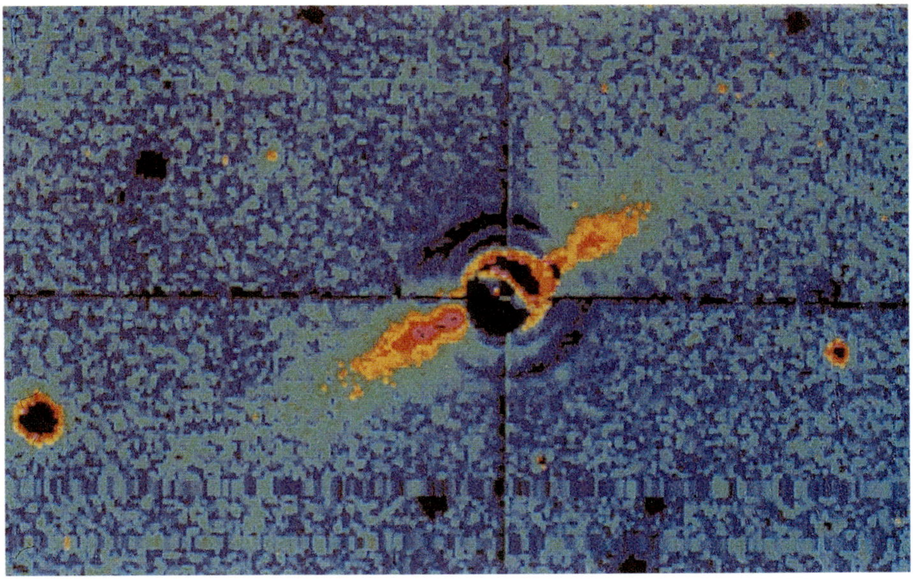

Das legendäre erste Bild der Staubscheibe um Beta Pictoris (rot, gelb). Der Stern selbst wird vom schwarzen Fleck in der Mitte verdeckt (Quelle: Jet Propulsion Laboratory).

Die Staubscheibe um Beta Pictoris in einer Aufnahme französischer Astronomen (Quelle: Institut d'Astrophysique de Paris, Bureau des Longitudes, Laboratoires du Centre National de la Recherche Scientifique).

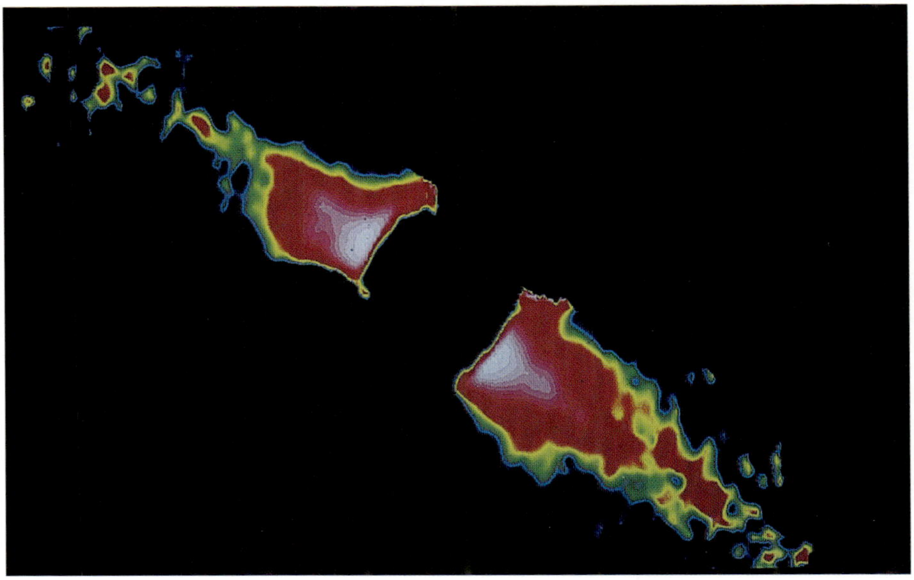

Im Orionnebel werden Sterne geboren. Viele von ihnen sind von Gas- und Staubscheiben umgeben, aus denen Planeten entstehen könnten (Foto: C. O'Dell, NASA).

In diesen Säulen aus dichtem Wasserstoff, die zum Adlernebel gehören, können sich Sterne bilden (Quelle: Jeff Hester, Paul Scowen, NASA).

Merkur

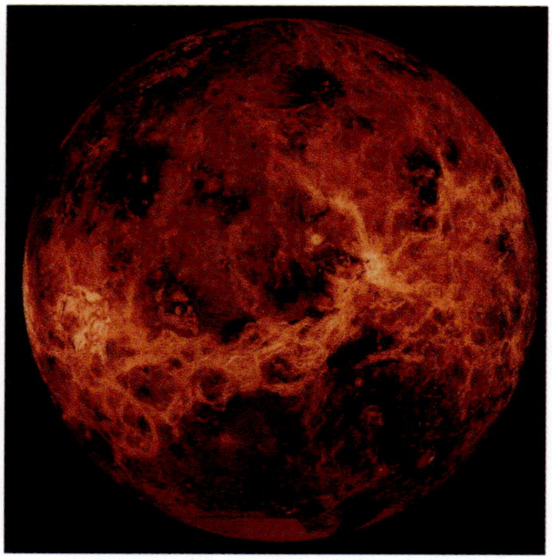

Venus

Erde

Mars

Jupiter

Saturn

Uranus

Neptun

Pluto

Von den neun Planeten, die unsere Sonne umkreisen, sind mit Ausnahme von Pluto schon alle von Raumsonden besucht worden. Die dabei gemachten Bilder zeigen, wie stark sich die Trabanten der Sonne voneinander unterscheiden (Quelle: NASA).

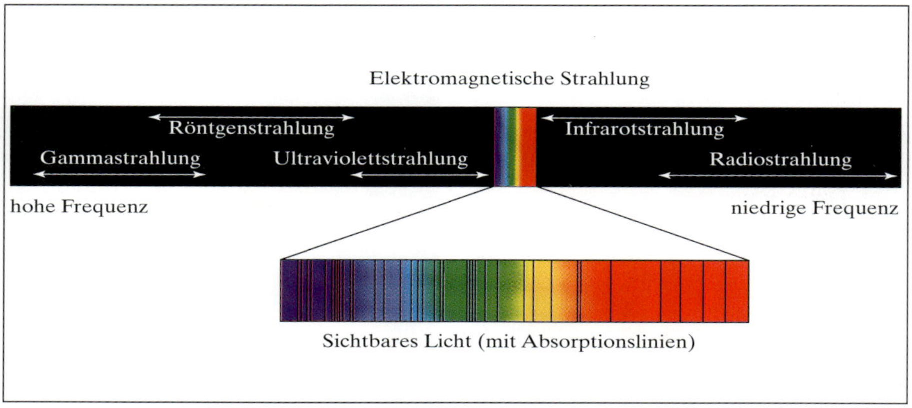

Das sichtbare Licht ist nur ein Teil des ganzen Spektrums elektromagnetischer Wellen. Die Lage der schwarzen Absorptionslinien ermöglicht Rückschlüsse auf die chemische Zusammensetzung der Quelle und auf ihre Radialgeschwindigkeit.

Bei einem Echelle-Spektrum wird ein kontinuierliches Spektrum in Stücke geteilt, die untereinander angeordnet werden (Foto: Steve Vogt).

Exkurs: Das Lichtspektrum

Licht kann man sich als Teilchenregen vorstellen, der von einem Stern, einer Glühbirne oder einem Autoscheinwerfer erzeugt wird. Jedes einzelne Teilchen schwingt dabei mit einer bestimmten Frequenz – es zittert mehr oder weniger schnell. Lichtteilchen werden auch Photonen genannt. Der größte Teil des Lichts, dem wir normalerweise ausgesetzt sind, besteht aus einem Gemisch von Photonen, die mit verschiedenen Frequenzen schwingen. Diese unterschiedlichen Frequenzen nimmt unser Auge als Farben wahr: als Violett, wenn die Lichtteilchen sehr schnell schwingen, als Rot, wenn sie langsam schwingen. Ein Gemisch von vielen unterschiedlich schnell schwingenden Photonen nehmen wir als die Mischung ihrer Farben wahr.

Das weiße Sonnenlicht besteht zum Beispiel aus einer solchen Mischung von Photonen. Wird es von Regentropfen unter bestimmten Bedingungen gebrochen, entsteht ein Regenbogen. Dabei werden die einzelnen Farben sichtbar, aus denen das weiße Sonnenlicht besteht.

Mit einer besonderen optischen Anordnung – Spektrograph genannt – kann ein solcher Regenbogen künstlich erzeugt werden. Das Lichtgemisch wird dabei in seine Farbbestandteile aufgefächert.

Es gibt auch Photonen, die schneller schwingen als mit der von uns als Violett wahrgenommenen Frequenz. Solche Strahlung können wir nicht sehen. Liegt ihre Frequenz gerade über dem sichtbaren Bereich des Lichts, nennt man sie ultraviolette Strahlung. Darüber liegt die Röntgenstrahlung und die Gammastrahlung. Je schneller ein Photon schwingt, desto größer ist seine Energie. Ultraviolettstrahlung auf der Haut verursacht zum Beispiel Sonnenbrand.

Auch auf der anderen Seite des Spektrums gibt es verschiedene für das menschliche Auge unsichtbare Strahlungen. Schwingt ein Photon knapp langsamer als mit der von uns als Rot wahrgenommenen Frequenz, wird es der infraroten Strahlung zugeordnet, noch langsamere Photonen liegen zuerst im Mikrowellen-, dann im Radiobereich.

Sichtbares Licht, Röntgenstrahlung beim Arzt, Radiowellen zur Rundfunkübertragung, Mikrowellen in der Küche: Alle diese Strahlungen unterscheiden sich bloß durch die Frequenz ihrer Photonen. Sie werden unter dem Oberbegriff elektromagnetische Strahlung zusammengefaßt.

Elektromagnetische Strahlung wird von Elektronenübergängen in Atomen erzeugt. Aufgrund dieser Entstehung können die Astronomen Rückschlüsse auf die chemische Zusammensetzung am Erzeugungsort ziehen, ohne je ein «Stück» Stern wirklich gesehen oder in den Händen gehalten zu haben.

Das Spektrum der Sonne oder eines beliebigen anderen Sterns zum Beispiel besteht aus einer kontinuierlichen Abfolge der Regenbogenfarben, unterbrochen von schwarzen Linien. Das kontinuierliche Spektrum wird in der inneren, heißen Zone eines Sterns erzeugt. Die Gase in einer kühleren äußeren Schicht absorbieren das Licht an einigen Stellen und fügen ihm die schwarzen Absorptionslinien zu. Diese Linien haben für jeden Stoff eine typische Anordnung. Sie treten überall und für alle Zeiten als festes Muster am selben Ort auf und sind damit eine Art Fingerabdruck eines Stoffs. Die Astronomen können so zum Beispiel aus den Absorptionslinien auf die Zusammensetzung des Gases schließen, das die äußere Schicht eines Sterns bildet.

Das gilt nicht nur für sichtbares Licht. Auch in jedem anderen Frequenzbereich – sei es im Infrarot- oder im Radiobereich – kann aus der empfangenen Strahlung auf die Zusammensetzung der Quelle (zum Beispiel eines Sterns, der starke Radiostrahlung abgibt) geschlossen werden. Fast alles, was wir heute über das Universum wissen, haben wir auf diese Weise in der elektromagnetischen Strahlung gelesen.

6. Der unmögliche Planet

Didier Queloz hatte von der vermeintlichen Planetenentdeckung bei Beta Pictoris nichts mitbekommen. Seine französischen Kollegen hatten ihre Resultate noch in keiner Fachzeitschrift publiziert, zudem reagierte die Presse zurückhaltend. *Le Monde* war die Meldung gerade mal zwanzig Zeilen wert. Außerhalb Frankreichs war sie lange Zeit überhaupt nicht zu lesen. Und auch in Fachkreisen war man skeptisch: Alfred Vidal-Madjar und sein Team hatten zweifellos einen interessanten weiteren Puzzlestein von Beta Pictoris gefunden, aber von einer definitiven Planetenentdeckung konnte keine Rede sein.

Queloz hatte inzwischen weitere sechs Nächte gefunden, an denen er das große Teleskop an der Sternwarte von Haute-Provence benutzen konnte. Eigentlich war diese Zeit nicht für die Planetensuche vorgesehen gewesen, sondern für einen Teil seiner Doktorarbeit: die Messung der Rotation von Sternen in den Plejaden. Doch Queloz richtete das Teleskop zu Beginn jeder Nacht auf 51 Pegasi.

Am frühen Abend des 6. Februar 1995 hatte er weitere vier Geschwindigkeiten gemessen. In zwei Nächten war das Wetter schlecht gewesen. Queloz zeichnete alle Punkte in ein Koordinatensystem ein, nahm den Taschenrechner zur Hand und begann zu rechnen. Um halb zwei Uhr morgens stieß er auf ein Resultat, das ihn verwirrte. Sofort schickte er Michel Mayor, mit dem er über das weltweite Datennetz Internet regelmäßigen Kontakt pflegte, eine Nachricht nach Hawaii: «HD217014 [eine andere Bezeichnung für 51 Pegasi] zeigt eine Veränderung mit einer Amplitude von 60 Metern pro Sekunde und einer

Periode von etwa fünf Tagen. Ich habe neun Messungen, und die Veränderung ist indiskutabel. Kennen Sie ein physikalisches Phänomen, das einen solchen Effekt hervorrufen könnte?»

Drei Stunden später – Queloz' Nacht neigte sich dem Ende entgegen – schrieb Mayor zurück: «Donnerwetter, das gibt zu denken. (...) Wenn es ein Begleiter ist, der in fünf Tagen eine Veränderung von 60 Metern pro Sekunde verursacht, ist er nicht sehr schwer.»

Nachdem Queloz nach Genf zurückgekehrt war, schickte er Michel Mayor per Fax eine Grafik mit den eingetragenen Messungen von 51 Pegasi. Kurze Zeit später kam die Antwort aus Hawaii. Jetzt hatte Mayor Feuer gefangen. Er vereinbarte mit seinem Assistenten, 51 Pegasi nicht mehr bei seinem richtigen Namen zu nennen: «Aus offensichtlichen Gründen scheint es mir, daß man die folgende Namengebung einführen sollte: Kandidat 1 für HD217014 [51 Pegasi]. (...) Im allgemeinen müssen wir die Namen unserer Kandidatensterne mit der größtmöglichen Verschwiegenheit behandeln (auch an der Sternwarte von Haute-Provence und an der Sternwarte von Genf), um jede vorzeitige Verbreitung ihrer Nummern zu verhindern.»

Fortan entfernte Queloz nach jedem Ausdruck einer Geschwindigkeitskurve von 51 Pegasi sofort den Kopf der Grafik, wo das Programm den Namen vermerkte. In seiner Antwort hatte Michel Mayor auf einer halben Seite auch eine Überschlagsrechnung der minimalen Masse des Begleiters angestellt und war auf eine halbe Jupitermasse gekommen. Ungläubig schrieb er darunter: «Ist das möglich? Im Moment sehe ich keine andere Erklärung.»

Der Planet, der Mayors Berechnung entstieg, hatte ein großes Problem: Es hätte ihn eigentlich gar nicht geben dürfen. Er lag viel zu nah beim Stern.

Nach langen Jahren der Forschung hatten sich die Theoretiker mehr oder weniger mit dem Bau unseres Sonnensystems arrangiert. Die meisten seiner Eigenschaften ließen sich so plausibel erklären, daß die Astronomen davon ausgingen, fremde Sonnensysteme müßten unserem in diesen wesentlichen Punkten ähnlich sein.

Die Geburt eines Sonnensystems beginnt mit einer riesigen Wolke aus Gas und wenig Staub, die sich – von der eigenen Gravitation getrieben – zusammenzuziehen beginnt. Wie ein Eisläufer, der während einer Pirouette seine Arme zum Körper nimmt, dreht sich die verdichtende Wolke immer schneller und flacht zu einer rotierenden Scheibe aus Staub und Gas ab. Im Zentrum des Diskus entsteht der Stern, dessen Atomfeuer sich entzündet, sobald die Temperatur von etwa drei Millionen Grad erreicht ist.

Die Planeten bilden sich aus der Verklumpung von Staub- und Eispartikeln, die in der Scheibe um den Sternsäugling kreisen. Langsam formen sich millimetergroße Körner, dann zentimetergroße Kiesel, daraus meter- und später kilometergroße Brocken, die Planetesimale, die sich dann zu Planeten zusammenfinden.

Dieses Szenario bringt wie von selbst alle wesentlichen Merkmale unseres Sonnensystems hervor. Es erklärt, warum alle Planeten in der gleichen Richtung um die Sonne kreisen und, mit Ausnahme von Merkur und Pluto, auf fast kreisförmigen Bahnen in der gleichen Ebene. Doch es gibt eine weitere Eigenschaft des Sonnensystems, die erklärt werden will: die auffällige Abstufung der Planetengröße mit zunehmendem Abstand zur Sonne. Die vier sonnennächsten Planeten, Merkur, Venus, Erde und Mars, sind um Größenordnungen kleiner als Jupiter, Saturn, Uranus und Neptun, deren Umlaufbahn in größerer Distanz verläuft. Der am weitesten von der Sonne entfernte Planet Pluto nimmt aufgrund seiner geringen Größe und der stark geneigten elliptischen Bahn eine Sonderstellung ein. Seine Entstehung ist bis heute ein Rätsel geblieben. Es wurde auch schon behauptet, Pluto sei gar kein Planet, sondern ein Komet oder ein verlorengegangener Mond eines anderen Planeten.

Abgesehen von Pluto, lassen sich unsere Planeten in kleine innere und große äußere teilen. Auch dazu fiel den Theoretikern etwas ein. Mit dem Abstand von der Sonne sank die Temperatur in der Staubscheibe zur Zeit der Planetenentstehung bis zu dem Punkt, an dem Wasser, Kohlendioxid, Methan und Ammoniak zu Eiskörnern gefrieren. Außerhalb dieses Eiskondensationshorizonts erhöhte sich dadurch die Menge an Rohmaterial zur Planetenbildung dramatisch. Die kritische Distanz lag etwa bei der Entfernung zwischen Sonne und Jupiter. Innerhalb dieser Distanz gab es nicht genug Material für große Planeten. Außerhalb jedoch wurden aus dem reichlich vorhandenen Baustoff Riesenplaneten geformt. Zuerst aus Staub und Eis, bis sie auf zehn Erdmassen angewachsen waren, dann zog ihre Gravitationskraft das Gas – vor allem Helium und Wasserstoff –, von dem sie umgeben waren, zu sich und hielt es fest. Der größte Planet unseres Sonnensystems, Jupiter, konnte so zu einer Gaskugel werden, die über 1000mal größer und 300mal schwerer ist als die Erde.

Nur kurze Zeit vor Mayors und Queloz' konspirativem Nachrichtenaustausch hatte einer der führenden Theoretiker diesen Teil des «zentralen Dogmas der Planetenentstehung», wie die Astronomen es nannten, in der renommierten Wissenschaftszeitschrift *Science* gefestigt. «Obwohl wir die Bildung von Riesenplaneten nicht völlig verstehen, scheint es sicher zu sein, daß sich jupiterähnliche Planeten nicht innerhalb der Eiskondensationsgrenze der protoplanetaren Scheibe bilden können», schrieb Alan Boss von der Carnegie-Stiftung in Washington. In seinem

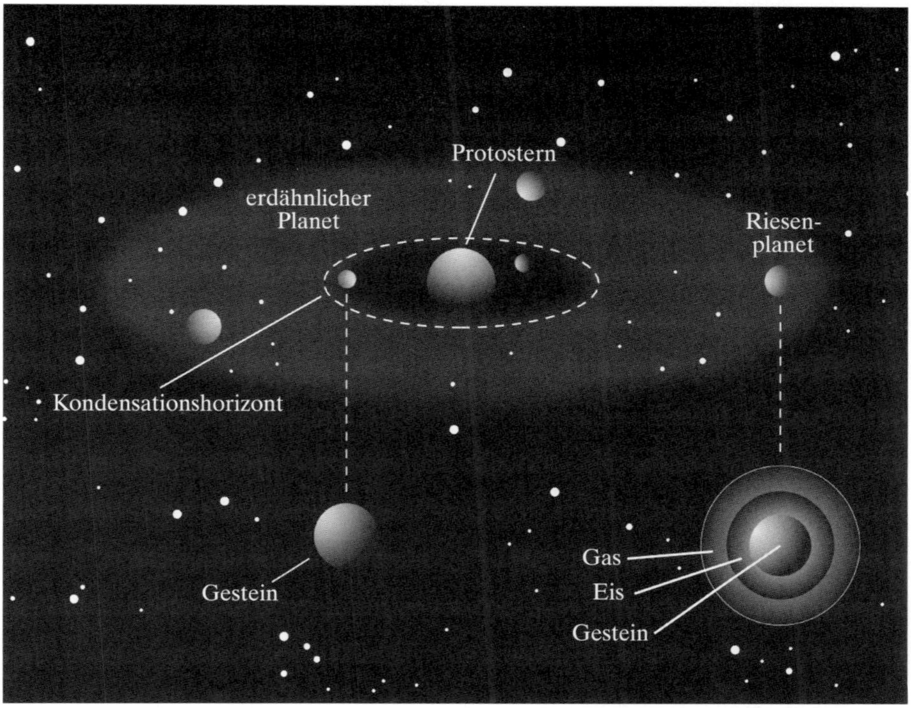

Position der Planeten: Riesenplaneten bilden sich vermutlich nur in den kühleren Außenzonen eines stellaren Urnebels, wo Eiskörner die Menge des verfügbaren Baumaterials stark erhöhen. Näher am Stern gibt es geringere Mengen Staub (Eisen, Gestein), der sich zu kleineren, erdähnlichen Planeten zusammenballt.

Artikel setzte er sich mit der Frage auseinander, in welchem Zusammenhang Sterngröße und Entstehungsort eines Riesenplaneten stehen. Die meisten Sterne in unserer näheren Umgebung sind leichter als die Sonne. Sie leuchten nur sehr schwach und werden «Rote Zwerge» genannt, weil sie den größten Teil ihrer Energie im roten Bereich des Spektrums abgeben. In welcher Distanz von einem Roten Zwerg hätte ein jupitergroßer Planet entstehen können?

Diese Frage ist für Planetensucher von großer Bedeutung. Einerseits hängt davon die voraussichtliche Mindestdauer eines Suchprogramms ab: Die Umlaufzeit eines weit vom Stern entfernten Riesenplaneten ist viel größer als jene eines sternnahen Begleiters. Andererseits ist die voraussichtliche Distanz eines Riesenplaneten zu seinem Mutterstern entscheidend bei der Wahl der geeigneten Suchmethode.

Die verschiedenen Nachweisverfahren sind je nach Konstellation mehr oder weniger empfindlich. Die Suche durch die Messung der Radialgeschwindigkeiten ist am empfindlichsten für kurze Distanzen zwischen Planet und Stern. Ein sternnaher Planet bewegt sich immer mit hoher Geschwindigkeit und verursacht dadurch bei seinem Mutterstern größere Geschwindigkeitsänderungen als ein weit entfernter.

Bei einer anderen Technik, «Astrometrie» genannt, wird versucht, aus der seitlichen Verschiebung der Position eines Sterns auf Planeten zu schließen. Sie eignet sich, um Planeten nachzuweisen, die in großer Distanz um einen Stern kreisen. Je weiter ein Planet von seinem Stern entfernt liegt, desto größere seitliche Bewegungen löst er bei diesem aus (siehe auch Methodenvergleich S. 174).

Viele Astronomen glaubten, die Antwort auf Boss' Frage bereits zu kennen, bevor sein Artikel veröffentlicht war: Jupitergroße Planeten können in geringerer Distanz von kleinen Sternen entstehen als von großen. Das war im ersten Augenblick plausibel. Je kleiner der Stern und dessen Leuchtkraft, desto näher rückt der Eiskondensationshorizont und damit der Entstehungsort von Riesenplaneten zu ihm.

Doch Boss kam nach langwierigen Computerberechnungen zu einem anderen Resultat: Die Grenze der Eisbildung in einer Staubscheibe rund um einen Stern befinde sich unabhängig von dessen Masse immer in etwa gleich großer Entfernung. Daraus schloß er: «Jupiterähnliche Planeten umkreisen deshalb Sterne mit geringer Masse in nicht viel anderen Distanzen (etwa vier bis sechs Astronomische Einheiten) als in unserem Sonnensystem.» Für den Nachweis von Planeten in dieser Distanz war die Astrometrie klar im Vorteil.

Am Ende seines Artikels machte Boss eine Prophezeiung, deren Unrichtigkeit sich in Südfrankreich bereits abzuzeichnen begann: Seine Berechnungen für die Abstände zwischen Gasplaneten und Sternen geringer Masse «verminderten die Wahrscheinlichkeit, daß der erste extrasolare Planet mittels Doppler-Spektroskopie [Messung der Radialgeschwindigkeiten] gefunden wird».

Doch genau mit dieser Methode hatten Mayor und Queloz ihren Planeten ausgemacht. Zudem vermuteten sie ihn ausgerechnet dort, wo er nach Boss gar nicht existieren konnte: innerhalb des Eiskondensationshorizonts. Und zwar nicht nur ein bißchen vor der stellaren Schneefallgrenze. Der mutmaßliche Planet drehte seine Runden tief im Feindesgebiet: Er lag hundertmal näher beim Stern als Jupiter bei der Sonne und sechsmal näher als Merkur, unser sonnennächster Planet. Der Planet, der laut Theorie nur in der Kälte entstehen konnte, hatte sich die Hölle ausgesucht. Was die beiden Schweizer gefunden hatten, war nicht der erwartete Bruder Jupiters, sondern im besten Fall ein ziemlich weit entfernter Vetter.

Mayor und Queloz wußten, daß sie einer astronomischen Ungeheuerlichkeit auf der Spur waren. Doch sie hatten erst neun Geschwindigkeitsmessungen von 51 Pegasi beisammen. Viel zuwenig für eine definitive Aussage. Queloz war noch nicht einmal sicher, ob die Umlaufzeit von fünf Tagen, die er berechnet hatte, wirklich stimmte. Deshalb wollte er unbedingt weitere Beobachtungen machen. Doch die Zeit drängte. Anfang März würde 51 Pegasi nicht mehr zu sichten sein.

Erneut ging Queloz die Teleskopbelegung durch und fand drei Nächte im Februar, die eigentlich dafür vorgesehen waren, das Teleskop zu warten und Meßgeräte einzustellen. Queloz half dem Techniker dabei und überredete ihn, das Teleskop zweimal pro Nacht auf 51 Pegasi zu richten. Aus den bisherigen Daten hatte er berechnet, welche Geschwindigkeit der Stern am 16. Februar um 18.17 Uhr haben sollte.

Aber die Messung erbrachte nicht das erwartete Resultat. Sie lag über dreißig Meter pro Sekunde neben der Voraussage. Queloz war bestürzt und begann erneut, an seinen Programmen zu zweifeln. Um sicherzugehen, daß wirklich 51 Pegasi für den gemessenen Effekt verantwortlich war, bestimmte er nach jeder Messung die Geschwindigkeit des Sterns 104 Taurus, der in ähnlicher Position am Himmel stand. 104 Taurus verhielt sich normal. Queloz blieb nichts anderes übrig, als zu warten und in der nächsten Nacht noch einmal zwei Messungen zu machen. Doch die Verhältnisse waren prekär. Das Teleskop mußte auf fünfzehn Grad gesenkt werden, um 51 Pegasi direkt nach Sonnenuntergang noch zu erwischen. Der Stern war um diese Zeit gerade noch eine Handbreit über dem Horizont zu sehen.

Mit den neuen Messungen – insgesamt waren es jetzt sechzehn – berechnete Queloz wieder eine Umlaufbahn und versuchte vorauszusagen, welche Geschwindigkeit 51 Pegasi am Abend des 18. Februar haben müßte. Es war seine letzte Nacht am Teleskop im Februar und damit für vier Monate die letzte Chance, Gewißheit zu bekommen. Um 19.14 Uhr, so Queloz' Berechnung, mußte sich der Stern mit 33,265 Kilometern pro Sekunde nähern. Zehn Minuten und eine Milliarde Rechenoperationen nach der Messung hatte der Computer aus Tausenden von verschobenen Absorptionslinien die Geschwindigkeit von 51 Pegasi berechnet: 33,273 Kilometer pro Sekunde. Das Resultat stimmte bis auf 8 Meter pro Sekunde mit der Vorhersage überein. Der Planet umrundete 51 Pegasi alle 4,23 Tage. Queloz hatte die Mechanik des ersten Planeten eines sonnenähnlichen Sterns geknackt.

Exkurs: Unser Sonnensystem

Unsere Sonne befindet sich etwa auf einem Drittel des Wegs zwischen dem Zentrum und dem Rand der Milchstraße. Sie ist einer von etwa 300 Milliarden Sternen in der diskusförmigen Scheibe, deren Durchmesser etwa 100 000 Lichtjahre mißt. Heute kennen wir viele Millionen solcher Galaxien wie die Milchstraße.

Um die Sonne kreisen neun Planeten, von innen nach außen: Merkur, Venus, Erde, Mars, Jupiter, Saturn, Uranus, Neptun, Pluto. Größe und Aufbau der ersten vier sind der Erde ähnlich. Sie werden deshalb auch erdähnliche oder innere Planeten genannt. Die Erde ist der größte dieser Planeten, die alle aus Gestein und Metall bestehen. Merkur ist mit einem Zwanzigstel der Erdmasse der kleinste.

Jupiter, Saturn, Uranus und Neptun unterscheiden sich stark von den erdähnlichen Planeten. Sie sind viel größer, aber weniger dicht. Man nennt sie auch äußere oder jupiterähnliche Planeten, Riesen- oder Gasplaneten. Ihre Masse variiert

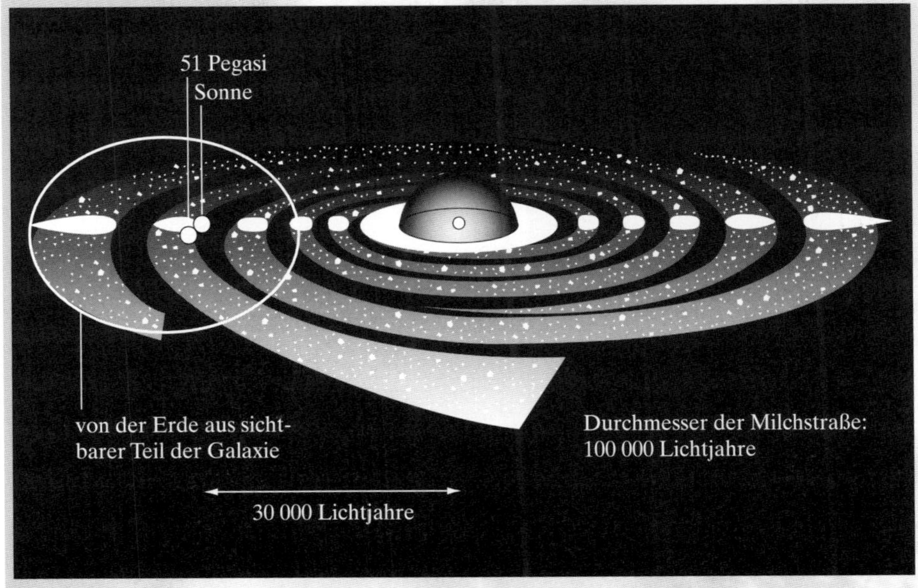

Die Position von 51 Pegasi und unserer Sonne in der Milchstraße (Spiralarme schematisch).

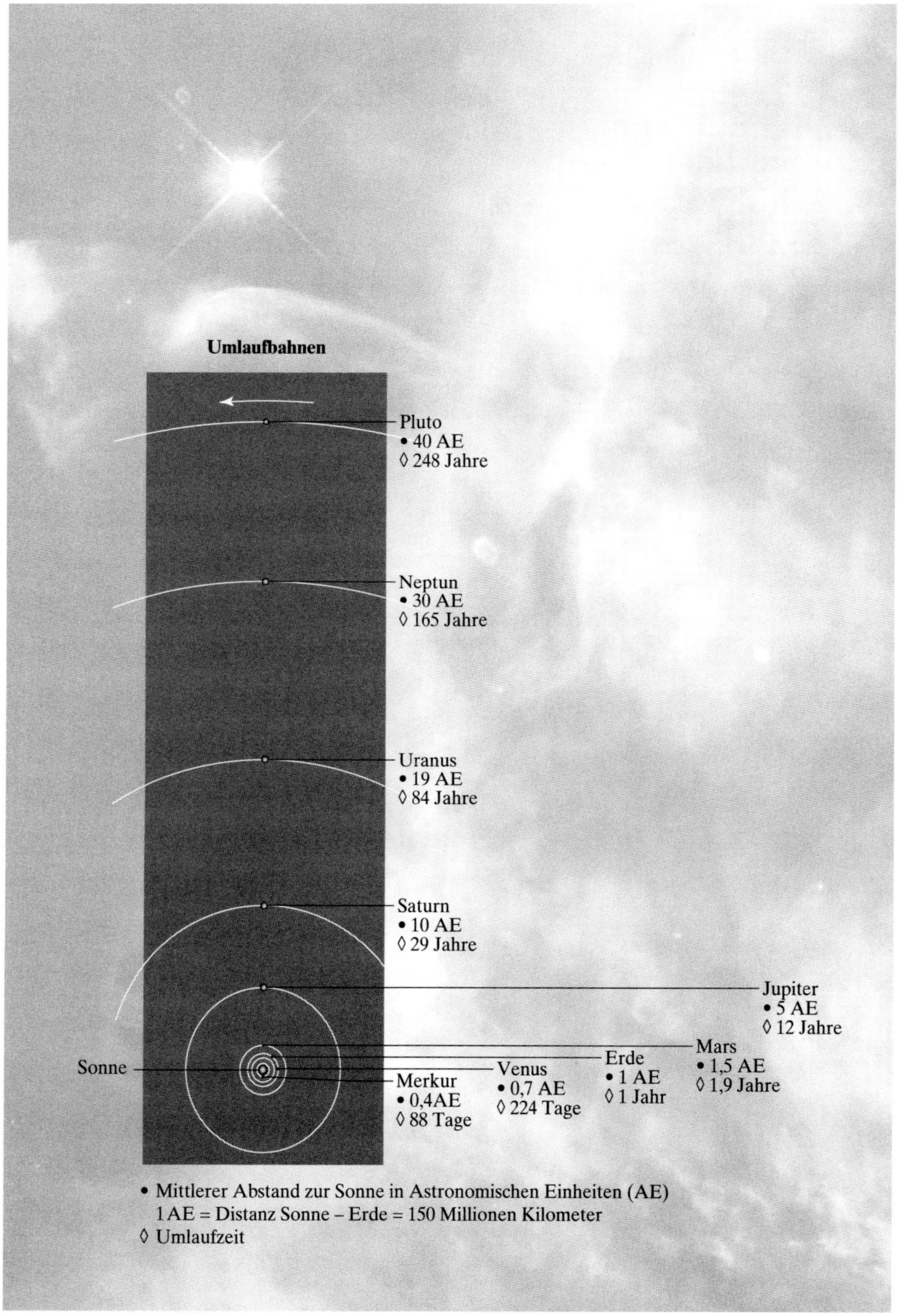

• Mittlerer Abstand zur Sonne in Astronomischen Einheiten (AE)
1 AE = Distanz Sonne – Erde = 150 Millionen Kilometer
◊ Umlaufzeit

zwischen 14 Erdmassen (Neptun) und 318 Erdmassen (Jupiter). Jupiter ist mit Abstand der größte und massereichste Planet des Sonnensystems. Er ist mehr als doppelt so schwer wie alle anderen Planeten zusammen. Pluto, der äußerste Planet, nimmt eine Ausnahmestellung ein. Seine Masse ist 400mal kleiner als die der Erde, und es wird immer wieder daran gezweifelt, ob er überhaupt ein «richtiger» Planet ist.

Der sonnennächste Planet Merkur liegt dreimal näher bei der Sonne als die Erde, der sonnenfernste Planet, Pluto, vierzigmal weiter weg.

Die Umlaufzeiten der Planeten steigen mit ihrer Distanz zur Sonne. Merkur benötigt 88 Tage für einen Umlauf, Pluto 248 Jahre.

Trotz dieser unterschiedlichen Eigenschaften haben die Planeten einige bemerkenswerte Gemeinsamkeiten:

- Sie kreisen in der gleichen Richtung um die Sonne.
- Sie umlaufen unser Zentralgestirn auf einem Kreis (Ausnahmen: Pluto, Merkur).
- Ihre Umlaufbahnen liegen in der gleichen Ebene (Ausnahmen: Pluto, Merkur).
- Sie rotieren in der gleichen Richtung um die eigene Achse (Ausnahmen: Venus, Uranus, Pluto).

Darüber hinaus gibt es zwei weitere auffällige Merkmale, die das Gesamtsystem betreffen:

- Die Sonne umfaßt 99,8 Prozent der Masse des Sonnensystems. Alle Planeten zusammen bringen es bloß auf den 700. Teil der Masse ihres Muttersterns.
- Im Gegensatz zur Masse steckt der größte Teil des Drehimpulses in den Planeten. Der Drehimpuls ist ein Maß für die Energie, die in einer Drehbewegung steckt. Die langsam rotierende Sonne besitzt davon nur etwa 1 Prozent, während 99 Prozent der Rotationsenergie auf die Umlaufbewegung und die Eigenrotation der Planeten entfallen.

Diese Eigenschaften erklären sich am einfachsten durch die Annahme, daß unser Sonnensystem aus einer rotierenden Gas-

und Staubwolke hervorgegangen ist. Aktuelle Theorien betrachten eine solche Scheibe als zwingendes Nebenprodukt jeder Sternentstehung.

Am Anfang unseres Sonnensystems steht eine ausgedehnte Wolke aus Gas und Staub, die unter der eigenen Gravitation in sich zusammenfällt. Abhängig von Druck, Temperatur, Größe und anderen Bedingungen in dieser Wolke kann sie sich in kleinere Fragmente teilen, aus denen sich jeweils ein Stern bildet. Dieser Kollaps einer Wolke zu einer oder mehreren drehenden stabilen Scheiben geschieht innerhalb von etwa 100 000 Jahren, in astronomischen Zeitabschnitten also praktisch augenblicklich. Der Mechanismus, durch den die unförmige Wolke immer stärker rotiert, ist der gleiche, der einen Schlittschuhläufer sich schneller drehen läßt, wenn er während einer Pirouette die Arme zum Körper nimmt. Je näher Teile der Wolke aus Gas und Staub zum Zentrum der Wolke rücken, desto schneller deren Drehbewegung. Weil dadurch auch die Zentrifugalkraft steigt, die das in Richtung Zentrum wandernde Gas nach außen drückt, fällt nicht alles Material in den entstehenden Stern. Material zwischen einem Hundertstel und einem Zehntel der Sonnenmasse umkreist den Stern als Staubscheibe.

Während der nächsten 10 000 bis einige 100 000 Jahre ballen sich aus dem mikroskopisch kleinen Staub große Steine und kleine Asteroiden zusammen. In den äußeren Teilen der Scheibe (außerhalb etwa von fünf astronomischen Einheiten) kann sich mehr Material verklumpen, weil die Temperaturen dort niedrig genug sind, damit sich kleine Eiskörner bilden. Innerhalb der nächsten zehn Millionen bis hundert Millionen Jahre finden sich die meter- bis kilometergroßen Brocken zu Planeten zusammen.

Die Gasplaneten ziehen nach der Bildung eines etwa zehn Erdmassen schweren Kerns aus Eis und Staub große Mengen Gas auf sich. Das ist der Grund für den auffälligen Größenunterschied zwischen inneren und äußeren Planeten. Innere Planeten erreichen nie die kritische Masse, die notwendig ist, um große Mengen Gas einzufangen.

Entstehung eines Planetensystems

Im Weltraum gibt es große Mengen dünn verteiltes Gas.

Ist die Masse einer Wolke groß genug, zieht die Schwerkraft die Materie zusammen.

Im Zentrum einer so entstandenen Wolke aus Gas und Staub nimmt die Temperatur so stark zu, daß es zur Kernfusion kommt. Ein Stern wird geboren.

Um den neuen Stern kreisen Staub und Gas.

Aus diesen Gas- und Staubteilchen bilden sich im Laufe von Jahrmillionen Planeten.

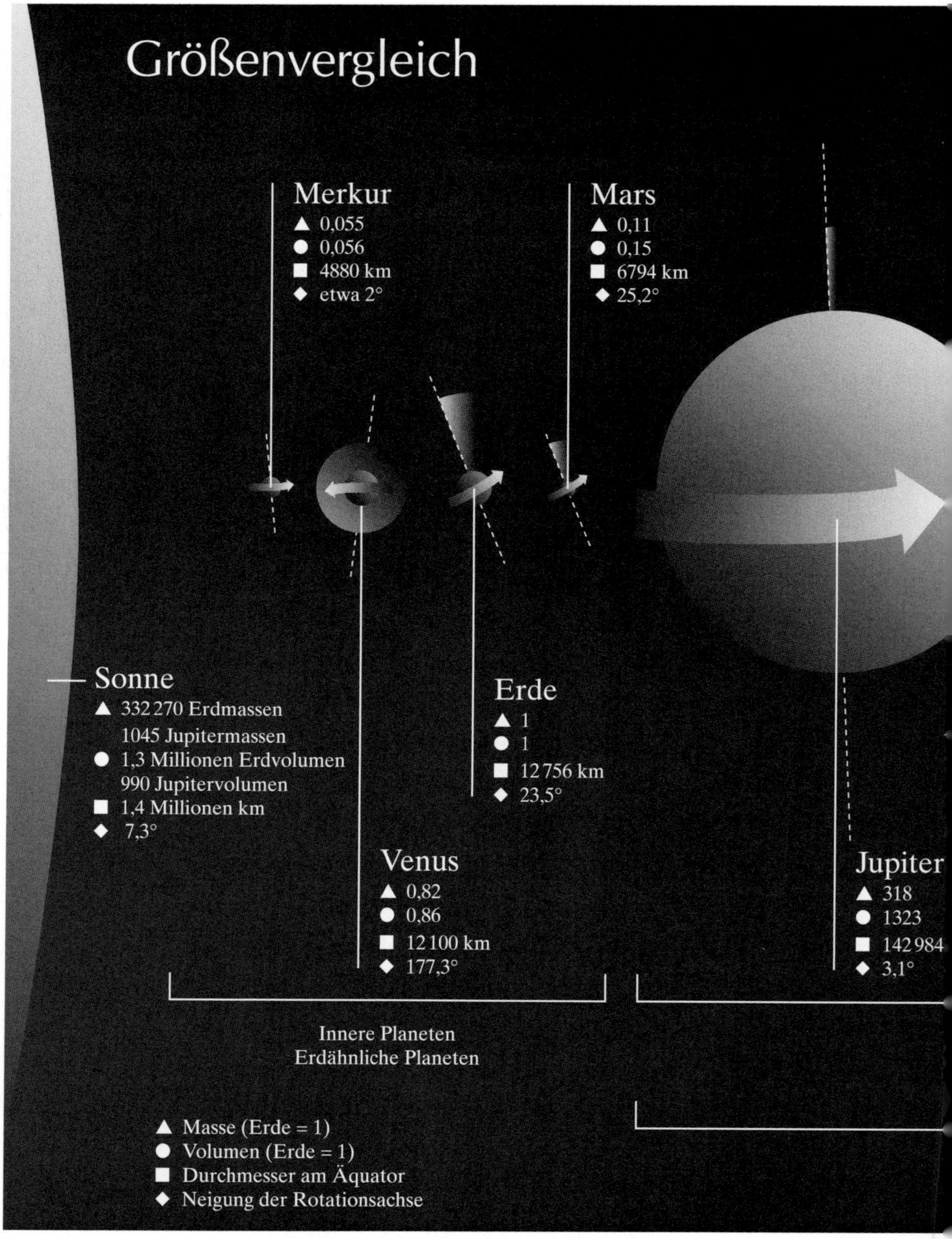
Größenvergleich
Merkur
▲ 0,055
● 0,056
■ 4880 km
◆ etwa 2°
Mars
▲ 0,11
● 0,15
■ 6794 km
◆ 25,2°
Sonne
▲ 332 270 Erdmassen
1045 Jupitermassen
● 1,3 Millionen Erdvolumen
990 Jupitervolumen
■ 1,4 Millionen km
◆ 7,3°
Erde
▲ 1
● 1
■ 12 756 km
◆ 23,5°
Venus
▲ 0,82
● 0,86
■ 12 100 km
◆ 177,3°
Jupiter
▲ 318
● 1323
■ 142 984
◆ 3,1°
Innere Planeten
Erdähnliche Planeten
▲ Masse (Erde = 1)
● Volumen (Erde = 1)
■ Durchmesser am Äquator
◆ Neigung der Rotationsachse

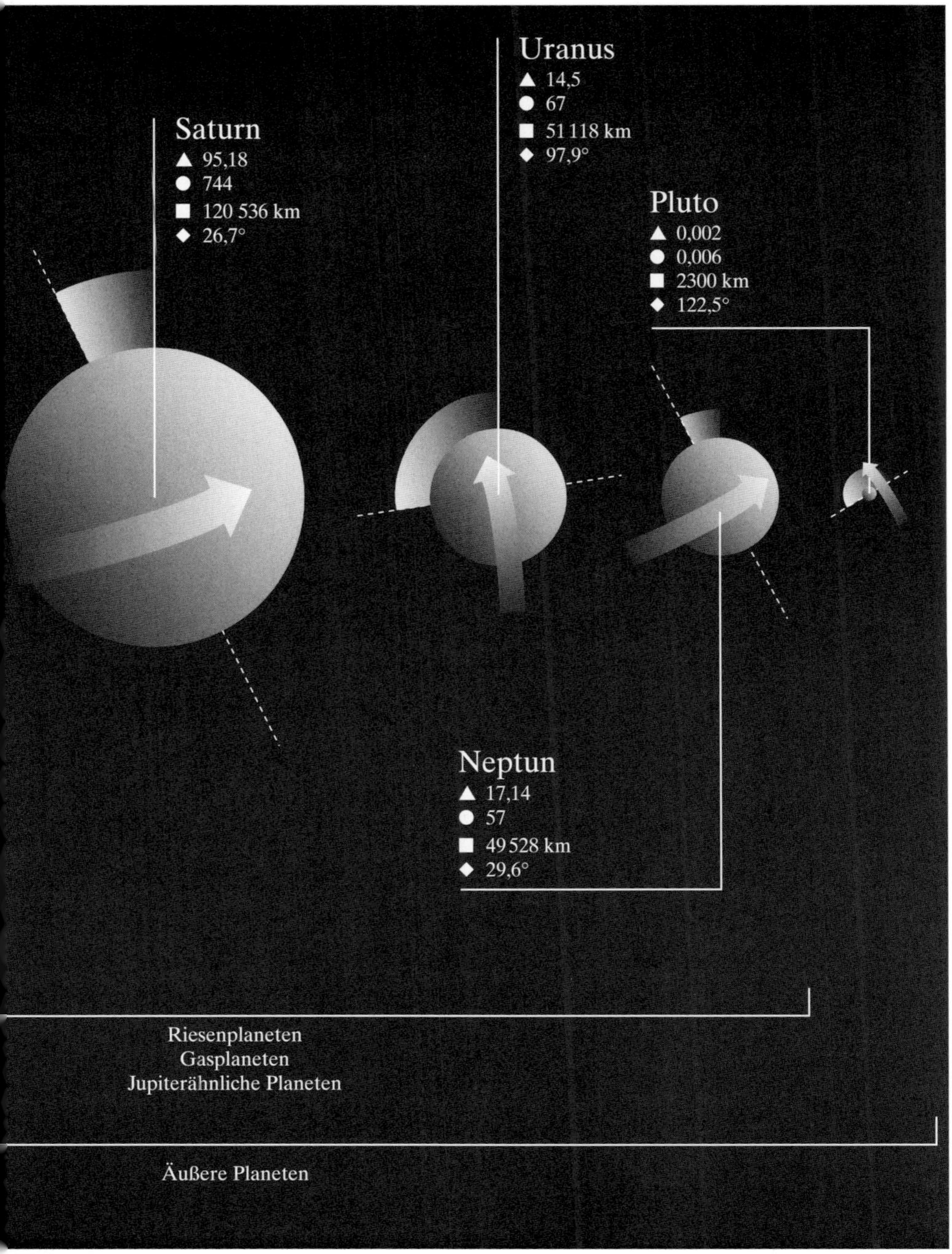
Saturn
▲ 95,18
● 744
■ 120 536 km
◆ 26,7°
Uranus
▲ 14,5
● 67
■ 51 118 km
◆ 97,9°
Pluto
▲ 0,002
● 0,006
■ 2300 km
◆ 122,5°
Neptun
▲ 17,14
● 57
■ 49 528 km
◆ 29,6°
Riesenplaneten
Gasplaneten
Jupiterähnliche Planeten
Äußere Planeten

7. Eine schicksalhafte Entscheidung

Als sich Didier Queloz am Morgen ins Bett legte, hatte für zwei Astronomen neun Zeitzonen westwärts die Nacht gerade erst begonnen. Seit Sonnenuntergang saßen Geoff Marcy und Paul Butler im Kontrollraum des Shane-Teleskops an der Lick-Sternwarte südlich von San Francisco. Der reiche Geschäftsmann James Lick hatte im letzten Jahrhundert das erste Teleskop auf dem Mount Hamilton bauen und sich später darunter begraben lassen. Seither waren vier weitere Teleskope dazugekommen. Das größte 1959, ein Spiegelteleskop mit drei Metern Durchmesser: der Shane-Reflektor.

Im Kontrollraum des Teleskops herrscht das gemütliche Durcheinander eines Bastelkellers, der seit Jahren nicht mehr aufgeräumt worden ist. Das warme Licht der Computerbildschirme legt einen gnädigen Schleier über das chaotische Wirrwarr der High-Tech-Apparate. Aus verschiedenen Löchern in Wand und Decke quellen oberschenkeldick Kabel in den Raum, die sich auf verschlungenen Pfaden ihren Weg zu den Geräten bahnen. Das Steuerpult, an dem ein Techniker sitzt, stammt aus der Zeit, als das Teleskop vor mehr als dreißig Jahren in Betrieb genommen worden ist. Die schwarze Schalttafel, auf der die Position des Teleskops angezeigt wird, sieht aus wie das Kommandopult eines alten U-Boots.

Es war eine von sechzehn Nächten pro Jahr, die Butler und Marcy hier oben verbrachten. Aus zwei überdimensionierten Boxen klang gepflegter Jazz, dazu zeigte ein stummer Fernseher ein Baseballspiel.

Seit 1987 fuhren sie regelmäßig von San Francisco zur drei Stunden südlich gelegenen Lick-Sternwarte. Der Grund, weshalb sie mit diesem

Geoff Marcy (Mitte), Paul Butler (rechts) und ein Teleskoptechniker im Kontrollraum des Shane-Reflektors an der Lick-Sternwarte südlich von San Francisco (Foto: Reto U. Schneider).

Teleskop arbeiteten, war ein Gerät zwei Stockwerke tiefer: der Hamilton-Spektrograph. Wegen dieses Meßgeräts hat Geoff Marcy 1984 an der Staatsuniversität San Francisco eine Stelle als Professor angetreten. «Ich war überzeugt, daß er zu dieser Zeit der weltbeste Spektrograph war, um Doppler-Verschiebungen zu messen. Ich wollte nach San Francisco gehen, um nahe bei dieser Sternwarte zu sein.» In der Astronomie ist es nicht ungewöhnlich, daß die Forscher ihren Wohnort nach der besten Linse, dem glattesten Spiegel oder, wie in Marcys Fall, dem genauesten Spektrographen auswählen.

Ist Mayors und Queloz' Spektrograph in einer sarggroßen schwarzen Kiste untergebracht, so füllt das Gerät an der Lick-Sternwarte einen Raum von der Größe eines Wohnzimmers. Scheinbar regellos sind darin Spiegel, Linsen und Streugitter untergebracht, die das Licht zerlegen. Gemeinsam ist Mayors und Marcys Geräten, daß sie sich nicht bewegen wie andere Spektrographen, die direkt am unteren Ende des Teleskops hängen. Bei der Präzision, die Planetenjäger von ihren Spektrographen verlangen, sind schon kleinste Stöße oder Vibrationen das Todesurteil für eine exakte Geschwindigkeitsbestimmung. Bei Mayor transportiert eine Glasfaser das Licht vom Teleskop zum Eingangsschlitz des Meßgeräts, bei Marcy wird es von einer Serie von Spiegeln direkt in den Schlund des Spektrographen reflektiert, der es in seinen gläsernen Innereien verdaut und die Bestandteile zeilenweise auf das mit dem Computer verbundene CCD ausspuckt.

Als Marcy 1984 an der Staatsuniversität San Francisco zu arbeiten begann, war er deprimiert. Seine Dissertation über magnetische Felder von Sternen hatte er zwar abgeschlossen, doch sie befriedigte ihn nicht wirklich, und er wußte auch, warum: «Ein Großteil der Wissenschaft beantwortet heute Fragen, die kein Kind je stellen würde.» Dazu gehörte auch die Frage nach den Magnetfeldern der Sterne. Was Kinder interessiert, wußte Marcy aus eigener Erfahrung.

Mit acht Jahren schenkten ihm seine Eltern eine Karte des Sonnensystems. Marcy interessierte sich besonders für die Monde, die um die verschiedenen Planeten kreisen. Wenn er Jupiter oder Saturn mit ihren Trabanten betrachtete, fragte er sich oft, ob es wohl noch mehr davon gebe als jene, die seine Karte als farbige Punkte verzeichnete. Mit dreizehn machte er sich mit einem kleinen Teleskop daran, es zu überprüfen. Vom

Dach seines Elternhauses in San Fernando Valley bei Los Angeles aus beobachtete er den Saturnmond Titan und berechnete seine Umlaufzeit. Dieses Gefühl wollte er noch einmal erleben. «Ich wollte an einem Projekt arbeiten, das mich wirklich interessierte, und nicht nur die Wissenschaft einen Schritt weiterbringen.»

Unter Marcys Studenten war 1984 auch Paul Butler. Er fiel Marcy sofort auf, weil er viele ungewöhnliche Ideen hatte, die er immer sofort ausprobierte. Damit war er die ideale Ergänzung zu Marcy, der lange über grundsätzliche Vor- und Nachteile eines neuen Verfahrens nachdachte, bevor er daran ging, es zu testen. Butler hatte es in der Zwischenzeit meistens schon geprüft. Der sechs Jahre jüngere Physiker hatte zudem einen Abschluß in Chemie. Und auf diese Kenntnisse wollte Marcy bei der Messung der Radialgeschwindigkeit von Sternen zurückgreifen. 1986 entschieden sich die beiden Forscher, gemeinsam auf Planetenpirsch zu gehen.

Nüchtern betrachtet, war es eine eher unspektakuläre Jagd. Auch in der Nacht vom 18. auf den 19. Februar 1995. Marcy und Butler saßen vor ihren Computern und ließen das Teleskop in den Winterhimmel starren. Um vier Uhr morgens zerlegte der Spektrograph das wenige Licht, das der Drei-Meter-Spiegel von einem Stern mit Namen 70 Virginis gesammelt hatte. 34mal hatten sie das Spektrum dieses Sterns seit Beginn des Projekts 1987 schon aufgenommen. Allerdings hatten sie es bei diesem Stern wie bei anderen unterlassen, aus der Verschiebung der Spektrallinien die Radialgeschwindigkeit zu berechnen. «Das war ein entscheidender Fehler. 95 unserer Sterne waren bis zum Oktober 1995 nie analysiert worden», sagt Marcy später.

Hätten er und Butler einen Blick auf ihre Daten geworfen, dann wären nicht Michel Mayor und Didier Queloz als Entdecker des ersten ex-

Geoff Marcy (rechts) und Paul Butler vor dem Shane-Reflektor an der Lick-Sternwarte (Foto: Reto U. Schneider).

trasolaren Planeten in die Geschichte eingegangen, sondern Geoff Marcy und Paul Butler. Denn die drei Dutzend Messungen von 70 Virginis hätten ihnen längst verraten, daß um den Stern ein Begleiter kreist. Und auch die Spuren der anderen Planeten, die sie später finden sollten, hätten sie jetzt schon in ihrem Computerspeicher ausmachen können.

Von den Tausenden von Messungen, die Marcy und Butler seit 1987 von ihren 120 Sternen gemacht hatten, lag der größte Teil unverarbeitet auf der Festplatte ihres Computers. Bloß aus den Spektren von etwas mehr als 20 Sternen hatten sie die Radialgeschwindigkeiten ausgerechnet. Es waren dieselben Sterne, bei denen die Kanadier Bruce Campbell und Gordon Walker keine Planeten gefunden hatten. Marcy und Butler wollten so ihre Geräte und Programme testen: Wenn auch sie bei den kanadischen Sternen nichts Außergewöhnliches feststellten, war alles in Ordnung.

Die beiden Amerikaner konnten die Radialgeschwindigkeit zu dieser Zeit mit der gleichen Präzision bestimmen wie die Kanadier: auf etwa fünfzehn Meter pro Sekunde genau. Das Resultat ihrer ersten Analyse war ermutigend. Spektrograph und Programme arbeiteten richtig. Marcy und Butler konnten die «Nichtdetektion» von Planeten der kanadischen Wissenschaftler bestätigen.

Daraus zog Marcy einen schicksalhaften Schluß. «Das Resultat der Kanadier sagte uns: Schaut, ihr werdet keine Planeten finden, wenn ihr bloß mit einer Genauigkeit von fünfzehn Metern pro Sekunde messen könnt.» Die Planeten waren zwar da, davon war Marcy überzeugt, doch sie waren offenbar kleiner als erwartet und ließen sich deshalb nur mit präziseren Messungen nachweisen. Deshalb verzichteten Marcy und Butler darauf, die Spektren aller Sterne mit einer Genauigkeit von fünfzehn Metern pro Sekunde zu analysieren, und steckten ihre Kraft von nun an in die Entwicklung von besseren Programmen, die die Präzision erhöhen sollten. Was lag näher, als das grobe Netz, mit dem die Kanadier nichts gefangen hatten, etwas enger zu knüpfen, bevor man es wieder auswarf? Marcy und Butler wußten, daß es theoretisch möglich war, aus den gemessenen Spektren mit leistungsfähigeren Programmen eine Geschwindigkeit von drei Metern pro Sekunde abzulesen.

Aber es waren nicht nur die ernüchternden Ergebnisse der kanadischen Planetenjäger, die darauf hindeuteten, daß Jupiter eine rare Gattung ist. Auch die Computerprogramme der Theoretiker schafften es nur unter größten Schwierigkeiten, jupitergroße Körper zusammenzubauen, ohne physikalische Gesetze zu verletzen. Überdies sprachen auch Beobachtungen für die Seltenheit von Riesenplaneten. Der Astronom Ben Zuckerman von der Universität von Kalifornien in Los Angeles konnte bei Messungen von jungen Sternen in deren Umgebung nicht einmal genug Wasserstoffgas finden, um auch nur *einen* Planeten von der Größe Jupiters zu bilden. Der bekannte amerikanische Theoretiker George Wetherhill von der Carnegie-Stiftung in Washington erklärte daraufhin, daß möglicherweise «die besonderen Bedingungen, Jupiter und Saturn zu formen, einen seltenen zufälligen Umstand darstellen und andere Planetensysteme nur selten Gasriesen enthalten». Saturn ist nach Jupiter der zweitgrößte Planet unseres Sonnensystems.

Aus den Schwierigkeiten der Theoretiker mit Jupiter und Saturn hatte Wetherhill bereits früher einen dramatischen Schluß gezogen: Ohne die Gravitationskraft der beiden Riesenplaneten wäre die Erde in der Vergangenheit tausendmal häufiger von Kometen getroffen worden, was die Evolution von Leben wahrscheinlich unmöglich gemacht hätte. Wenn fremde Planetensysteme keine Jupiter enthalten, gibt es auf den kleineren Planeten dort womöglich auch kein Leben, so die naheliegende Schlußfolgerung.

Darüber machten sich Marcy und Butler keine Gedanken, doch die offensichtliche Seltenheit von jupitergroßen Planeten trieb sie dazu, Software und Spektrograph so lange zu verbessern, bis sie auch den Einfluß leichterer Planeten auf ihren Mutterstern nachweisen konnten. Im November 1994 waren sie am Ziel: In sieben Jahren Arbeit hatten sie das mit Abstand genaueste Planetensuchgerät gebaut. Doch es hatte einen entscheidenden Nachteil: Die Analyse raubte dem Computer extrem viel Zeit. Wenn Mayor und Queloz zehn Minuten benötigten, um aus dem Spektrum eines Sterns seine Radialgeschwindigkeit zu berechnen, so dauerte es bei Marcy und Butler drei Stunden. Die Bestimmung aller Geschwindigkeiten ihrer Sterne hätte Jahre beansprucht.

Die große Differenz in der Analysezeit hatte ihren Ursprung in unterschiedlichen Verfahren. Zwar bestimmten beide Systeme die Radialgeschwindigkeit eines Sterns aufgrund der Verschiebung der Absorptionslinien in dessen Spektrum, doch Marcy ging einen komplizierteren Weg als die Schweizer. Wie Mayor hatte auch er vor der Aufgabe gestanden, seine Messungen über Jahre stabil zu halten. Die Verschiebungen der Absorptionslinien mußten mit einem Maßstab gemessen werden, der sich auch über lange Zeit nicht veränderte. Mayor hatte die Thorium-Argon-Lampe gewählt, um deren Spektrum zeilenweise unter dem Sternspektrum auf dem CCD abzubilden. Diese Methode war Marcy zu unsicher: Zwar ist das Muster der Absorptionslinien von Thorium eine unveränderliche physikalische Eigenschaft dieses Stoffs, doch kann es auf dem Weg von der Lampe zum zeilenweise angeordneten Spektrum durch kleinste Störungen verschoben werden. Weil das Licht des Sterns und das Licht der Thorium-Argon-Lampe nicht exakt den gleichen optischen Pfad durchlaufen, müssen sie am Eingang des Spektrographen immer

Das Gelände der Lick-Sternwarte auf dem Mount Hamilton südlich von San Francisco (Foto: Reto U. Schneider).

genau gleich positioniert sein. Ändert sich der Eintrittswinkel auch nur minimal, dann sind alle folgenden Messungen unbrauchbar.

Marcy fürchtete auch kleine Spannungsänderungen an der Lampe, die das Spektrum des Thoriums und damit die Messung beeinflussen könnten. Und bestand nicht die Gefahr, daß die Lampe eines Tages ganz einfach ihren Geist aufgab? Das Risiko, daß die mit einer neuen Lampe gewonnenen Ergebnisse nicht zu den Resultaten der alten Lampe paßten, wollte er nicht eingehen. Der Maßstab durfte nicht von einer fremden Lichtquelle abhängen. Es mußte einen anderen Weg geben, eine zuverlässige Referenz zu erzeugen.

Es gab einen anderen Weg. Man leitet das Sternenlicht ganz einfach durch ein Gas mit bekanntem Spektrum, bevor es in den Spektrographen gelangt. Diese Lösung war bereits in den siebziger Jahren vorgeschlagen worden, und die Kanadier Bruce Campbell und Gordon Walker hatten sie verwirklicht. Auf dem Weg vom Teleskop zum Spektrographen stellte Campbell dem Lichtstrahl einen Zylinder mit Fluorwasserstoffgas in den Weg. Das Licht trat durch ein Glasfenster in die einen Meter lange Röhre ein, am anderen Ende wieder aus und verschwand schließlich im Spektrographen. Auf seinem Weg durch das Gas wurde das Sternenlicht vom Spektrum des Fluorwasserstoffs überlagert. Statt den Maßstab *neben* das Sternspektrum zu legen, legte ihn Campbell *darauf*.

Das Resultat ist ein Gemisch aus zwei Spektren: Einige Linien gehören zum Stern, einige zum Fluorwasserstoff. Aus ihrem Abstand kann die Geschwindigkeit des Sterns abgeleitet werden. Maßstab und Meßgröße sind fest miteinander verbunden und durchlaufen den exakt gleichen optischen Pfad. Alles, was dem Sternspektrum auf dem Weg durch den Spektrographen widerfährt, geschieht auch mit dem Spektrum des Fluorwasserstoffs.

Doch Marcy und Butler schreckten davor zurück, Fluorwasserstoff zu verwenden, denn dieses Gas ist extrem giftig. Sie suchten nach einer Alternative und stießen auf Jodgas. Jod ist ungiftig und auch sonst problemlos im Umgang. Im Gegensatz zu Fluorwasserstoff, das nur sehr wenige ausgeprägte Spektrallinien hat, absorbiert Jod das Licht an Tausenden von Stellen. Das Spektrum des Sternenlichts wird mit einem Wald aus Absorptionslinien übersät. Der Aufwand, das mit den Jodlinien verschmutzte Sternspektrum im Computer zu verarbeiten, ist hoch. Der Rechner muß Tausende von Linien sortieren, je nachdem, ob sie vom Stern stammen oder vom Jodgas.

Mayor hat es da einfacher: Er vergleicht das reine Sternspektrum mit dem getrennten Refe-

Messung mit Gaszelle: Geoff Marcy und Paul Butler lassen das Sternenlicht durch einen Glaszylinder mit Jodgas scheinen, bevor es in den Spektrographen gelangt. Auf dem Weg durch das Gas wird dem Sternenlicht das Spektrum von Jod aufgeprägt, das als Referenz gilt. Das Resultat ist ein Gemisch aus zwei Spektren: Einige der Absorptionslinien gehören zum Stern, einige zum Jodgas. Mit dieser Methode werden unerwünschte Störungen automatisch ausgeblendet. Alles, was dem Sternspektrum auf dem Weg durch den Spektrographen widerfährt, geschieht auch mit dem Spektrum des Jods.

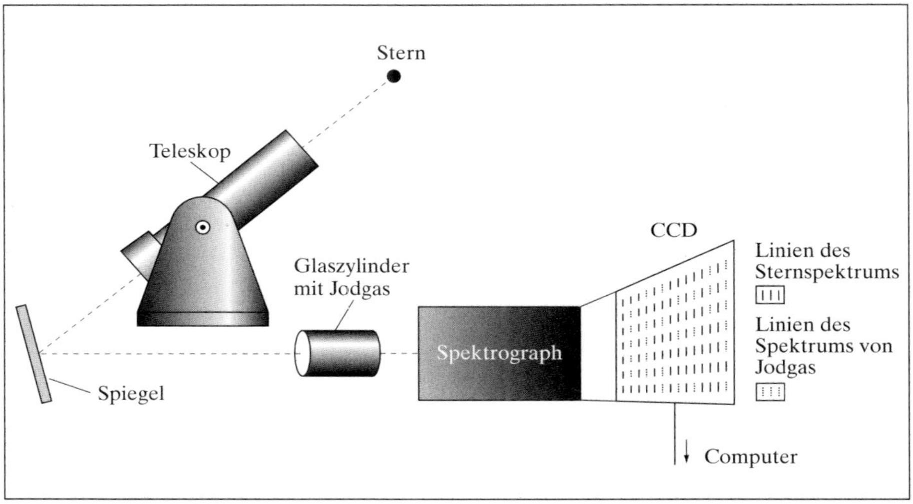

renzspektrum des Thoriums. Bei ihm liegt der Maßstab neben der Meßgröße und nicht auf ihr wie bei Marcy.

Das Sortieren der Jodlinien allein hätte den Rechenaufwand noch in Grenzen gehalten, doch Marcy und Butler sind Perfektionisten. Sie wollten bei ihrer Analyse auch ein Problem lösen, vor dem die meisten Astronomen bis dahin die Augen verschlossen hatten, weil sie nicht wußten, wie sie es hätten lösen können. Kein Spektrograph ist perfekt. Temperaturveränderungen beeinflussen die Optik, das Sternenlicht beleuchtet den Eingangsschlitz des Spektrographen nicht gleichmäßig, oder es kommt nicht immer aus exakt der gleichen Richtung. Wegen dieser Effekte hat auch das beste Gerät die Tendenz, das Spektrum zu verschmieren.

Was ein Spektrograph ausgibt, ist nicht das reine Sternspektrum, sondern das Sternspektrum, das der Spektrograph ein wenig verändert hat. Die meisten Astronomen brauchen diesen winzigen Effekt in ihrer Arbeit nicht zu berücksichtigen. Aber dort, wo Marcy und Butler hinwollten, spielt er eine Rolle. Eine kleine Asymmetrie einer Absorptionslinie, die der Spektrograph verursacht hatte, deuteten die Planetensucher als Doppler-Verschiebung und damit als Geschwindigkeit eines Sterns. So konnte der Spektrograph den Forschern die Bewegung eines Sterns vorgaukeln.

Marcy und Butler entwickelten riesige Programme, die jedes Detail des Spektrographen simulierten, um die Wirkungen dieser kleinen Unzulänglichkeiten aus der Messung zu entfernen. Der Computer verbrachte einen großen Teil der Analysezeit damit, diese Riesenprogramme abzuarbeiten.

Einige ihrer Kollegen hielten den Aufwand, den die beiden trieben, für viel zu groß. Als Marcy auf einer Konferenz 1992 einen Vortrag darüber hielt, hatte er den Eindruck, die Zuhörer zu langweilen. Die beiden Planetensucher waren ihrer Zeit voraus. 1992 brauchten sie geschlagene sechs Stunden, um aus dem Spektrum eines einzigen Sterns seine Geschwindigkeit zu bestimmen. «Die Leute dachten, wir wären ungeschickt, weil wir soviel Computerzeit benötigten», sagt Marcy. Erst vier Jahre später, als sie mit schnelleren Rechnern die genauesten Analysen überhaupt machen konnten, wurden sie für ihre eigensinnige Idee belohnt. «Wir wußten, daß wir das Richtige taten, aber das Richtige zu tun reicht nicht aus, wenn die Computer zu langsam sind.»

Wegen der langen Rechenzeit konnten Marcy und Butler auch in der Nacht des 18. Februar 1995 nicht daran denken, ihre Daten auszuwerten. «Wir waren nicht in Eile», sagt Marcy. Er wußte weder, daß Mayor und Queloz bereits nach einem halben Jahr Suche auf 51 Pegasi gestoßen waren, noch konnte er ahnen, daß es in den unverarbeiteten Daten auf seiner Festplatte nur so wimmelte von Planeten.

Wie alle Astronomen glaubten auch Marcy und Butler an das herrschende Dogma über die Planetenentstehung: Es darf keine Riesenplaneten mit kurzen Umlaufzeiten geben. Die Daten nach jeder Messung zu analysieren wäre so sinnlos, wie jeden Tag die Höhe eines Baums zu messen. «Wir waren beeinflußt von den Theoretikern, die alle erwarteten, daß andere Sonnensysteme unserem ähnlich seien», sagt Marcy, der sich heute über das selbstsichere Auftreten seiner Kollegen beschwert. Sie hätten zuwenig über die Unwägbarkeiten einer Theorie nachgedacht, die bloß auf dem Beispiel unseres Sonnensystems beruhe, wirft er ihnen vor. «Wir hatten zuviel Vertrauen. Und ich sage das mit einer gewissen Bitterkeit.»

Nach Marcys Meinung war das Vorgehen der Theoretiker wissenschaftlich nicht sauber. Er vergleicht es mit Hirnforschern, die eine Theorie über den menschlichen Geist aufstellen würden, nachdem sie gerade mal ein einziges Gehirn untersucht hätten. «Es wäre eine furchtbare

Theorie. Wir Menschen sind zu kompliziert, als daß wir durch ein Individuum dargestellt werden können, und genauso ist es mit den Planeten.»

Doch als Marcy und Butler am frühen Morgen des 19. Februar ihre Messungen auf ein Magnetband überspielten, das sie zurück in ihr Büro mitnahmen, war das Vertrauen in die Theoretiker noch intakt. Es gab keinen Grund, nach Planeten Ausschau zu halten, die es gar nicht geben konnte.

8. Im richtigen Tempo zum Rendezvous

Im April 1995 kehrte Michel Mayor aus Hawaii zurück. Doch die Himmelsmechanik verurteilte ihn und Didier Queloz zum Warten. Erst bei ihrem Beobachtungsgang am 5. Juli würde 51 Pegasi wieder in meßbarer Position sein. Hinter verschlossenen Türen diskutierten die beiden Astronomen in der Zwischenzeit über Kandidat 1. Doch viel Neues kam dabei nicht heraus. Im Gegenteil: Ihre Unsicherheit wuchs wieder. «Einerseits waren wir sicher, daß wir mit dem Planeten recht hatten, andererseits fragten wir uns immer wieder, ob wir nicht einen physikalischen Effekt unterschlagen hatten, ganz einfach, weil wir ihn nicht kannten», sagt Mayor.

Schon auf Hawaii hatte er begonnen unauffällig Fragen zu stellen, wenn er mit Spezialisten zusammen war. «Was hältst du von einem sonnenähnlichen Stern, dessen Radialgeschwindigkeit sich innerhalb von vier Tagen um fünfzig Meter pro Sekunde ändert?» erkundigte er sich bei einem amerikanischen Kollegen. Doch sein Gesprächspartner zuckte nur mit den Schultern.

Kurz vor dem 5. Juli reiste Mayor zu einer Konferenz über Doppelsterne nach Calgary. Auch dort versuchte er an neue Informationen zu gelangen. «Was denkst du, welches ist die minimale Umlaufzeit eines Jupiters, bevor er verdampft oder ein anderes physikalisches Problem auftritt?» fragte er einen Kollegen mit betonter Gelassenheit. Dieser bemerkte Mayors Anspannung und fragte sofort zurück: «Warum? Hast du einen gefunden?» Mayor griff zu einer Notlüge: «Nein, nein. Ich wollte nur ganz allgemein wissen, welches die kürzesten Perioden sind, die wir bei unseren Beobachtungen finden könnten.»

Mayor wollte auf keinen Fall, daß etwas durchsickerte, bevor er nicht hundertprozentig sicher war. Wenn die Planeteninterpretation stimmte, war seine Arbeit nicht nur eine der bedeutendsten, die je in der Astronomie gemacht worden war, sondern auch eine der schnellsten. Wer die richtigen Meßinstrumente zur Hand hatte und den Namen des Sterns kannte, brauchte bloß vier Nächte, um den Planeten zu finden. Vier Nächte! Dabei hatten die Astronomen mit Jahren oder Jahrzehnten gerechnet. Geoff Marcy in San Francisco und Bill Cochran in Austin hätten den Planeten bei 51 Pegasi schon lange entdecken können.

Marcy konnte die Geschwindigkeit seiner Sterne seit kurzem auf drei Meter pro Sekunde genau bestimmen, viermal präziser als die Schweizer. Doch für die erste Entdeckung eines extrasolaren Planeten war das gar nicht nötig. Der Planet um 51 Pegasi verlangte von den Astronomen vor allem, daß sie ihre Vorurteile ablegten und ihren Daten einfach glaubten. Er verlangte, an der Theorie zu zweifeln und den Meßgeräten zu vertrauen. «Es war schwierig, diese psychologische Barriere zu durchbrechen», sagt Queloz rückblickend.

Nüchtern betrachtet, war die Sache einfach: Mayor und Queloz hatten siebzehn Messungen gemacht und einen Grund nach dem anderen für das seltsame Resultat ausgeschlossen. Übrig blieb der Planet. Doch auch die Urteilskraft von Wissenschaftlern ist abhängig vom gängigen Weltbild. Auch sie kennen Moden und Dogmen. Und eines dieser Dogmen besagte, daß es den Planeten nicht geben durfte. Der Theoretiker in Mayor sträubte sich, daran zu glauben, der Praktiker aber hatte die Messungen gesehen und konnte keine andere Erklärung finden. Für eine Publikation, da war er sich mit Queloz einig, reichten die siebzehn Messungen allerdings noch nicht aus. Die bisherigen Resultate mußten im Juli bestätigt werden.

Mayor und Queloz fuhren diesmal zusammen zum Observatorium und nahmen ihre Familien mit. Eigentlich wäre Queloz allein dran gewesen, aber Mayor wollte aus erster Hand erfahren, wie es um 51 Pegasi stand. Zudem fand an der Sternwarte von Haute-Provence ein Workshop zum Thema Planetendetektion statt, an dem er teilnehmen wollte.

Es war zwei Uhr morgens am 5. Juli 1995, als das Teleskop in Richtung 51 Pegasi zeigte und die Schweizer Astronomen mit der Messung begannen. – Zwölf Stunden später besorgte Mayor eine Torte und Champagner: 51 Pegasi war im richtigen Tempo zum Rendezvous erschienen.

In den folgenden Nächten richteten sie das Teleskop wieder und wieder auf 51 Pegasi. Wenn Queloz um vier Uhr morgens ins Bett kroch, fragte ihn seine Frau: «War er da?» – Ja, er war da. 51 Pegasi und sein Planet funktionierten wie ein Uhrwerk. Sie folgten perfekt der vorausberechneten Kurve.

Als die beiden Astronomen aus Südfrankreich zurückkehrten, waren sie sich sicher, daß es den Planeten gibt. Das Problem war jetzt bloß, wie sie das ihren Kollegen beibringen konnten. Aus Daten, die man selbst gemessen hatte, einen Schluß zu ziehen, war eines. Etwas anderes war es, die Fachwelt von einem Planeten zu überzeugen, der in absolut hirnrissiger Distanz einen Stern umkreist.

Doch Mayor war zuversichtlich, auch diese Hürde zu überspringen, und entschloß sich, seinen Fund auf dem Cool Star Meeting im Oktober in Florenz bekanntzugeben. Am letzten Tag dieses Treffens stand eine Diskussionsrunde auf dem Programm zum Thema «Sterne mit geringer Masse und Braune Zwerge». Eine günstige Gelegenheit, den außergewöhnlichen Fund mit seinen Kollegen zu diskutieren. Während der gut zwei Monate bis dahin wollte Mayor alle Argumente zusammentragen, um auf jeden Einwand die passende Entgegnung parat zu haben.

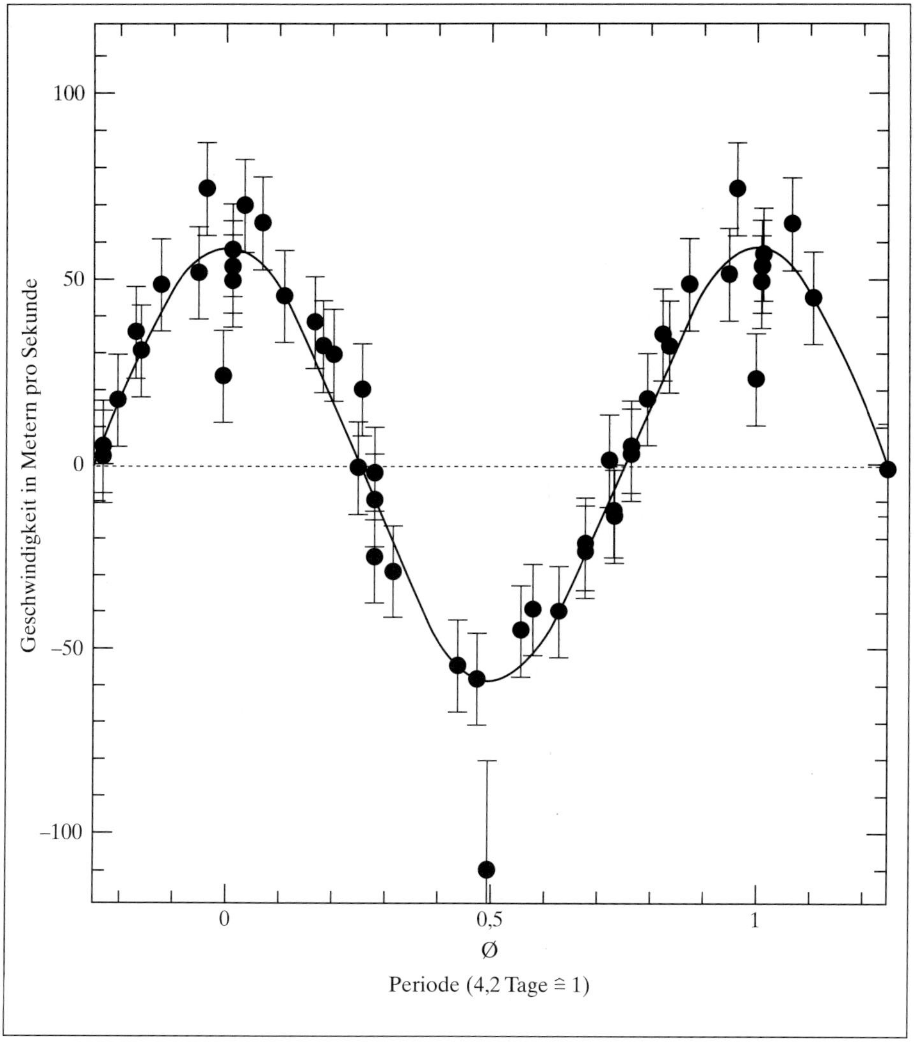

Geschwindigkeitskurve von 51 Pegasi: Die Punkte stehen für die gemessene Geschwindigkeit. Die Linien mit Querstrich geben den Fehlerbereich für jede Messung an (Grafik: Didier Queloz).

Als Diskussionsleiter in Florenz war der Astronom Jim Liebert von der Universität von Arizona in Tucson vorgesehen. Mayor schickte ihm Anfang August eine Nachricht, in der er um Redezeit bat, damit er die «ungewöhnliche Charakteristik» seines Objekts präsentieren könne. Von einem Planeten war nicht die Rede. Mayor sprach bloß von einem «Begleiter» mit einer kleineren Masse als Jupiter. Auch nannte er weder den Namen des Sterns noch teilte er mit, um welche «ungewöhnliche Charakteristik» es ging.

Inzwischen war bei Mayor das Bedürfnis gewachsen, seine Resultate mit jemandem zu diskutieren, der etwas von Planetenbildung verstand. An der Sternwarte von Genf traf er Willy Benz, der Anfang der achtziger Jahre sein erster Doktorand gewesen war. Die beiden waren damals gute Freunde geworden, hatten gemeinsam Reisen unternommen und hielten auch jetzt ständigen Kontakt. Benz – mittlerweile selbst Professor – arbeitet wie Liebert an der Universität von Arizona. Jeden Sommer kam er für drei Monate an die Sternwarte von Genf, wo er, vom Nationalfonds unterstützt, Forschung betrieb. Eines seiner Spezialgebiete ist die Entstehung von Planeten.

Mayor schien er die geeignete Person zu sein für eine Diskussion unter vier Augen über Kandidat 1. Er schätzte die direkte Art seines ehemaligen Doktoranden und wußte, daß Benz ihm unumwunden sagen würde, was er von den Messungen von 51 Pegasi hielt. Und das tat dieser dann auch. Als Mayor Benz in sein Büro führte, hinter ihm die Tür schloß und den Computerausdruck mit der Geschwindigkeitskurve von 51 Pegasi auf den Tisch legte, begann Benz lauthals zu lachen. «Ich versuchte sofort herauszufinden, warum es kein Planet sein konnte», erinnert sich Benz. Doch Mayor konnte jeden Einwand sofort mit einem plausiblen Argument entkräften. Und Benz ließ sich davon überzeugen, daß in direkter Nachbarschaft von 51 Pegasi ein Planet existiert.

Mayor würde es den Theoretikern überlassen zu erklären, wie der Planet an diesen Ort gekommen war. Er erhoffte sich von Benz vor allem Hilfe bei der Antwort auf eine andere Frage: Gibt es einen physikalischen Grund, der den Planeten so nahe beim Stern verbietet? «Wenn wir schon nicht wußten, wie er entstanden war, wollten wir wenigstens wissen, ob er sein durfte, wo er jetzt war», sagt Benz. Natürlich kannten Mayor und Benz die Gefahren, die einem Begleiter drohen, der zu nahe an einen Stern gerät: Die Gezeitenkraft des viel größeren Sterns kann ihn zum Beispiel zerreißen.

Die Gezeitenkraft entsteht, weil die Gravitation des Sterns im Planeten unterschiedliche Kräfte hervorruft: Die Planetenteile in der Nähe des Sterns werden stärker von ihm angezogen als die weiter entfernten. Wird diese Kräftedifferenz zu groß, zerbricht der Planet. Darüber hinaus gibt es zwei weitere Gefahren für einen Planeten nahe bei einem Stern: Er kann verdampfen oder durch starke Teilchenströme wegerodiert werden.

Wenn eines dieser drei Szenarien für den Planeten um 51 Pegasi in Frage gekommen wäre, hätte das Mayors Planeteninterpretation stark erschüttert. Im Gegensatz zur Theorie der Planetenentstehung, die auf wackeligen Füßen stand, gab es an diesen drei Wirkungen nichts zu rütteln: Verdampfung, Erosion und Zerstörung durch die Gezeitenkraft waren physikalische Realitäten.

Mayor hatte schon Überschlagsrechnungen für alle drei Effekte gemacht, doch dabei fehlte ihm immer ein entscheidendes Element: die Größe des Planeten. Er konnte zwar ausrechnen, welche Masse der Begleiter mindestens haben mußte, hatte aber keine Ahnung, wie groß er war. «Wir kannten natürlich die Größe Jupiters, aber wir hatten keine Ahnung, welchen Durchmesser Jupiter hätte, wenn man ihn aus seiner jetzigen Position hundertmal näher zur Sonne schieben würde», sagt Benz. Sicher war einzig, daß Jupiter, der zum größten Teil aus Gas besteht, auf die Nähe der Sonne reagieren würde. Bloß wie?

Benz kannte an der Universität von Arizona einen Astronomen, der sich genau mit solchen Fragen beschäftigte. Adam Burrows hatte in jahrelanger Arbeit ein Programm geschaffen, mit dem er das Leben von Planeten simulieren konnte. Er erfand Planeten, die er in einem bestimmten Abstand um einen Stern kreisen ließ. Der Computer errechnete, was im Verlauf der Jahrmillionen mit ihnen geschah.

Benz fragte Burrows, ob er Berechnungen für die innere Struktur von Jupiter in verschiedenen Entfernungen zur Sonne gemacht habe. Er nannte nicht den wahren Grund für diese Frage, sondern verschanzte sich hinter der Floskel, an der Sternwarte von Genf sei dieses Problem kürzlich diskutiert worden.

Noch am selben Tag schrieb Burrows zurück, daß es für Jupiter in einer Distanz von 5,2, 10 und 20 Astronomischen Einheiten solche Berechnungen gebe. Eine Astronomische Einheit ist so groß wie die Entfernung zwischen Erde und Sonne. Benz und Mayor waren an viel kleineren Distanzen interessiert. Ihr Planet befand sich bloß 0,05 Astronomische Einheiten vor 51 Pegasi. Das war hundertmal näher als der geringste Abstand in Burrows Versuchen.

Burrows bot Benz an, beliebige Berechnungen für ihn zu erledigen, wenn er ihm die genauen Daten gebe. Doch genau das wollten Benz und Mayor natürlich nicht tun. Es folgte ein umständlicher Austausch von Nachrichten über das Internet, an den sich Benz genau erinnert: «Ich habe ihm gesagt: ‹Ich suche nach Berechnungen für nähere Objekte›, (...) er antwortete: ‹Wie meinst du das, näher?›, worauf ich schrieb: ‹Ziemlich viel näher›, (...) er sagte dann: ‹Also, ich werde es bei einer Astronomischen Einheit versuchen›, worauf ich ihm sagte: ‹Du kannst noch ein bißchen näher gehen.› Schließlich fragte ich ihn: ‹Wie nahe kann ich Jupiter zur Sonne bringen, ohne daß er instabil wird?›» Burrows ließ sein Programm eine Nacht lang rechnen und schrieb Benz am nächsten Tag: «Ich würde ‹schätzen›, 0,037 Astronomische Einheiten.»

Mayor war erleichtert. Sein Planet war zwar mit Sicherheit ziemlich heiß, aber er konnte in der Nähe des Sterns überleben, ohne etablierte physikalische Gesetze zu verletzen. Burrows hatte berechnet, daß sich ein Jupiter in einer Entfernung von 0,01 Astronomischen Einheiten in weniger als tausend Jahren auf vier Sonnendurchmesser ausdehnen würde und deshalb nur kurze Zeit überleben könnte. Bei 0,037 Astronomischen Einheiten liegt laut Burrows die kritische Distanz für diesen Planetentod. Wenn sich Jupiter außerhalb dieser Grenze aufhält, bleibt er stabil.

Burrows schloß seine letzte Antwort mit dem Satz: «Ich wünsche Dir und Deinen glücklichen Kollegen mit dem Geheimnis viel Glück.» Er hatte mittlerweile Jim Liebert in der Cafeteria der Universität in Tucson getroffen, und der hatte ihm erzählt, daß Michel Mayor in Florenz die Entdeckung eines Begleiters mit «ungewöhnlicher Charakteristik» bekanntgeben wolle. Da brauchte er nur noch eins und eins zusammenzuzählen und wußte, wozu er die Berechnungen gemacht hatte.

Mit der Unbedenklichkeitserklärung von Burrows in der Tasche, begann Benz Mayor zu bedrängen, seine Arbeit so schnell wie möglich in einer Fachzeitschrift zu veröffentlichen. Benz arbeitete seit Jahren in den USA und wußte, daß man eine solche Sache auf keinen Fall anbrennen lassen durfte. In den USA hätten die Astronomen längst eine Pressekonferenz einberufen und sich ihre Beute offiziell gesichert. Benz fürchtete, Mayors bedächtiges Vorgehen könnte ihn am Ende noch um den Sieg bringen.

9. Die Konkurrenz holt auf

Willy Benz' Befürchtungen waren nicht unbegründet. Etwa zu der Zeit, als Adam Burrows in Tucson seine Berechnungen für Benz und Mayor anstellte, wurde Sonnenforscher Tim Brown in Boulder wieder auf 51 Pegasi aufmerksam. Brown und sein Kollege Bob Noyes hatten ja den Stern auch schon mehrmals beobachtet.

Bereits im Juni hatte Brown eine Studentin beauftragt, die Daten der Planetensuche mit einem Computerprogramm zu analysieren. Zum ersten Mal waren aus den Spektren, die Noyes und Brown auf Magnetbändern aus Arizona mitgebracht hatten, die Geschwindigkeiten der Sterne berechnet worden. Browns Programm war allerdings nicht so ausgefeilt wie Mayors und Queloz' Software. «Das Programm war damals ziemlich ineffizient. Es gab viele Dinge, von denen ich anfänglich nicht wußte, wie ich sie hätte tun sollen. So wuchs das Programm, indem ich immer wieder Stücke anfügte, um mit kleinen Problemen fertigzuwerden. Am Schluß war das Ganze ein ziemliches Durcheinander.»

Doch fürs erste wollte Brown bloß wissen, ob der Spektrograph richtig arbeitete. Deshalb interessierte ihn vor allem der Stern HD114762, bei dem David Latham und Michel Mayor bereits früher einen Begleiter gefunden hatten und von dem danach noch genauere Geschwindigkeitsmessungen gemacht worden waren. HD114762 wurde wahrscheinlich von einem Braunen Zwerg umkreist. Der Stern veränderte seine Geschwindigkeit in 84 Tagen um fast 1000 Meter pro Sekunde. «Wenn wir in diesem Spiel glaubwürdig sein wollen, müssen wir das sehen», dachte sich Brown damals.

Neben HD114762 gab es noch fünf oder sechs weitere Sterne, von denen Brown und sein Kollege Bob Noyes während der letzten zwei Jahre je etwa eine Handvoll Messungen gemacht hatten. Brown entschloß sich, alle Messungen durch sein Programm analysieren zu lassen. Er und Noyes hatten ihren Spektrographen so konstruiert, daß er gleichzeitig zwei Betriebsarten ermöglichte: Wie bei Mayor wurde zwischen die Zeilen des Sternspektrums ein Referenzspektrum einer Thorium-Argon-Lampe gelegt. Außerdem war es möglich, das Sternenlicht durch einen Glaszylinder mit Jodgas zu schicken, wie es Marcy machte, um eine stabile Referenz zu erhalten. Browns Programm war für die Analyse dieser Messungen ausgelegt. Seine Aufgabe war es, aus der Mischung des Sternspektrums und des Spektrums des Jodgases die Verschiebung der schwarzen Absorptionslinien des Sterns zu erkennen und daraus dessen Geschwindigkeit zu berechnen.

Es dauerte etwa zwei Monate, bis die Studentin Mitte August mit einem dicken Notizbuch und den Computergrafiken der Sterngeschwindigkeiten unter dem Arm an Browns Bürotür klopfte. Zuerst schaute sich Brown die Grafik von HD114762 an. Das Resultat war ermutigend. Es war zwar noch nicht so genau wie gewünscht, aber die Geschwindigkeiten stimmten recht gut mit den früheren Messungen von Latham und Mayor überein.

Ein paar Seiten weiter stieß Brown auf die Resultate von 51 Pegasi. Der Stern zeigte sonderbare Geschwindigkeitsänderungen. Die drei Messungen, die Noyes im September 1994 von 51 Pegasi gemacht hatte, lagen fast hundert Meter pro Sekunde auseinander. Anders als Queloz, der im Januar 1995 auf ein ähnliches Resultat gestoßen war und 51 Pegasi von da an möglichst oft beobachtete, hatten Noyes und Brown keine Möglichkeit, die Messungen sofort zu überprüfen.

Brown verdächtigte den Spektrographen oder sein Analyseprogramm, für das sonderbare Resultat verantwortlich zu sein. Auch er kannte den Katechismus der Planetenentstehung auswendig. Und darin stand: Es kann keine Riesenplaneten geben, die nahe um einen Stern kreisen. «Wenn man zu dieser Zeit Astronomen gebeten hätte, ein plausibles Sonnensystem eines fremden Sterns zu zeichnen, hätte man in 99 von 100 Fällen keinen großen Planeten in der Nähe des Sterns gefunden.» Doch genau ein solcher wäre nötig gewesen, um die Geschwindigkeitsänderungen vom September 1994 zu erklären.

Allerdings war Brown nicht restlos von einem Instrumentenfehler überzeugt. Er entschloß sich, 51 Pegasi in Zukunft eine etwas höhere Priorität zu geben und ihn in den kommenden Beobachtungsnächten Anfang Oktober zwei- statt bloß einmal zu messen.

10. Ein letzter Zweifel

Michel Mayor und Didier Queloz verbrachten den August damit, den Beweis für den Planeten hieb- und stichfest zu machen. Mayor verschob seine Ferien, um die Arbeit möglichst schnell zu Ende zu bringen. Burrows' Computerberechnungen hatten ein Hindernis aus dem Weg geräumt: Der Planet würde weder im Raum verpuffen noch vom Stern vereinnahmt werden. Mit dieser beruhigenden Nachricht rückte eine andere Frage ins Zentrum: Welche Masse hatte der Begleiter? Diese Frage mußten sie unbedingt beantworten, denn davon hing es im wesentlichen ab, ob sie ihren Fund überhaupt Planet nennen durften. Die groben Berechnungen, die sie bisher gemacht hatten, gaben ihnen bloß einen Hinweis auf die *minimal* mögliche Masse. Viel wichtiger war aber die Frage: Wie schwer konnte der Begleiter *maximal* sein?

Die Definition eines Planeten, wie sie die meisten Astronomen kannten, war in diesem Fall so klar wie nutzlos: Ein Planet ist, was wie ein Planet entsteht, nämlich in der Staubscheibe eines Sterns durch fortgesetzte Zusammenballung von Staub und Eis zu immer größeren Körpern. Bei Gasplaneten zieht ein so gebildeter Kern große Mengen Gas auf sich.

Ein Planet wurde also über seine Entstehung definiert, darüber wußten Mayor und Queloz im Fall des Begleiters von 51 Pegasi überhaupt nichts. Sie hatten den Planeten ja nicht direkt gesehen, und aus den periodischen Geschwindigkeitsänderungen des Sterns ließ sich beim besten Willen nicht auf die Herkunft seines Begleiters schließen.

Sie waren nicht die ersten Astronomen mit diesem Problem. Alle ihre gescheiterten Vorgänger hatten vor der gleichen Frage gestanden. Von den wenigen Angaben, die sie von ihren Objekten kannten, schien sich die Masse am besten für eine Definition zu eignen. Das Material, das in der Staubscheibe bei der Bildung eines Planeten zur Verfügung steht, ist beschränkt, deshalb muß es eine obere Grenze für seine Masse geben. Es gab Theorien, die davon ausgingen, daß ein entstehender Planet auf seinem Weg um den Stern eine Schneise in die Staubscheibe schlägt und von da an kein neues Material mehr aufnehmen kann. Für diesen Fall kamen die Forscher auf das wenig originelle Resultat, daß die obere Grenze für die Masse eines Planeten etwa bei der Masse Jupiters liegt, der – welch ein Zufall – der größte Planet war, den man kannte. Wer immer behauptete, einen Planeten entdeckt zu haben, tat deshalb gut daran, dafür zu sorgen, daß sein Fund nicht viel schwerer war als einige Jupiter.

Was «einige Jupiter» genau hieß, wurde allerdings recht unterschiedlich ausgelegt. Der Astronom Donald McCarthy von der Universität von Arizona und seine Mitarbeiter gaben 1984 die Entdeckung eines fünfzig Jupiter schweren Objekts beim Stern Van Biesbroeck 8 (VB 8) bekannt. In der Pressemitteilung dazu stand: «Astronomen entdecken ersten Planeten außerhalb des Sonnensystems.» In der Zeitschrift *Physics Today* konnte man hingegen lesen: «VB 8B. Der erste Braune Zwerg außerhalb des Sonnensystems.» Die *New York Times* machte die Konfusion perfekt: «Ob Planet oder Stern, alle stimmen darin überein, daß es ein Brauner Zwerg ist», schrieb ein Journalist dort.

Die ganze Aufregung aber war letztlich vergebens. Was immer es war, was McCarthy gefunden hatte, zwei Jahre später suchten andere Forscher vergeblich danach. Der Begleiter war verschwunden, und auch McCarthy konnte ihn nicht wieder sichten. Vermutlich stand ein Instrumentenfehler am Anfang der Geschichte.

Die Masse des Planeten um 51 Pegasi zu bestimmen wäre eigentlich ein Kinderspiel gewesen. Aus der Differenz zwischen der schnellsten und der langsamsten gemessenen Geschwindigkeit des Sterns, seiner Masse und der Umlaufzeit des Begleiters läßt sie sich auf einem Einkaufszettel ausrechnen. Die mathematische Gleichung, die Johannes Kepler bereits Anfang des 17. Jahrhunderts dafür formuliert hat, ist nur wenig komplizierter als eine Bruchrechnung. Doch eine Größe der Gleichung fehlte Mayor und Queloz. Sie hatten zwar gemessen, daß der Planet alle 4,2 Tage um den Stern kreist, und kannten die Masse von 51 Pegasi, doch wie stark sich seine Geschwindigkeit änderte, wußten sie nicht.

Im ersten Moment erscheint das sonderbar: Die beiden Astronomen hatten doch nächtelang die Geschwindigkeit von 51 Pegasi bestimmt. Warum fehlte ihnen diese Angabe jetzt plötzlich?

Ein Spektrograph kann nie die ganze Geschwindigkeit einer Lichtquelle bestimmen. Die Verschiebung der Absorptionslinien im Spektrum verrät nur jenen Anteil davon, der genau auf den Spektrographen zu- oder von ihm wegweist, die Radialgeschwindigkeit eben. Ein und dieselbe Radialgeschwindigkeit kann aber von ganz verschiedenen Planetenmassen verursacht werden, abhängig davon, aus welchem Winkel man auf das Ensemble aus Planet und Stern schaut. Wenn der Beobachter zufälligerweise fast senkrecht auf die Ebene blickt, in welcher der Planet um 51 Pegasi kreist, ist dessen Radialgeschwindigkeit nur ein kleiner Teil der ganzen Geschwindigkeit. In diesem Fall wäre ein sehr schwerer Körper nötig, um den Stern mit den gemessenen Geschwindigkeiten auf der Sichtlinie des Beobachters zu bewegen. Wer die Bahnebene *genau* senkrecht vor sich hat, wird überhaupt keine Radialgeschwindigkeit des Sterns messen können, ganz egal, wie schwer dessen Begleiter ist. Der schwere Trabant wird seinen Stern zwar mit großen Geschwindigkeiten seitwärts verschieben, doch keinen Millimeter auf den Beobachter zu oder von ihm weg. Deshalb bleibt diese Bewegung dem Spektrographen verborgen.

Wenn man hingegen aus einem flachen Winkel auf die Bahnebene mit Stern und Planet blickt, kann ein relativ kleiner Körper für die Ge-

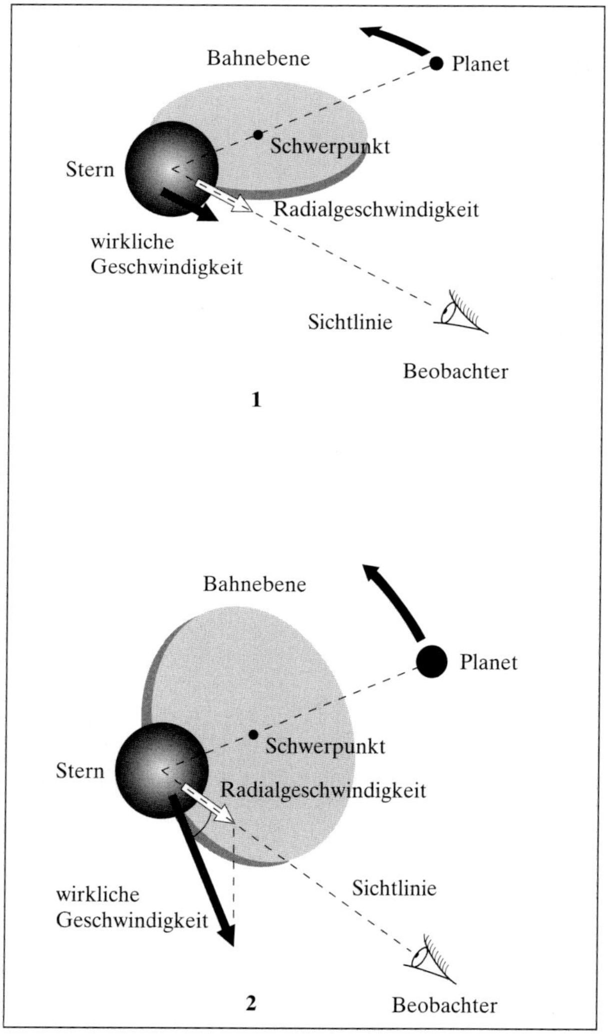

Neigung der Bahnebene: Für eine bestimmte maximale Radialgeschwindigkeit eines Sterns kommen verschiedene Planeten als Verursacher in Frage. Ein relativ kleiner, wenn man die Bahnebene des Planeten genau seitlich vor sich hat (1). Oder ein sehr massiver bei einem großen Winkel zwischen Sichtlinie und Bahnebene (2).

schwindigkeitsänderungen verantwortlich sein. Nur in diesem Fall läßt sich die Masse ausrechnen. Das ist der große Nachteil der Planetensuche mittels Radialgeschwindigkeiten: Sie ermittelt immer nur eine untere Grenze für die Masse eines Begleiters. Beim Planeten um 51 Pegasi lag sie bei einem halben Jupiter – wenn man aus kleinem Winkel auf die Bahnebene des Planeten blickte. Je stärker die Bahnebene geneigt war, desto mehr überstieg die wahre Masse diesen Minimalwert.

Die Radialgeschwindigkeit gibt keinen Hinweis darauf, wie Planet und Stern angeordnet sind. Mayor und Queloz berechneten deshalb als erstes die geometrische Wahrscheinlichkeit, daß sie zufällig aus einem sehr steilen Winkel auf Stern und Begleiter blickten. Nur wenn dieser Winkel zwischen Bahnebene und Sichtlinie im engen Bereich von 83 bis 97 Grad liegt, ist die Masse des Begleiters größer als vier Jupiter. Wenn die Neigung der Bahnebene einen zufälligen Wert zwischen 0 und 180 Grad hat, tritt dieser Fall mit der geringen Wahrscheinlichkeit von eins zu hundert auf.

Doch allein auf die Statistik wollten sich Mayor und Queloz nicht verlassen. Auch wenn es höchst unwahrscheinlich war, daß ihr Planet mehr als vier Jupiter wog: Der Schwarze Peter war im Spiel, und es war möglich, daß sie ihn gezogen hatten. Also suchten sie nach einer Möglichkeit auszuschließen, daß der Neigungswinkel der Bahnebene sehr steil war.

Da sie den Planeten nicht sehen konnten, mußte ihnen eine Eigenschaft des Sterns offenbaren, wie der Planet im Raum ausgerichtet war. Wie könnte ein außerirdischer Forscher feststellen, in welchem Winkel die Ebene unserer Planeten steht, wenn er nur die Sonne sähe?

Die Sonne dreht sich etwa alle 28 Tage um die eigene Achse. Als Folge der gemeinsamen Entstehung von Sonne und Planeten aus einer sich drehenden Gaswolke kreisen fast alle Planeten in der gleichen Ebene um unser Zentralgestirn; diese Ebene ist gleichzeitig die Äquatorebene der Sonne. Aus einer Reihe von Untersuchungen weiß man, daß auch bei engen Doppelsternsystemen Äquatorebene und Bahnebene miteinander übereinstimmen. Es gab keinen Grund anzunehmen, warum dies für einen Stern, der von einem Braunen Zwerg umkreist wird, nicht zutreffen sollte. Ganz egal also, ob der Begleiter von 51 Pegasi ein Planet oder ein Brauner Zwerg war, sollte seine Bahnebene ungefähr mit der Äquatorebene des Sterns übereinstimmen. Wer wußte, wie die Drehachse des Sterns im Raum stand, kannte deshalb die ungefähre Geometrie der Umlaufbahn seines Begleiters.

Mayor kannte tatsächlich eine, wenn auch etwas umständliche Möglichkeit, die Richtung der Rotationsachse von 51 Pegasi zu schätzen. Aus der Breite der Spektrallinien des Sterns ließ sich die Drehgeschwindigkeit an seinem Äquator bestimmen. Wenn sich ein Stern um die eigene Achse dreht, nähert sich die eine Hälfte ständig dem Beobachter, während sich die andere von ihm entfernt. Im Licht des sich nähernden Teils verschieben sich die Absorptionslinien gegen das blaue Ende des Spektrums, im Licht des fliehenden Teils gegen das rote Ende, was sie symmetrisch verbreitert.

Aus der Dicke der Absorptionslinien im Spektrum von 51 Pegasi konnten Mayor und Queloz lesen, daß sich ihr Stern am Äquator mit etwa zwei Kilometern pro Sekunde bewegt. Doch auch diese Radialgeschwindigkeit war nur jener Teil der Geschwindigkeit, der genau in ihre Richtung wies. Was sie jetzt noch brauchten, war die ganze Geschwindigkeit des Sterns am Äquator. Daraus und aus der Radialgeschwindigkeit ließ sich der Winkel der Drehachse des Sterns problemlos berechnen.

Im Spektrum von 51 Pegasi gab es tatsächlich einen Hinweis auf die ganze Drehgeschwindigkeit des Sterns. Je schneller ein Stern rotiert, desto größer sein Magnetfeld, das seine Oberfläche erhitzt und das Kalzium dort anregt, Licht mit ganz bestimmten Wellenlängen abzugeben. Aus der Stärke der Kalziumlinien kann so direkt auf die Stärke der Rotation geschlossen werden. Bereits im Januar hatte Queloz aufgrund der schwachen Kalziumlinien im Spektrum festgestellt, daß 51 Pegasi nicht sehr stark rotierte. Die Geschwindigkeit an seinem Äquator betrug etwa zwei Kilometer pro Sekunde.

Die ganze Geschwindigkeit am Äquator stimmte also etwa überein mit der aus der Breite der Spektrallinien gewonnenen Radialgeschwindigkeit. Das konnte nichts anderes bedeuten, als daß die Bahnebene sehr flach zu sehen war. Große Fehlermargen eingerechnet, konnte die Bahnebene nicht mehr als 33 Grad gegenüber der Sichtlinie geneigt sein. Daraus ließ sich ausrechnen, daß die Masse des Begleiters kleiner als zwei Jupiter sein mußte. Was Mayor und Queloz bei 51 Pegasi gefunden hatten, konnten sie mit Fug und Recht als Planet bezeichnen.

Die beiden Astronomen waren bei diesen Berechnungen äußerst vorsichtig. Das Resultat mochte solide sein, doch es war auf ziemlich vielen Umwegen entstanden. Mayor und Queloz stützten sich auf mit Fehlern behaftete Messungen, die von anderen Personen gemacht worden waren, und mußten Annahmen treffen, die zwar plausibel waren, aber sich letztlich nicht beweisen ließen. Mayor und Queloz träumten von einem Ereignis, das alle Zweifel sofort in Luft auflösen würde: einer Eklipse.

Eine Eklipse bedeutet, daß der Planet sich auf seiner Umlaufbahn vor den Stern schiebt und das Sternenlicht dabei leicht abdunkelt. Trat eine solche extrasolare Sternenfinsternis wiederholt ein, dann war auch der letzte Kritiker mundtot zu machen. Doch konnte dies natürlich nur geschehen, wenn die Bahnebene von 51 Pegasi zufälligerweise exakt auf der Sichtlinie der Erde lag.

Die Europäische Südsternwarte La Silla in den chilenischen Anden (Quelle: ESO).

Mayor und Queloz beschlossen, ihren ebenfalls an der Sternwarte von Genf tätigen Kollegen Gilbert Burki ins Vertrauen zu ziehen. Burki ist ein Spezialist, was die genaue Helligkeitsmessung von Sternen angeht, und war sofort bereit, den beiden Planetenentdeckern zu helfen. Ohne einen Grund zu nennen, beauftragte er einen Mitarbeiter an der Europäischen Südsternwarte in Chile, 51 Pegasi in bestimmten Nächten jeweils über fünf Stunden intensiv zu beobachten. «Wir mußten vorsichtig sein, denn die Europäische Südsternwarte in Chile war nun wirklich die Schlangengrube für uns», sagt Queloz.

Man suche nach Variationen in der Helligkeit von 51 Pegasi zwischen null und neun Prozent – das war alles, was der Kollege in Chile erfuhr. Mayor und Queloz konnten ausrechnen, daß der Durchgang des Planeten vor dem Stern alle vier Tage etwa drei Stunden dauern würde. Um die geringe Helligkeitsveränderung überhaupt messen zu können, hatte Burki einen Meßzyklus zusammengestellt, so kompliziert wie ein Soufflérezept. Neben 51 Pegasi mußten abwechselnd zwei Vergleichssterne in dessen Nachbarschaft gemessen werden, damit Effekte der Luftunruhe ausgeschlossen werden konnten. Jede halbe Stunde war zudem ein weiterer Referenzstern an der Reihe.

Doch die extrasolare Sternenfinsternis blieb aus. Das «Biest», wie die Astronomen 51 Pegasi in ihren Nachrichten mittlerweile nannten, blieb immer gleich hell. Natürlich waren Mayor und Queloz ein bißchen enttäuscht, daß sie den Planeten nicht auf frischer Tat ertappt hatten. Andererseits waren sie froh, daß der Stern keine Helligkeitsveränderungen zeigte, denn diese Tatsache sollte ihnen noch als Verteidigung gegen den schwersten Angriff dienen, den sie aus der Fachwelt zu erwarten hatten: die Behauptung, daß 51 Pegasi pulsiere.

Vom rhythmischen Aufplustern und Zusammenziehen eines Sterns würde der Spektrograph die wechselnde Geschwindigkeit von dessen Oberfläche sehen. Sie ließ sich durch nichts von einer durch einen Planeten verursachten Bewegung unterscheiden. Mayor und Queloz mußten also zeigen, daß 51 Pegasi nicht der Typ Stern war, der in diesem Rhythmus pulsiert.

Queloz hatte die Pulsation im Januar ausgeschlossen, weil die gemessenen Geschwindigkeitsunterschiede mehrere Größenordnungen über jenen der Sonne lagen. Die Sonne pulsiert mit einer Periode von fünf Minuten, während sich die Geschwindigkeitsänderung von 51 Pegasi nur alle vier Tage wiederholte. Und 51 Pegasi war der Sonne sehr ähnlich. «Mit einer Schaukel, auf der Sie einmal pro Sekunde hin- und herpendeln, können Sie nicht plötzlich alle drei Tage einmal schaukeln», sagt Mayor. Doch er wußte, daß dies der schwächste Teil der Planeteninterpretation war. Schließlich hatten sie einen unmöglichen Planeten gefunden, warum konnte es also keine unmöglichen Pulsationen geben? Zumal Berechnungen zeigten, daß die Sonne theoretisch alle vier Tage pulsieren könnte, auch wenn das noch nie beobachtet worden war.

Mayor suchte alles zusammen, was er über Pulsation finden konnte. Die stabile Helligkeit des Sterns, die von Chile aus gemessen worden war, schloß jetzt wenigstens mit Sicherheit eine einfache Pulsation aus. Wenn sich der Stern während vier Tagen wie ein Ballon aufblähte und danach wieder vier Tage lang zusammenzöge, hätte das seine Helligkeit meßbar verändert.

Doch die einfache Pulsation war nicht die einzige Kategorie dieses Effekts, die für 51 Pegasi in Frage kam. Es existieren Pulsationen, bei denen sich nicht der ganze Stern im Gleichtakt vergrößert und verkleinert. Die Oberfläche kann sich vielmehr wie ein Wellblech verformen. Dabei werden große Geschwindigkeitsänderungen gemessen, ohne daß sich die Helligkeit des Sterns stark verändert. Da sich nicht die ganze Oberfläche gleichmäßig bewegt, hätte eine solche Pulsation in der Symmetrie der Spektrallinien ihre Spuren hinterlassen müssen. Zwar wies dort nichts auf eine Pulsation hin, trotzdem beunruhigte Mayor dieser Punkt bis zur Bekanntgabe seiner Entdeckung. «Für mich war es das größte Problem vor der Publikation. Stimmt es wirklich, daß es kein physikalisches Phänomen gibt, das den Stern mit einer anderen Periode pulsieren läßt als den bekannten?» Später würde tatsächlich eine Arbeit auftauchen, die eine Pulsation für Mayors Meßresultat verantwortlich machen wollte.

Normalerweise veröffentlichte Mayor seine Forschungsergebnisse in Fachzeitschriften, die ausschließlich über Astronomie berichten. Doch wegen des spektakulären Resultats wich er von dieser Gewohnheit ab und entschied sich, seine Arbeit an das Wissenschaftsmagazin *Nature* zu schicken. Die britische Zeitschrift *Nature* und ihre amerikanische Gegenspielerin *Science* sind die renommiertesten Wissenschaftszeitschriften überhaupt. Nur bedeutende Forschungsergebnisse haben eine Chance, darin veröffentlicht zu werden.

Als die Arbeit der Schweizer am 29. August 1995 in der Redaktion von *Nature* eintraf, wurde sie in Kopien an drei Spezialisten weitergegeben. Aufgrund von deren Urteil wollte die Redaktion von *Nature* entscheiden, ob sie den Artikel abdrucken würde. Dieses sogenannte Peer Review System hat sich in der Wissenschaft eingebürgert. Da die Forschung in vielen Gebieten so spezialisiert ist, daß nur Wissenschaftler, die in einem ähnlichen Bereich tätig sind, die Qualität einer Arbeit beurteilen können, schicken die Fachzeitschriften die eingehenden Beiträge an die jeweiligen Spezialisten. Deren Beurteilung erfolgt normalerweise anonym und wird den Verfassern der Arbeit zugestellt. Die Referees können eine Arbeit ablehnen, zur Publikation empfehlen oder eine Überarbeitung verlangen. Mayor mußte lange auf eine Antwort warten.

11. Der Sklave der Himmelsmechanik

Anfang September 1995 – Mayors und Queloz' Arbeit war eben in der Redaktion von *Nature* eingetroffen – nahm sich George Gatewood den Stern Lalande 21185 vor. Der Direktor der Allegheny-Sternwarte in Pittsburgh setzte sich an seinen Computer und bearbeitete die über Jahre gesammelten Positionsdaten dieses Sterns mit einer üblen Mischung aus Trigonometrie und Statistik. Gatewood konnte nicht ahnen, daß er sich damit in das Rennen um den Titel «Entdecker des ersten extrasolaren Planeten» eingeschaltet hatte.

Eigentlich wollte er Lalande 21185 nicht zu einer neuen Karriere verhelfen. Die Wissenschaft hatte sich von diesem Stern schon einmal narren lassen. Vor 35 Jahren wollte die Astronomin Sarah Lippincott von der Sproul-Sternwarte in Philadelphia auf verschiedenen Himmelsfotografien bei ihm verdächtige Stellungsänderungen ausgemacht haben. Kleinste Bewegungen, wie sie ein zweiter Stern hätte verursachen können, der Lalande 21185 umkreist. Acht Jahre benötige dieser auf den Bildern unsichtbare Brocken für einen Umlauf. Das jedenfalls hatte die Astronomin 1960 im *Astronomical Journal* verkündet, nachdem sie aus dem Meer der Trigonometrie wieder aufgetaucht war.

Es war niemand anderer als Gatewood, der bei einer Überprüfung der Daten in den siebziger Jahren die Entdeckung in die ewigen Jagdgründe der Fehldetektionen befördert hatte. Was Gatewood berechnet, hat normalerweise Hand und Fuß. Er ist so etwas wie der Großinquisitor der Astrometrie. Die Astrometrie ist jenes Teilgebiet der Astronomie, das sich mit den Positionen von Objekten am Himmel beschäftigt. Wenn da jemand behauptet, er habe auf einer Serie von Fotoplatten die große Entdeckung gemacht, nimmt Gatewood seine Himmelsfotografien zur Hand und schlägt dem unglücklichen Forscher Sinus und Kosinus um die Ohren, bis dieser begreift, daß sein großer Fund ein Rohrkrepierer ist. Als Gatewood 1974 die Arbeit über Lalande 21185 veröffentlichte, war es nicht anders. Auf seinen Fotografien konnte er nichts finden, was auf den Begleiter hinwies, den Lippincott gefunden haben wollte. Vielleicht stimmte etwas nicht mit dem Teleskop der vermeintlichen Entdeckerin, oder ihre Fotoplatten waren von schlechter Qualität.

Daß Gatewood sich jetzt erneut mit Lalande 21185 beschäftigte, lag am Fortschritt der Technik. Vor fünf Jahren hatte er eine neue Meßmaschine gekauft, mit der sich die Positionen der Sterne auf seinen alten Himmelsfotografien viel präziser vermessen ließen als zuvor. Computergesteuert konnte das 350 000 Dollar teure Gerät die Stellung der Sterne auf den Fotoplatten auf ein Fünfhundertstel einer Haaresbreite genau bestimmen. Damit wollte Gatewood die unentdeckten Schätze in seinem Keller heben.

Im Untergeschoß der Allegheny-Sternwarte in Pittsburgh wird der Himmel archiviert. Auf 110 000 größtenteils mehrfach belichteten Glasplatten liegt hier in Kästen verstaut, was sich seit 1914 am Firmament abgespielt hat. Laien würden die etwa DIN A4 großen Glasscheiben kaum als Sternfotografien erkennen. Es sind durchsichtige Gläser, auf denen man bei genauem Hinschauen einige kleine schwarze Punkte erkennt: die Sterne eines bestimmten Himmelsausschnitts. Solche Momentaufnahmen, wie sie auch von anderen Sternwarten gemacht wurden, sind die einzigen Zeugen der Himmelsmechanik aus ihrer Zeit. Von 1914 an, als das große Teleskop in Pittsburgh eingeweiht worden war, fotografierten die Astronomen den Himmel. Nacht für Nacht, Monat für

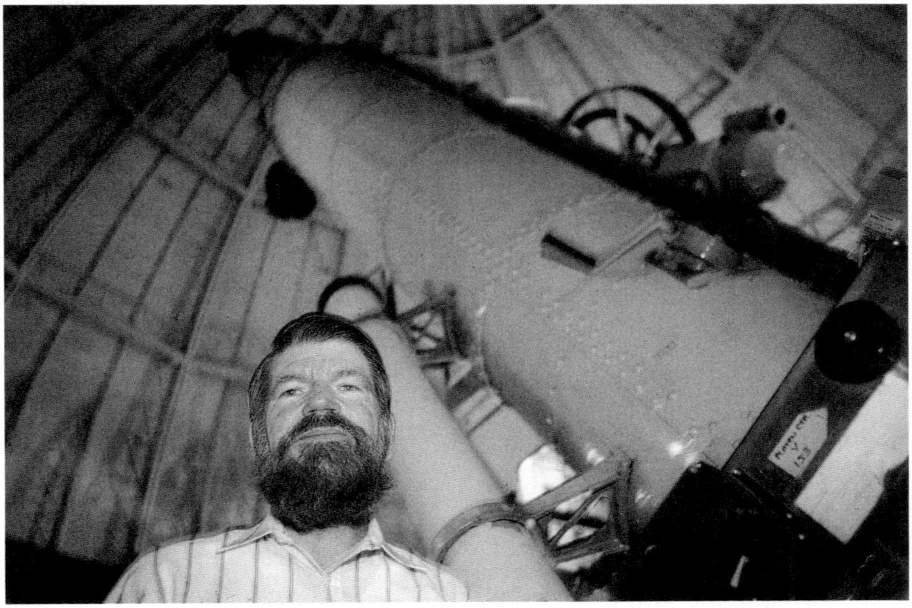

George Gatewood vor dem Thaw-Linsenfernrohr an der Allegheny-Sternwarte in Pittsburgh (Foto: Reto U. Schneider).

Monat, Jahr für Jahr. Manchmal war ihnen nicht einmal klar, warum. Sie wußten nur, daß sich da oben im wahren Sinn des Wortes Einmaliges abspielte. «Das ist kein Physikexperiment, das sich wiederholen läßt», sagt Gatewood.

Seit die neue Maschine im Keller steht, versucht Gatewood, möglichst viele der alten Aufnahmen neu zu vermessen. Eine monumentale Aufgabe: Selbst wenn an der neuen Maschine sieben Tage in der Woche rund um die Uhr gearbeitet würde, wäre die letzte Platte erst in rund dreißig Jahren bearbeitet. Gatewood kann sich für diese Aufgabe lediglich eine Teilzeitkraft leisten. Das Himmelsarchiv gibt seine Geheimnisse nur langsam preis.

Gatewood ist einer der wenigen Astronomen, die ihr Teleskop in fünfzehn Autominuten erreichen können. Als er vor 25 Jahren nach Pittsburgh zog, tat er es vor allem, weil er in der Nähe der besten Linse im Land leben wollte. Und die beste war das 200 Kilogramm schwere Stück Glas am Ende des Thaw-Linsenfernrohrs in Pittsburgh – das wußte er nach einer von ihm verfaßten Studie über die Präzision verschiedener amerikanischer Teleskope.

Die Allegheny-Sternwarte war 1906 auf einem Hügel außerhalb von Pittsburgh erbaut und einige Zeit später von der wachsenden Stahlmetropole eingekreist worden. So erging es vielen Observatorien, die früher am Stadtrand lagen. Industriesmog, elektrisches Licht, vor allem die Straßenbeleuchtung, erschwerten die Sternbeobachtung zunehmend. Die Astronomen zogen aus. Auf erloschene Vulkane auf Hawaii oder in gebirgige Wüsten in Chile. Möglichst hoch, um den störenden Wirkungen der Erdatmosphäre zu entgehen. Viele der alten Teleskope in den Städten verwaisten. Sie werden heute von Amateurastronomen betrieben oder stehen in Museen. Gatewoods vierzehn Meter langes genietetes Stahlrohr aus dem Jahr 1914 mit der 76 Zentimeter großen Linse an der Spitze ist eines der wenigen Linsenfernrohre, mit denen heute noch geforscht wird.

Bei einem Linsenfernrohr oder «Refraktor», wie die Astronomen es auch nennen, wird das Sternenlicht durch eine oder mehrere Linsen geführt, wie beim Objektiv einer Fotokamera. Heute werden solche Fernrohre für die Astronomie kaum mehr konstruiert. Viel lieber verwenden die Forscher Spiegelteleskope, die sich viel größer bauen lassen. Weil die Herstellung großer Spiegel jedoch lange Zeit nicht beherrscht wurde, benutzten die Astronomen 300 Jahre lang fast ausschließlich Linsenfernrohre. Und damit betrieben sie vor allem Astrometrie. Was hätten sie auch anderes tun können? Bevor die Spektroskopie die Analyse des Lichts zuließ, war die Position der Sterne am Firmament das einzig Meßbare, was der Nachthimmel der Wissenschaft zu bieten hatte. Viele wichtige Erkenntnisse in der Astronomie wurden allein aus den über Jahrzehnte, manchmal Jahrhunderte hinweg gesammelten Positionen der Sterne gewonnen.

Dem festen Glauben, die Stellung der Sterne zueinander sei fix, trat Anfang des 17. Jahrhunderts der englische Astronom Edmond Halley entgegen. Bei seinen Beobachtungen stellte er fest, daß sich die drei Sterne Sirius, Prokyon und Arktur nicht genau an der Position befanden, die er in Aufzeichnungen griechischer Astronomen gefunden hatte. Eine genauere Untersuchung belegte, daß sich die Sterne tatsächlich bewegen. Wegen ihrer großen Entfernung wird diese «Eigenbewegung» genannte Verschiebung von der Erde aus kaum wahrgenommen. Die Sternbilder ändern ihre Form sehr langsam.

Doch nicht bei jeder Stellungsänderung, die wir von der Erde aus wahrnehmen, bewegen sich die Sterne wirklich. Weil sich die Erde um die Sonne dreht, sehen wir die Sterne im Frühling aus einem anderen Winkel als im Sommer und im Sommer aus einem anderen Winkel als im Herbst. Durch diesen ständigen Wechsel des Sichtwinkels kann sich für uns die Stellung der Sterne gegeneinander verschieben, ohne daß sie sich in Wirklichkeit ändert. Wer, während er in einen Wald blickt, einen Schritt zur Seite macht, wird sehen, daß in seinem Blickfeld die vorderen Bäume gegenüber den hinteren verrükken. Genauso findet man sonnennahe Sterne im Sommer an einer etwas anderen Position als im Winter. Mit diesem «Parallaxe» genannten Effekt lassen sich auch die Distanzen zu den Sternen in unserer direkten Nachbarschaft bestimmen.

Wie alle Astrometristen ist auch Gatewood ein Sklave der Himmelsmechanik. Die Daten, die er braucht, gibt ihm der Himmel unendlich langsam. Oft muß er die Position eines Sterns über Jahrzehnte regelmäßig bestimmen, bevor er daraus einen Schluß ziehen kann. Doch Gatewood hat keine Mühe damit, daß seine Arbeit nicht die der schnellen Resultate ist. Im Gegenteil, als er sich die Daten von Lalande 21185 vornahm, wußte er, daß im wahren Sinn des Worts nicht so schnell einer das gleiche machen konnte wie er. Und das gefiel ihm.

229 Aufnahmen von Lalande 21185 und seiner Umgebung lagerten im Keller der Sternwarte. Die erste aus dem Jahr 1930, die letzte von 1984, alle mit dem alten Thaw-Refraktor zwei Etagen höher in einer der 120 wolkenlosen Nächte Pittsburghs pro Jahr gemacht. Aneinandergereiht zeigen die Aufnahmen, wie sich die Sterne bewegen. «Es ist wie ein Film», sagt Gatewood.

Wie Mayor, Marcy oder Noyes suchte auch Gatewood nach den kleinen Störungen, die ein Planet der Bahn seines Sterns zufügt. Allerdings konnte er auf seinen Fotoplatten natürlich nicht sehen, wie schnell sich ein Stern auf ihn zu- oder von ihm wegbewegt, vielmehr interessierte ihn die seitliche Verschiebung der Sternposition.

Auf diese Weise wurden schon im letzten Jahrhundert Sternbegleiter gefunden, allerdings viel schwerere Objekte als Planeten. 1844 bemerkte der deutsche Astronom und Mathematiker Friedrich Wilhelm Bessel, daß der Stern Sirius nicht auf einer geraden Linie mit gleichbleibender Geschwindigkeit übers Firmament zog. Statt dessen folgte die Bahn des Sterns einer Wellenlinie. Bessel hatte zwar die Fotografie noch nicht zur Verfügung, konnte aber mit einem Teleskop den Abstand von Sirius zu anderen Sternen messen. Newton hatte das Gesetz aufgestellt, daß ein Körper mit gleichbleibender Geschwindigkeit einer Geraden folgen muß, solange keine Kraft auf ihn einwirkt. Bei Sirius mußte es also eine Kraft geben, die den Stern veranlaßte, Kapriolen zu machen. Und als Quelle dieser Kraft kam nur ein zweiter Himmelskörper in Frage, der um Sirius kreist und ihn zum Torkeln bringt. Einer allerdings, der auf den Bildern, weil zu dunkel, nicht zu sehen war. Kurze Zeit später wurde der dunkle Begleiter mit einem besseren Teleskop tatsächlich gefunden.

Die Wellenlinie, nach der Gatewood bei Lalande 21185 fahndete, war allerdings weitaus kleiner als die Bewegungen von Sirius. Die Punkte auf den Fotoplatten ändern ihre Stellung über die Jahre bloß um Bruchteile eines Haardurchmessers, wenn ein Planet an ihnen zerrt. Für die Planetensuche eignet sich die Astrometrie deshalb nur für einige hundert der sonnennächsten Sterne im Umkreis von etwa vierzig Lichtjahren. Ist der Stern weiter weg, wird seine Verschiebung auf der Fotoplatte unmeßbar klein. Lalande 21185 ist der fünftnächste Stern der Sonne und bloß acht Lichtjahre von ihr entfernt. Er ist deshalb ein bevorzugtes Ziel von Gatewood.

Um den alten Fotoplatten die nötige Genauigkeit abzuringen, bestimmte Gatewood neben der Position von Lalande 21185 auch jene von über zwanzig Sternen in seiner Umgebung. Die Veränderung der Distanzen zwischen diesen Referenzsternen und Lalande 21185 sollte Auskunft über dessen Verhalten geben.

Doch die Abweichungen, die Gatewood suchte, lagen unter einer Vielzahl anderer Effekte begraben. Effekte, die den Stern auf den Fotoplatten die Position ändern ließen, ohne daß dies von einem Planeten verursacht worden wäre. Es war ein Tagwerk vor dem Bildschirm, alle störenden Wirkungen, die durch die Erdbewegung, die Eigenbewegung der Sterne und die perspektivische Verzerrung zustande kamen, zum

Verschwinden zu bringen. Kein Wunder, daß die Astrometristen von anderen Astronomen der Alchimie verdächtigt werden. Aus Tausenden von Positionsangaben die Essenz zu extrahieren unterscheidet sich nur wenig von der Aufgabe, aus Blei Gold zu machen.

Für Gatewood war es der schönste Teil seiner Arbeit. Eine Art Meditation in Statistik, «bei der ich eins werde mit der Aufgabe». Was er am Abend auf dem Bildschirm sah, war die Wahrheit über Lalande 21185: Der Stern bewegte sich! Die Punkte in der Grafik auf dem Bildschirm ließen sich mühelos zu einer Kurve verbinden, die zeigte, wie stark der Stern seine Position in den letzten dreißig Jahren verändert hatte. Die Abweichungen lagen weit über der Fehlermarge. Entweder gab es bei Lalande 21185 einen oder mehrere Planeten, oder Gatewoods Resultat war falsch. «Ich war schockiert und beschloß, das Ergebnis nicht zu glauben», erinnert sich Gatewood.

Er hatte guten Grund, einen Fehler zu suchen. Auf dem Weg von der Fotoplatte zum Resultat, das er jetzt vor sich hatte, gab es unzählige falsche Abzweigungen, an deren Ende aus dem Nichts ein Planet entstand. Überdies war er bisher vor allem dafür bekannt gewesen, die Fehler in den Daten fremder Planetenfunde zu entdecken. Besser, er fände die eigenen selbst.

Den bekanntesten Planeten, den er vom Himmel geholt hatte, war der legendäre Fund des Astronomen Peter van de Kamp. Am 18. April 1963 gab van de Kamp auf einem Astronomentreffen in Tucson, Arizona, die Entdeckung eines Planeten bekannt. Um Barnards Pfeilstern kreise ein Begleiter, der eineinhalbmal so schwer sei wie Jupiter, behauptete der exzentrische Astronom, der Stummfilme sammelte, bei deren Vorführungen Klavier spielte und die Resultate seines Taschenrechners in einer Logarithmentafel kontrollierte.

Peter van de Kamp mit dem Linsenfernrohr der Sproul-Sternwarte (Quelle: Swarthmore College).

Der 1903 geborene van de Kamp war Direktor der Sproul-Sternwarte am Swarthmore-College in Philadelphia. Auch er war ein Astrometrist, der aus den Positionsänderungen die Eigenschaften der Sterne bestimmte. Seit er 1937 nach Swarthmore gekommen war, suchte er bei einer Gruppe sonnennaher Sterne nach Begleitern. Jahrelang ließ er immer wieder dieselben Flecken am Himmel fotografieren und besorgte sich weitere Aufnahmen, die vor seiner Zeit gemacht worden waren. Schließlich hatte er auf 2413 Glasplatten 8260 Aufnahmen von Barnards Pfeilstern zusammen.

Bei ihrer Analyse war er auf eine ähnliche Störung der Bewegung des Sterns gestoßen, wie sie jetzt Gatewood bei Lalande 21185 vor sich hatte. Eine Interpretation war schnell zur Hand: Ein Planet zerrt an Barnards Pfeilstern! Zwar gab es durchaus Zweifel an dieser Deutung, doch es war schwierig, van de Kamps Resultat zu überprüfen: Keine andere Sternwarte hatte auch nur annähernd so viele Fotoplatten von Barnards Pfeilstern im Archiv.

1968 korrigierte van de Kamp seine fünf Jahre alten Resultate leicht, um dann 1969, nach dem Studium von über 3000 Fotoplatten, eine neue Interpretation zu liefern: Nicht ein Planet umkreise Barnards Pfeilstern, sondern deren zwei.

Kurze Zeit später nahm sich George Gatewood Barnards Pfeilstern an. Gatewood war 1970 auf seiner Reise von Teleskop zu Teleskop in Pittsburgh angekommen. Er wollte seine Doktorarbeit über die Präzision aller Teleskope im Land schreiben, mit denen Astrometrie betrieben wurde. Sein Mentor in Pittsburgh, Joost Kiewiet DeJonge, hatte jedoch andere Pläne mit ihm. Er mißtraute van de Kamps Resultaten und setzte Gatewood auf Barnards Pfeilstern an. Drei Jahre später publizierte Gatewood im *Astronomical Journal* seine Arbeit unter dem Titel «Eine vergebliche Suche nach dem Planeten von Barnards Pfeilstern».

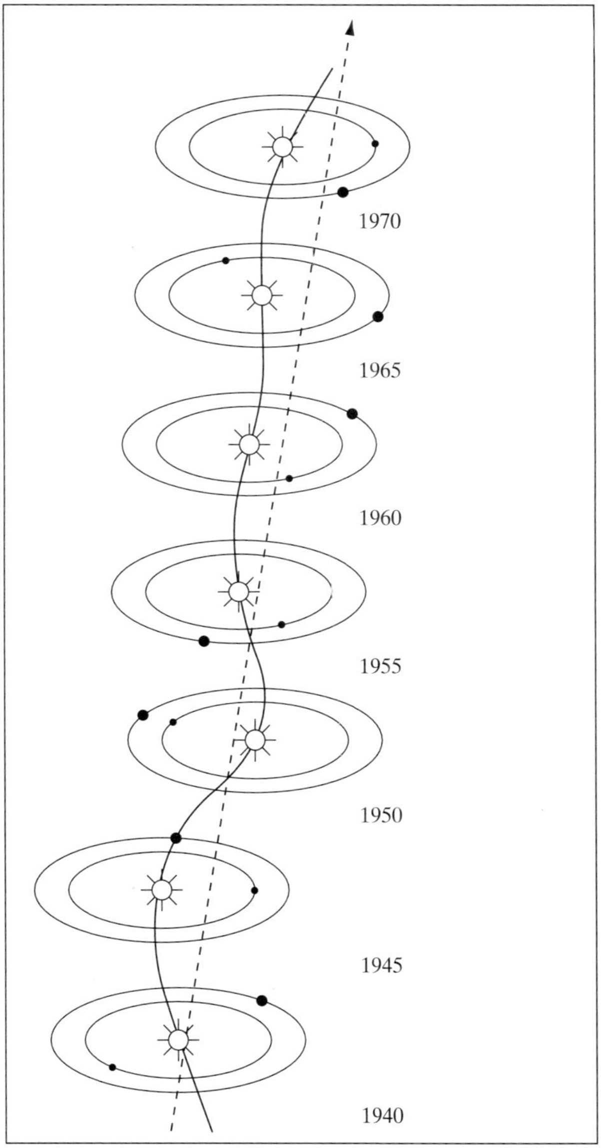

Die Bahn von Barnards Pfeilstern, gestört von zwei Planeten, die Peter van de Kamp dort vermutete.

Gatewood konnte die Planeten in seinen Daten nicht ausmachen. Er hatte zwar nur 241 Fotoplatten von zwei anderen Sternwarten zur Verfügung, doch bestimmte er die Position von Barnards Pfeilstern auf jeder von ihnen gegenüber neunzehn Referenzsternen. Das erhöhte die Genauigkeit der Berechnungen gegenüber van de Kamp, der nur mit drei Referenzsternen arbeitete. Überdies benutzte Gatewood eine präzisere Meßmaschine als van de Kamp.

John Hershey, ein Student van de Kamps, machte einen möglichen Grund für die Unvereinbarkeit der Ergebnisse aus: Am Sechzig-Zentimeter-Refraktorteleskop der Sproul-Sternwarte waren 1949 und 1957 Veränderungen vorgenommen worden, die sich auf die Qualität der Daten auswirkten. Es war nicht der Stern, der torkelte, sondern das Teleskop, das wackelte.

Doch van de Kamp ließ sich von diesen Arbeiten nicht beeindrukken. Es mochte ja sein, daß es da ein Problem gab mit seinem Teleskop, aber die Planeten waren da, daran gab es für ihn keinen Zweifel. Er veröffentlichte noch mehrere Studien, um zu beweisen, was er sich in den Kopf gesetzt hatte. Heute besteht jedoch weitgehend Einigkeit darüber, daß der Planet um Barnards Pfeilstern eine der ersten Fehldetektionen in einer langen Reihe war, die darauf folgen sollte.

Als van de Kamp 1995 im Alter von 93 Jahren starb, bekam Gatewood einen Anruf aus den Niederlanden, wo sich der Astronom zur Ruhe gesetzt hatte. Gatewood wurde gebeten, einen Nachruf auf den berühmten Mann zu verfassen. «Es kam mir etwas sonderbar vor, daß ausgerechnet ich über ihn schreiben sollte, aber ich entschloß mich, es zu tun.» Gatewood hielt van de Kamp für einen brillanten Astronomen. Viele Studenten lernen die Kunst der Astrometrie immer noch aus seinen alten Lehrbüchern. Doch als Gatewood über van de Kamps Leben nachdachte, nahm er sich vor, nie den gleichen Weg einzuschlagen wie der alte Meister der Astrometrie. «Van de Kamps Fehler war, daß er sich sosehr auf diesen einen Stern fixiert hatte. Diesen Fehler werde ich nicht begehen.»

Als Gatewood die Kurve von Lalande 21185 vor sich hatte, wußte er, womit er die nächsten Monate verbringen würde: mit dem Versuch zu beweisen, daß er irgendwo zwischen Sinus Alpha und der Standardabweichung in die Falle gegangen war. Er würde beweisen, daß es um Lalande 21185 keinen Planeten gibt.

Exkurs: Nachweismethoden für Planeten im Überblick

Messung der Radialgeschwindigkeit

Die bisher erfolgreichste Methode bei der Planetensuche macht sich zunutze, daß die Bewegungen eines Sterns seinen Planeten verraten, weil Planet und Stern um ihren gemeinsamen Schwerpunkt kreisen. Mittels Spektroskopie wird regelmäßig gemessen, wie schnell sich der Stern auf uns zu- oder von uns wegbewegt (Radialgeschwindigkeit). Verändert sich diese Geschwindigkeit periodisch, kann ein Planet dafür verantwortlich sein.

Erfolg: groß, bisher etwa sechs Planeten und etwa zwölf Braune Zwerge entdeckt.

Eignung: Je kürzer die Distanz Planet–Stern, desto besser, weil ein naher Planet schneller um den Stern kreist und damit größere Geschwindigkeitsänderungen bei diesem verursacht.

Aktuelle Meßgrenze: drei Meter pro Sekunde (Marcy und Butler, siehe 7. Kapitel). Die Sonne wird von Jupiter dreizehn Meter, von der Erde neun Zentimeter pro Sekunde bewegt.

Vorteile: unempfindlich gegenüber atmosphärischen Störungen. Solange ein Stern hell genug ist, gibt es keine Distanzbeschränkung.

Nachteile: Die Geschwindigkeitsmessungen allein liefern nur einen Wert für die minimale Masse des Begleiters, die obere Grenze muß aus anderen Beobachtungen abgeleitet werden. Flecken auf dem Stern oder pulsierende Sterne können die Messung stören.

Astrometrie

Benutzt ebenfalls die Bewegungen, die ein Planet bei seinem Mutterstern verursacht, als Nachweis. Sucht nach regelmäßigen Abweichungen in der Position eines Sterns.

Erfolg: mäßig. Bisher eine noch unbestätigte und viele falsche Detektionen (siehe 11. und 14. Kapitel).

Eignung: Je größer die Distanz Planet–Stern, desto besser, weil ein weiter entfernter Planet zu einer größeren seitlichen Verschiebung des Sterns führt.

Meßgrenze: im Moment etwa eine Millibogensekunde (der viermillionste Teil eines Grads). Neue Geräte sollen in Zukunft am Boden fünfzigmal (zwanzig Mikrobogensekunden), im Weltraum tausendmal (eine Mikrobogensekunde) genauer messen (eine Millibogensekunde = tausend Mikrobogensekunden). Aus fünfzehn Lichtjahren Entfernung – in diesem Umkreis finden sich etwa fünfzig Sterne – verschiebt Jupiter die Sonne in sechs Jahren um etwa zwei Tausendstel Bogensekunden. Der Einfluß der Erde ist etwa eine Mikrobogensekunde.

Vorteile: verhältnismäßig unempfindlich gegenüber vom Stern verursachten Effekten (Flecken, Pulsation). Es existiert eine große Anzahl alter Fotoplatten, die heute ausgewertet werden können.

Nachteile: nur für nahe Sterne geeignet (maximal vierzig Lichtjahre). Empfindlich gegenüber atmosphärischen Störungen und kleinsten Veränderungen am Teleskop.

Helligkeitsänderung durch Planetendurchgang

Regelmäßige Messung der Helligkeit vieler Sterne, um eine Verfinsterung zu beobachten, die von einem Planeten verursacht wird, der sich vor den Stern schiebt.
Erfolg: einige Kandidaten, aber keine bestätigte Detektion (siehe 6. Kapitel).
Eignung: statistische Aussagen über die Häufigkeit von Planeten in kurzer Distanz zu ihrem Mutterstern.
Meßgrenze: Vom Boden aus kann ein Helligkeitsunterschied von 0,1 Prozent gemessen werden. Projekte im Weltraum sehen eine Steigerung auf 0,01 Prozent vor. Jupiter dunkelt die Sonne etwa um 1 Prozent ab, die Erde um 0,01 Prozent.
Vorteile: kann auch sehr kleine (erdgroße) Planeten nachweisen. Kann bei Planeten mit kurzen Umlaufzeiten, die mit anderen Methoden gefunden worden sind, zusätzliche Informationen liefern.
Nachteile: lange Mindestbeobachtungszeit (drei Umlaufzeiten). Nur in einem von hundert Fällen ist die Bahnebene des Planeten so angeordnet, daß sich der Planet, von uns aus gesehen, vor den Stern schiebt. Deshalb muß eine große Zahl von Sternen beobachtet werden. Die Helligkeitsabnahme dauert unter Umständen nur Stunden, deshalb muß rund um die Uhr beobachtet werden, entweder mit einem weltweiten Netz von Meßstationen oder vom Weltraum aus.

Gravitationslinse

Wenn sich eine große Masse zwischen einen Beobachter und eine weit entfernte Lichtquelle schiebt, wird das Licht durch die Gravitation gebündelt, und die Lichtquelle erscheint während der Zeit des Durchgangs heller. Einen solchen Körper, ob Stern, Planet oder Brauner Zwerg, nennt man Gravitationslinse. Schiebt sich ein Stern ohne Planet vor einen zweiten, weiter entfernten Stern, wird dessen Helligkeit symmetrisch zu- und abnehmen. Wenn jedoch ein Planet um den Stern kreist, wird diese Symmetrie der Helligkeitsveränderung (Dauer: zwischen Tagen und Wochen, je nach Masse der Linse) durch den Planeten gestört. Daran läßt sich ein unsichtbarer Begleiter erkennen. Auch isolierte dunkle Körper können damit aufgespürt werden.
Erfolg: bisher noch keine Planetendetektion.
Eignung: statistische Aussagen über die Häufigkeit von Planeten.
Meßgrenze: Vom Boden aus kann ein Helligkeitsunterschied von 0,1 Prozent gemessen werden. Ein erdgroßer Planet kann die Helligkeit als Gravitationslinse um einige Prozent verstärken.
Vorteile: kann auch sehr kleine (erdgroße) Planeten nachweisen. Einzige Methode, mit der auch isolierte Planeten entdeckt werden können.
Nachteile: Die Anordnung von zwei Sternen oder von Stern und Planet auf einer Linie ist zufällig, deshalb muß ständig eine große Zahl von Sternen beobachtet werden. Ein gefundener Planet läßt sich

nicht weiter untersuchen. Gibt es mehrere Planeten bei einem Stern, ist es mathematisch anspruchsvoll, sie aus der Helligkeitskurve zu extrahieren.

Direkte Detektion

Für ein Bild eines extrasolaren Planeten wird mit Vorteil im infraroten Bereich des Lichts gearbeitet, da die Kontrastverhältnisse dort besser sind als im sichtbaren Bereich. Das Sternenlicht wird zusätzlich blockiert. Vom Erdboden aus muß mit adaptiver Optik gearbeitet werden, die Verzerrungen der Erdatmosphäre verringert.
Erfolg: ein Bild eines Braunen Zwergs (Gliese 229, siehe 18. Kapitel), kein Bild eines Planeten.
Eignung: Möglichst große Planeten in großer Distanz zum Stern sind am einfachsten zu sehen.
Meßgrenze: Aus physikalischen Gründen kann ein Stern nicht völlig scharf abgebildet werden. Der verschwommene Fleck, den ein Teleskop als Bild eines Sterns erzeugt, hängt ab von der Wellenlänge des Lichts und von der Größe des Teleskops. Um Planetensysteme im Umkreis von dreißig Lichtjahren zu suchen, wäre ein Spiegel von fast hundert Metern Durchmesser nötig. Ein solches technisch nicht realisierbares Teleskop kann jedoch simuliert werden, indem das Licht mehrerer kleiner Teleskope zusammengeführt wird (Interferometrie).
Vorteile: einzige Möglichkeit, das Spektrum des Planeten zu gewinnen und Aussagen über seine chemische Zusammensetzung und damit über außerirdisches Leben zu machen.
Nachteile: unter Umständen nur aus dem Weltraum möglich, dadurch teuer. Technisch extrem anspruchsvoll.

12. Die Welt feiert einen neuen Planeten

Gegen Ende September 1995 wurde Michel Mayor unruhig. Ein Monat war vergangen, seit er die Arbeit nach London geschickt hatte, doch außer einer Bestätigung, daß sie dort angekommen war, hatte er nichts von *Nature* gehört. Was hatte das zu bedeuten? Hatte ein Referee ein Haar in der Suppe gefunden? Hatte er einen Effekt übersehen, der das gemessene Phänomen anders erklären konnte?

Am 25. September schickte Mayor ein Fax an *Nature*. Darin erklärte er seine Absicht, die Resultate in Florenz vorzustellen, und fragte nach den Beurteilungen der Referees. *Nature* antwortete am selben Tag, daß erst zwei Gutachten eingetroffen seien. Solange das dritte fehle, könne man keine abschließende Entscheidung fällen. Im selben Fax wies *Nature* Mayor noch darauf hin, daß er der Presse keine Auskünfte geben dürfe, bevor die Arbeit in der Zeitschrift erschienen sei.

Mayor war überrascht. Die Astronomieblätter, in denen er seine Resultate normalerweise veröffentlichte, kennen keine Einschränkungen, was die Zusammenarbeit mit der Presse angeht. Er wußte nicht, daß bei einigen wenigen großen Wissenschaftszeitschriften solche Bedingungen üblich sind. Sie wollen damit ihre Exklusivität wahren. Mayor glaubte allerdings nicht, daß daraus ein größeres Problem entstehen könne. Er war überzeugt, daß in Florenz nur Fachleute im Saal sein würden. «Heute weiß ich, daß das etwas naiv war, aber damals hatte ich keine Ahnung, was alles auf mich zukommen würde.»

Als Mayor am 3. Oktober nach Florenz reiste, wußte er immer noch nicht, wie die Referees seine Arbeit einschätzten. Am nächsten Tag traf er Diskussionsleiter Jim Liebert, der ihm sagte, daß sich eine Reihe Journalisten und das Fernsehen angemeldet hätten, um bei der Bekanntgabe dabeizusein. Mayor setzte die Leute bei *Nature* über die neue Situation ins Bild. Ihre Reaktion bestand aus einem reichlich naiven Merkblatt mit der Überschrift «Stop Press», das während Mayors Vortrag an die Journalisten im Saal verteilt werden sollte. Darin riet *Nature* den Presseleuten «zu warten, bis die Resultate veröffentlicht sind, bevor Sie darüber schreiben». Falls sie es dennoch nicht lassen könnten, etwas zu veröffentlichen, sollten sie wenigstens darauf hinweisen, daß «die Autoren ihre Schlußfolgerung im Licht der Kritik der Referees von *Nature* noch ändern könnten».

Zwei Tage vor der Bekanntgabe hatte Mayor zwar schon eine Handvoll Interviewanfragen, aber immer noch keine Antwort der Gutachter. Erneut schickte er ein Fax nach London. Einen Tag später erhielt er schließlich die drei Beurteilungen ins Hotel gefaxt. Zwei davon waren positiv, doch der dritte Referee schrieb nach einer kurzen Begründung: «Ich bin skeptisch, was ihr [Mayors und Queloz'] Resultat betrifft. (...) Ich empfehle, nicht zu publizieren.»

Die drei Spezialisten, die *Nature* ausgewählt hatte, kamen aus verschiedenen Disziplinen. Adam Burrows von der Universität von Arizona, der mit seinen Programmen bereits ausgerechnet hatte, ob es der Begleiter von 51 Pegasi überhaupt so nah beim Stern aushält, war Fachmann für die innere Struktur von Planeten. Alan Boss von der Carnegie-Stiftung in Washington hatte wegweisende Arbeiten über die Entstehung von Planeten veröffentlicht. Und Gordon Walker von der Universität von British Columbia in Vancouver hatte selbst jahrelang mit der gleichen Methode wie Mayor nach Planeten gesucht.

Es war Walker, der die Arbeit nicht für schlüssig hielt. Er und vor allem sein Mitarbeiter Bruce Campbell waren die Pioniere auf dem Gebiet der Planetensuche mittels der Messung von Radialgeschwindigkeiten. Als sie 1980 mit ihren Beobachtungen begannen, hatten sie den Sternenhimmel noch für sich. Keine andere Gruppe konnte Messungen machen, die auch nur annähernd so genau waren wie die ihren. Marcy und Butler in Kalifornien, Cochran und Hatzes in Texas und McMillan in Arizona starteten ihre Projekte erst 1987. Doch nach zwölf Jahren Suche stellten Walker und Campbell erstaunt fest, daß ihnen kein Jupiter ins Netz ge-

Gordon Walker in seinem Büro an der Universität von British Columbia in Vancouver (Foto: Reto U. Schneider).

gangen war. Die periodischen Geschwindigkeitsänderungen, die sie bei einigen Sternen gemessen hatten, ließen sich alle mit Effekten des Sterns erklären: Entweder er drehte sich, oder er pulsierte.

Und genau das vermutete Walker auch bei 51 Pegasi. Mayor und Queloz hatten in der ersten Version ihrer Arbeit nicht alle Abklärungen aufgeführt, die sie getroffen hatten. Für Walker war zum Beispiel nicht ersichtlich, wann genau welche Messungen gemacht worden waren. «Wenn man die große Bedeutung einer solchen Entdeckung in Betracht zieht, verstehe ich nicht, warum die Autoren, als sie die scheinbar kurze Periode der Geschwindigkeitsänderung bemerkt hatten, den Stern nicht intensiv während einer Woche beobachteten und dabei die Periode unzweideutig festnagelten», kritisierte Walker die Arbeit. Mayor und Queloz hatten im Juli zwar solche Messungen gemacht, sie aber nicht erwähnt.

Doch Walker war noch aus einem anderen Grund skeptisch. Als er Queloz' und Mayors Artikel erhalten hatte, nahm er als erstes den *Bright Star Catalogue* zur Hand und schlug darin 51 Pegasi nach. Der *Bright Star Catalogue* ist so etwas wie ein Artenbestimmungsbuch für Sterne. Darin sind die hellsten 9000 Sterne am Himmel mit ihren Eigenschaften verzeichnet. Wer die Zahlenkolonnen darin versteht, kann nachlesen, wie weit 51 Pegasi entfernt liegt, wie hell er ist oder welche Temperatur seine Oberfläche hat. Walker interessierte sich vor allem für die Leuchtkraftklasse von 51 Pegasi, und dort glaubte er die Erklärung für die Geschwindigkeitsänderungen gefunden zu haben. 51 Pegasi war in die Leuchtkraftklasse IV eingeteilt.

Das Leben eines Sterns spielt sich nach irdischen Maßstäben mit majestätischer Langsamkeit ab. Eine Wolke aus Wasserstoff, Helium und wenigen anderen Elementen ballt sich unter der eigenen Gravitation zusammen. Sobald im Zentrum ihres Kerns Druck und Temperatur hoch genug sind, entzündet sich das nukleare Feuer. Wasserstoff verschmilzt zu Helium und erzeugt auf diese Weise Energie. Solange der Wasserstoffvorrat reicht, bleibt der Stern in diesem Zustand stabil. Die Astronomen nennen ihn Hauptreihenstern und ordnen ihn der Leuchtkraftklasse V zu. Unsere Sonne ist ein solcher Hauptreihenstern. Geht der Brennstoff im Zentrum des Sterns zu Ende, verlagert sich die Kernverschmelzung des Wasserstoffs in äußere Kugelschalen – mit dem Resultat, daß der Stern sich aufbläht. Auf der größeren Oberfläche strahlt er mehr Licht ab und wird damit heller: Ein Unterriese mit Leuchtkraftklasse IV entsteht. Später kann er zu einem Riesen mit Leuchtkraftklasse III oder noch heller werden.

Leuchtkraftklassen werden absteigend numeriert: VI ist am dunkelsten, I am hellsten. Riesen und zu einem gewissen Grad auch Unterriesen können pulsieren, sich rhythmisch aufblähen und zusammenziehen. Laut *Bright Star Catalogue* war 51 Pegasi ein Unterriese. Deshalb war Walker skeptisch. Er hatte unter den eigenen Sternen einige Planetenanwärter gehabt, hinter denen sich eine Pulsation versteckte. Was Walker nicht wußte: Die Klassifikation im *Bright Star Catalogue* war falsch. 51 Pegasi ist kein Unterriese.

Wer bei einem Riesen oder einem Unterriesen eine periodische Änderung der Radialgeschwindigkeit feststellte, wußte nie, ob er auf einen Planeten gestoßen war oder auf einen pulsierenden Stern. Deshalb strichen die meisten Planetenjäger diese Kategorien von ihren Beobachtungslisten. Marcy wird später vor laufenden Fernsehkameras anklagend den Zeigefinger auf die Stelle mit der falschen Klassifikation im Katalog halten und sie als Grund dafür angeben, daß er und Butler 51 Pegasi nicht beobachtet hatten. In der Öffentlichkeit entstand dadurch der falsche Eindruck, ohne diesen irrtümlichen Eintrag hätten die beiden Amerikaner den Planeten bei 51 Pegasi als erste gefunden. Tatsächlich aber hatten Marcy und Butler den Großteil ihrer Daten noch gar nicht analysiert. Selbst wenn 51 Pegasi auf ihrer Liste gelandet wäre, hätten sie sein sonderbares Verhalten nicht bemerkt.

Natürlich wußte auch Mayor, daß Unterriesen pulsieren können. Doch wurde dieses Verhalten bisher nur bei Sternen beobachtet, die nicht sonnenähnlich waren. Walkers ablehnende Haltung beunruhigte ihn deshalb nicht. Er würde zwar eine neue Version der Arbeit schreiben müssen, aber er hatte auf alle Einwände gute Argumente.

Auf wissenschaftlichen Konferenzen ist es üblich, daß die Forscher ihre Arbeiten auf einem Plakat zusammenfassen und aufhängen. Mayor und Queloz hatten damit gewartet, bis sie die Gutachten der drei Referees hatten. Noch am selben Abend präsentierten sie die Geschwindigkeitskurve von 51 Pegasi. Einer der ersten, der davor stehenblieb, war der Solarforscher Bob Noyes, der aus dem amerikanischen Cambridge angereist war. «Ich war sehr überrascht, aber es sah schrecklich gut aus. Ich konnte mir nicht vorstellen, daß es eine Pulsation war, und ich verstehe ein bißchen etwas davon.»

Beim zweiten Blick auf das Plakat fiel Noyes auf, daß er den Namen «51 Pegasi» kannte: Der Stern stand auch auf seiner und Tim Browns Beobachtungsliste. «Unnötig zu sagen, daß ich etwas wehmütig war, weil wir ihn nicht gefunden hatten. Aber um ehrlich zu sein, wir hatten bloß sehr wenige Messungen von teilweise schlechter Qualität. Wir hätten großes Glück gebraucht, um als erste dort zu sein. Unsere Messungen sind ein bißchen wie die Fotos von Pluto, die vor dessen Entdeckung gemacht worden waren.»

Nachdem der amerikanische Astronom Clyde Tombaugh 1930 die Entdeckung des Planeten Pluto bekanntgegeben hatte, fanden andere

Astronomen den neunten Planeten unseres Sonnensystems tatsächlich auf ihren früher gemachten Fotos wieder. Zwischen Zehntausenden von Sternen hatten sie den schwachen Leuchtpunkt nicht als Planeten erkannt.

Am nächsten Morgen rief Noyes aus Florenz als erstes seinen Kollegen Tim Brown an, der am Tillinghast-Teleskop in Arizona arbeitete. Dort war es Mitternacht, als Noyes ihm vom neuen Planeten erzählte. Es waren noch keine fünf Stunden vergangen, seit Brown 51 Pegasi beobachtet hatte. Sofort richtete er das Teleskop erneut auf den Stern. Wenn sich da oben wirklich etwas bewegte, mußte sich das in Arizona genauso messen lassen wie in Südfrankreich.

Während der folgenden drei Nächte schwenkte er das Teleskop noch sechsmal auf 51 Pegasi. Wenn Noyes und er den Planeten schon nicht entdeckt hatten, wollten sie die Messungen jetzt wenigstens als erste überprüfen. Doch erneut warteten sie zu lange, bis sie ihre Daten analysierten. Geoff Marcy sollte ihnen zuvorkommen und das ganze Medieninteresse in den USA auf sich ziehen.

«Wir dachten, wir hätten mehr Zeit, die Messungen zu bestätigen», sagt Brown, der im ersten Moment etwas mit dem Schicksal haderte. «Ich dachte: ‹Mein Gott, wenn ich an der Planetensuche gearbeitet hätte statt an der Pulsation, (...) wären wir es gewesen anstelle von Mayor und Queloz.› Aber von dort ist es nur ein kleiner Schritt zu: ‹Mein Gott, wenn ich Sportler geworden wäre, hätte ich heute eine olympische Medaille gewonnen.›» Brown denkt heute mehr über die aufregende Zukunft nach, die der Planetenforschung bevorsteht, als über den verpaßten Sieg.

Mayor und Queloz hatten ganz andere Sorgen. Am 6. Oktober, kurz nach der Bekanntgabe ihrer Entdeckung in Florenz, geschah, was *Nature* hatte verhindern wollen: Die Presseagentur Reuters verbreitete die Meldung über den Planetenfund bei 51 Pegasi in der ganzen Welt. Am 8. Oktober stand sie in der *Washington Post*, am 10. Oktober in *Le Monde*, am 16. Oktober in der *Times*. Doch Mayor und Queloz durften weiterhin keine Interviews geben. *Nature* wollte zu einer überarbeiteten Version ihrer Arbeit erneut die Meinung der Referees einholen. Bis dahin war den Schweizer Astronomen die Zusammenarbeit mit Journalisten verboten. «Wenn es ein Gebiet mit einer besseren Reputation gewesen wäre, wären wir vielleicht ein größeres Risiko eingegangen», sagt Leslie Sage, der zuständige Redakteur bei *Nature*. Doch *Nature* war ein gebranntes Kind. 1991 hatte die Zeitschrift Andrew Lynes falsche Pulsarplaneten auf den Titel gehievt.

Obwohl Michel Mayor kaum darüber sprach, war die Zeit unmittelbar nach der Konferenz in Florenz schwierig für den zurückhaltenden Astronomen. Da hatte er eine der wichtigsten Entdeckungen in der Astronomie gemacht und durfte nicht davon erzählen. Mayor gehört nicht zu der Kategorie von Wissenschaftlern, die alles tun, um im Mittelpunkt zu stehen, sonst hätte er sich längst über die Auflagen von *Nature* hinweggesetzt und eine Pressekonferenz organisiert. Doch es war deprimierend, Dutzende von Interviews abzulehnen, während er in jeder Zeitung die Meinung seiner Kollegen über seine Arbeit lesen konnte. Erst als der Artikel fast zwei Monate nach dem Treffen in Florenz erschienen war, hob *Nature* den Pressebann auf.

Neben den Reaktionen in Wissenschaft und Medien wurden Mayor und Queloz auch mit einer Flut absonderlicher Briefe eingedeckt. Da wollte einer mit ihnen über den Zusammenhang zwischen Bibelsprüchen, unserem Sonnensystem und einer mathematischen Konstante diskutieren, ein anderer erzählte von einer Ufosichtung («Ich bin weder

«Zehn Jahre Reise trennen uns noch von Sulus und dem System von 51 Pegasi. Das ist weit, aber wir haben bereits die Hälfte des Weges zurückgelegt.» (Sprechblase unten links.) Szene aus *Cryozone* (mit freundlicher Genehmigung des Verlags Delcourt).

Alkoholiker noch ein Spinner»), und ein dritter versuchte, sie als Gründungsmitglieder einer «Trans-World University» zu gewinnen. Es dauerte nicht lange, da meldete sich auch der erste Bewohner des Planeten um 51 Pegasi. Der Briefschreiber war überzeugt davon, daß er dort gelebt hatte, bevor er mit einem Raumschiff zur Erde reiste. Außerdem ließ er die Astronomen wissen, daß Jesus ein Humanoide eines Sternensystems näher am Zentrum der Milchstraße sei, und wollte wissen, ob 51 Pegasi dafür wohl in Frage komme. Ein Autor baute 51 Pegasi in seine Comics-Geschichte ein, und die Zeitschrift *Horoscope* diskutierte die astrologischen Folgen des neuen Planeten. «Er dürfte keinen Einfluß auf uns haben», schrieb eine Astrologin dort, mahnte aber zur Vorsicht, weil die Entdeckung neuer Himmelskörper immer unvorhersehbare Konsequenzen haben könne: «1781 wurde Uranus entdeckt. Und 1789, Sie kennen die Folgen!» Die Sterndeuterin sollte recht bekommen. Mayors und Queloz' Entdeckung löste in der Astronomie tatsächlich eine Revolution aus.

13. Es regnet Planeten

Geoff Marcy in San Francisco erfuhr vom neuen Planeten, kurz nachdem Mayor in Florenz seinen Vortrag gehalten hatte. Einige Kollegen, die dabeigewesen waren, informierten Marcy via Internet. Die wenigsten ohne Skepsis. Ein jupitergroßer Planet mit vier Tagen Umlaufzeit, daran mußten sie sich erst gewöhnen. Vielleicht pulsierte der Stern eben doch, oder die ganze Sache war in Widerspruch zu Mayors Berechnung aus einem sehr steilen Winkel zu sehen, so daß die Masse des Körpers viel größer war als angenommen.

Marcy empfing die Botschaft mit gemischten Gefühlen. Wenn Mayors Interpretation stimmte, war das Rennen vorbei, und er, Marcy, hatte es verloren. «Ich war ein bißchen enttäuscht, daß man uns zuvorgekommen war, obwohl wir die beste Technik hatten.» Doch die beste Technik war gar nicht nötig gewesen. Es reichte, das Teleskop auf den richtigen Stern zu richten und die Daten sofort auszuwerten. Beides hatten Marcy und Butler nicht getan. Doch ihre Enttäuschung währte nicht lange, denn endlich war der erste extrasolare Planet gefunden, und das eröffnete allen, die auf diesem Gebiet arbeiteten, neue Perspektiven.

Fünf Tage nach Mayors Vortrag fuhren Marcy und Butler für vier Nächte an die Lick-Sternwarte. Sie wollten kontrollieren, ob 51 Pegasi auch in ihrem Spektrographen Kapriolen machte. Es bestand immer noch die Möglichkeit, daß einmal mehr eine Falschdetektion vorlag. Mayor war zwar als seriöser Wissenschaftler bekannt, doch in den letzten Jahren waren schon andere gute Astronomen Planeten aufgesessen, die es gar nicht gab.

Aber schon nach wenigen Tagen war klar, daß Mayors und Queloz' Resultate stimmten. Nachdem Marcy und Butler ihre langsamen Analyseprogramme Tag und Nacht laufen gelassen hatten, gab es keine Zweifel mehr. Die an der Lick-Sternwarte gemessenen Geschwindigkeiten saßen auf der Kurve der Schweizer wie Flaschenkorken auf einer Welle.

Doch Marcy und Butler ging es um mehr als um die Bestätigung des Meßresultats. Mayor hatte in Florenz angedeutet, daß sich in seinen Daten möglicherweise eine sehr schwache Spur eines zweiten Planeten mit längerer Umlaufzeit versteckte. Auf diesen zweiten Planeten hatten es Marcy und Butler abgesehen. Doch dafür waren weitere Messungen notwendig. «Wir sind manchmal fast mit dem Gewehr an der Sternwarte aufgetaucht und haben Beobachtungszeit verlangt», erinnert sich Butler. Trotz intensiver Messungen konnten sie den zweiten Planeten bisher nicht finden, und Mayor räumt heute ein, daß der Himmelskörper möglicherweise nicht existiert.

Am 17. Oktober bestätigten Marcy und Butler offiziell Mayors und Queloz' Messungen. Nun entdeckten auch die amerikanischen Zeitungen den neuen Planeten als großes Thema. Während die Entdeckung des Sternbegleiters durch Schweizer Astronomen noch auf den hinteren Seiten stattgefunden hatte, wurde für die Bestätigung des Funds durch die Amerikaner mehr als einmal die Titelseite geräumt.

Die vielen Falschmeldungen der letzten Jahre – die *New York Times* hatte mindestens zwei davon auf Seite eins gehabt – mögen mit dieser sonderbaren Gewichtung ebenso zu tun gehabt haben wie das Redeverbot für Mayor. Zudem sind US-Medien wichtige Ereignisse grundsätzlich suspekt, wenn sie ohne amerikanische Beteiligung stattfinden. Das ist in der Astronomie nicht anders als in der Politik.

Im Fernsehen wurde der neue Planet am 19. Oktober 1995 in der Sendung *ABC Nightline* zum ersten Mal ausführlich behandelt. *ABC Nightline* ist ein bekanntes amerikanisches Fernsehmagazin, das sich jeden Abend einem tagesaktuellen Thema widmet. Während der halbstündigen Sendung, in der weder Mayors noch Queloz' Name fiel, befragte Moderator Ted Koppel Geoff Marcy, David Latham und einen dritten Astronomen zur Entdeckung bei 51 Pegasi. Latham setzte bei dieser Gelegenheit die unrühmliche Tradition der voreiligen falschen Ankündigungen fort. Er behauptete, in seinen Daten ebenfalls Hinweise auf einen zweiten Planeten bei 51 Pegasi gefunden zu haben. Allerdings schien er sich seiner Sache sicherer zu sein als Mayor. Auf die Frage des Moderators, ob er von der Existenz seines Planeten wirklich überzeugt sei, antwortete er: «Ich würde nicht mein Leben darauf verwetten. Aber ich denke, es stimmt.»

Dafür erntete er von seinen Kollegen kollektives Kopfschütteln. Wer Lathams Arbeiten kannte, wußte, daß sein Spektrograph nicht genau genug war, um messen zu können, was Latham behauptete, gemessen zu haben. Einige Astronomen nahmen dem Harvard-Professor diesen Fernsehauftritt übel. Sie vermuteten, daß Latham bloß versucht habe, sich ins Rampenlicht zu stellen.

Marcy war in der ersten Zeit nach Mayors Entdeckung ganz aus dem Häuschen. «Ich bin außer mir. Ich kann kaum noch schlafen», beschrieb er seinen Gemütszustand in *Nightline*. Es war nicht nur freudige Erregung, die ihn nicht mehr schlafen ließ. Schon bald, nachdem er und Butler von 51 Pegasi erfahren hatten, begann ihnen zu dämmern, was Mayors Resultat für das eigene Projekt bedeutete. Vielleicht gingen sie seit Jahren mit Planeten schwanger und hatten nichts davon gemerkt, weil sie den größten Teil ihrer Daten noch nie analysiert hatten. Vielleicht lag die Entdeckung des Jahrhunderts schon lange unbemerkt auf der Festplatte ihres Computers.

Daß die Schweizer ihnen *einmal* zuvorgekommen waren, konnten Marcy und Butler verschmerzen. Viel schlimmer war der Gedanke, Mayor und Queloz könnten es wieder und wieder tun. Marcy und Butler befürchteten, daß auf ihrer Beobachtungsliste viele Sterne standen, die auch ihre Konkurrenten ins Visier genommen hatten. Zwar kannten sie die Namen der Sterne von Mayor und Queloz nicht, doch wenden bei der Auswahl ihrer Beobachtungsobjekte alle Astronomen ähnliche Kriterien an.

Was den Amerikanern vor allem Angst bereitete, war die Tatsache, daß Mayor und Queloz die Geschwindigkeiten der Sterne schon einige Minuten nach der Beobachtung vorlagen. «Sie wußten immer sofort, was sie taten, während wir zu dieser Zeit acht oder neun Jahre an Daten hatten, die noch nicht analysiert worden waren.» Wenn es noch weitere kurzperiodige Planeten vom Typ 51 Pegasi gab, würden Mayor und Queloz sie schnell finden, soviel war klar. «Ich befürchtete damals, daß unsere Arbeit die Toilette runtergeht», sagt Butler.

Es gab nur eine Möglichkeit, diesen Alptraum abzuwenden: Marcy und Butler mußten ihre Daten sofort analysieren. Doch mit den Computern, die ihnen zur Verfügung standen, dauerte die Berechnung einer einzigen Geschwindigkeit aus einem Sternspektrum drei Stunden. «Damit hätte es mich drei Jahre gekostet, alle unsere Daten zu analysieren», sagt Butler. Er ließ seine Freundin allein in den Urlaub nach China fahren und begann, überall um schnelle Rechner zu betteln. Die Computerfirma Sun erklärte sich schließlich bereit, den beiden Astronomen ab Ende Januar 1996 zwei Maschinen zur Verfügung zu stellen.

Aber was sollten sie in den drei Monaten bis dahin tun? Butler überredete drei Forschergruppen in Berkeley, ihm ihre Computer für diese

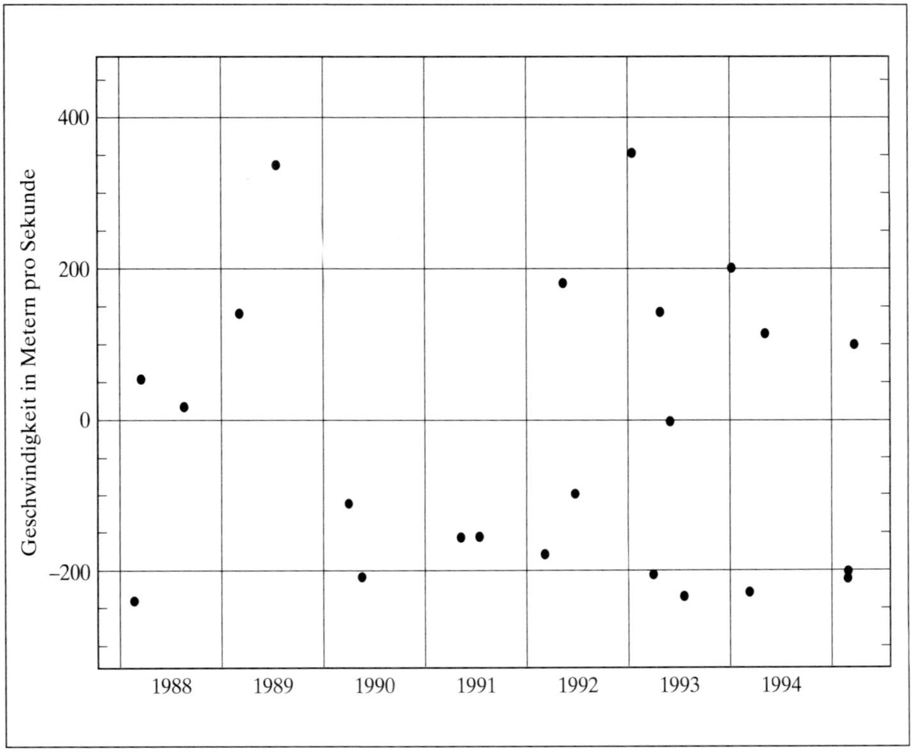

Als Paul Butler dieses chaotische Bild von Punkten sah, wußte er sofort, daß etwas nicht stimmte. Die Geschwindigkeiten von 70 Virginis ändern sich um mehrere hundert Meter pro Sekunde. Kurze Zeit später ...

Zeit auszuleihen. «Von da an verließ ich das Büro kaum noch.» Tag und Nacht fütterte Butler die drei Rechner mit den Hunderten von Sternspektren, die sich in den letzten Jahren angesammelt hatten.

Zwei Monate später, am 30. Dezember 1995, um acht Uhr morgens, war es schließlich soweit. Der Computer hatte eben die Berechnungen für 70 Virginis beendet. Butler sah auf dem Bildschirm eine graphische Darstellung, in der die Geschwindigkeiten als schwarze Punkte über den Zeitraum der Messungen eingezeichnet waren. «Ich sah sofort, daß etwas merkwürdig war.» Die Geschwindigkeiten gingen um mehrere hundert Meter pro Sekunde rauf und runter (Grafik S. 191).

Mit bloßem Auge ließ sich aber unmöglich erkennen, was dahintersteckte. Butler suchte in diesen Geschwindigkeitspunkten, die aussahen wie zufällig hingestreute Pfefferkörner, mit einem Computerprogramm nach einer versteckten Regelmäßigkeit. Tatsächlich fand der Rechner eine Periode und konnte eine Kurve einpassen, die exakt durch jeden Punkt führte (Grafik S. 193). Eine Kurve, wie sie der deutsche Astronom Johannes Kepler Anfang des 17. Jahrhunderts für die Bewegung von Planeten vorausgesagt hatte. «Ich war sprachlos. Über eine Stunde saß ich vor dem Bildschirm und fühlte, daß Kepler mir über die Schulter guckte.»

Es war ein Telefonanruf seiner Freundin, der Butler in die Gegenwart zurückholte. «Ich konnte kaum mit ihr sprechen. Danach rief ich Geoff zu Hause an und sagte: ‹Geoff, komm sofort ins Büro›, mehr nicht.» Geoff Marcy war besorgt. «Ich dachte, das Büro steht in Flammen.» Sofort fuhr er an die Universität. Als er die Kurve auf Butlers Bildschirm sah, wußte er sofort, daß sie am Ziel waren. Die Geschwindigkeit von 70 Virginis änderte sich stark. Die langsamste und die schnellste Geschwindigkeit lagen über 600 Meter pro Sekunde auseinander. Ihr Gerät war mit einer Genauigkeit von 3 Metern pro Sekunde eigentlich viel zu präzise für eine solche Messung. «Wir hatten einen Vorschlaghammer gebaut, um eine Walnuß zu öffnen», sagt Marcy.

Knappe drei Wochen später, am 17. Januar 1996, hatte Geoff Marcy seinen großen Auftritt. Auf dem Treffen der Amerikanischen Astronomischen Gesellschaft in San Antonio, Texas, trat er vor die versammelten Fachleute und sagte: «Heute möchte ich hier zum ersten Mal die Entdekkung von zwei neuen Planeten um zwei andere Sterne bekanntgeben.»

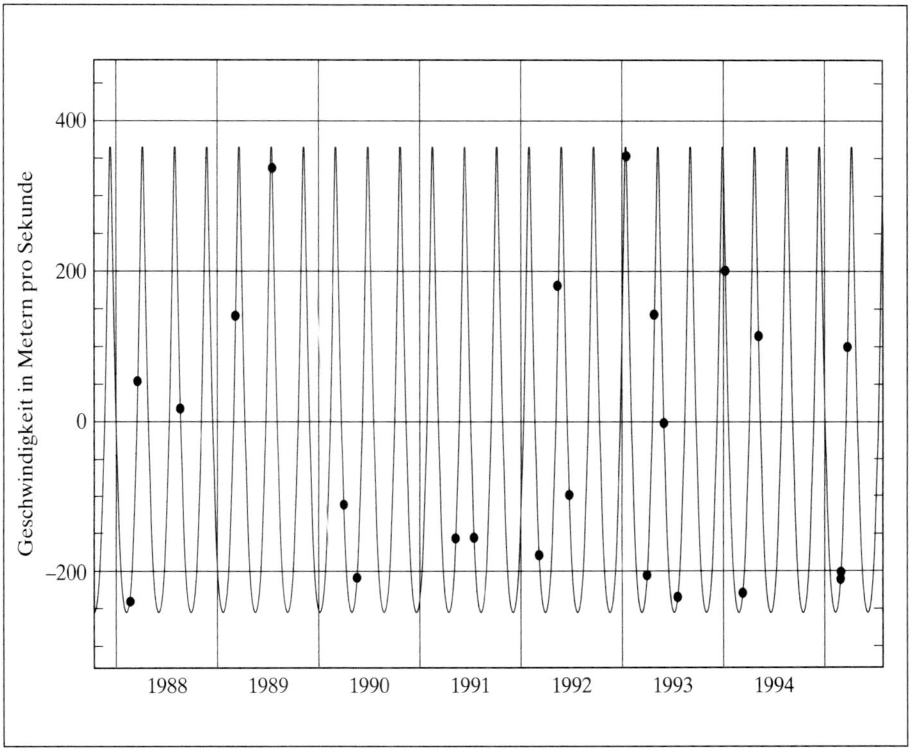

... fand der Rechner eine Kurve, die perfekt durch jeden Punkt paßte. Eine Kurve, wie sie für einen Stern, an dem ein Planet zerrt, vorausgesagt worden ist (Grafik: Paul Butler).

Kurz nach der Entdeckung bei 70 Virginis hatten Marcy und Butler einen zweiten Fund gemacht: einen Planeten mit einer minimalen Masse von etwas mehr als zwei Jupitern, der alle drei Jahre um den Stern 47 Ursae Majoris kreist. Doch zu reden gab vor allem der Begleiter von 70 Virginis, den Butler als ersten gefunden hatte. Denn dieser hatte zwei außergewöhnliche Eigenschaften: Seine Umlaufbahn war nicht kreisförmig, sondern stark elliptisch, und seine Oberflächentemperatur wurde mit neunzig Grad Celsius angegeben.

Unter den Fachleuten brach sofort die Diskussion aus, ob es sich wirklich um einen Planeten handele. Mit mindestens 6,6 Jupitermassen ging er nämlich nach einigen Definitionen nur noch knapp als solcher durch. Auch Marcy und Butler wußten, daß ihr Planet ein bißchen Übergewicht hatte. «Mit einer wahrscheinlichen Masse zwischen 6,6 und 9 Jupitermassen liegt der Planet von 70 Virginis im nebulös definierten Bereich zwischen den Planeten des Sonnensystems und einem Braunen Zwerg», schrieben sie später in einem Artikel im *Astronomical Journal*.

Ein Indiz, das auf einen Braunen Zwerg hinwies, war die stark ellipsenförmige Umlaufbahn. Wenn Planeten wirklich in einer Staubscheibe entstehen, die um einen Stern kreist, müßten ihre Umlaufbahnen kreisförmig sein, lautete ein Argument. Stark ellipsenförmige Umlaufbahnen kannte man vor allem von Doppelsternsystemen. Und da ein Brauner Zwerg nichts anderes ist als ein Stern, der nicht leuchtet, lag es nahe, den Planeten von 70 Virginis als Braunen Zwerg zu verdächtigen. Allerdings gab es – in der Theorie zumindest – auch Mechanismen, die aus elliptischen Umlaufbahnen kreisförmige machten und umgekehrt.

Marcy fand die Diskussion um den Begleiter von 70 Virginis akademisch: «Menschen sind komplizierter als schwarz oder weiß, und genauso wird es mit Planeten und Braunen Zwergen sein, wenn wir unser Wissen darüber vergrößert haben.» Ein großmütiges Votum, das ihn allerdings nicht davon abhielt, 70 Virginis sanft, aber bestimmt als Planeten zu verteidigen. Da seine elliptische Bahn dabei störte, schlugen Marcy und Butler für diesen Begleiter eine neue Kategorie vor: Objekte zwischen fünf und fünfzehn Jupitermassen mit stark elliptischer Umlaufbahn sollten ab jetzt «exzentrische Planeten» heißen.

Ob Planet oder Brauner Zwerg, dem breiten Publikum war es egal. Viel mehr interessierte, was Marcy über die Oberflächentemperatur zu

«Ist da draußen wer?» Das Titelbild des amerikanischen Nachrichtenmagazins *Time* vom 5. Februar 1996.

sagen hatte, die sich im Bereich eines heißen Tees befand. «Das bedeutet», verkündete Marcy im Fernsehen, «daß dort Wasser nicht als Dampf oder Eis, sondern als Flüssigkeit existieren könnte, flüssiges Wasser. Vielleicht Tröpfchen, vielleicht Seen, vielleicht Ozeane.» Und Marcy machte nicht beim flüssigen Wasser halt, sondern spekulierte weiter: «Dieser Planet wäre ein geeigneter Ort für organische Chemie, die vielleicht später die Bausteine des Lebens bilden könnte.»

Das brauchte man den Journalisten nicht zweimal zu sagen. «Leben im Weltraum? 2 neue Planeten geben zu denken», schrieb die *New York Times* am nächsten Tag auf ihrer ersten Seite. Der *Christian Science Monitor* titelte: «Wissenschaftler finden Planeten, auf denen es Leben geben könnte.» Und das amerikanische Nachrichtenmagazin *Time* stellte auf seinem Cover die Frage «Ist da draußen wer?». *Time* druckte auch das erste Bild der imaginären Wesen auf Marcys Planeten: eine Art von fliegenden Quallen, die sich laut *Time* nur in den oberen Schichten der Atmosphäre aufhalten können. «Aber die Natur ist unendlich kreativ», stand in der Bildunterschrift – *Time* auch.

Die Anerkennung, die Marcy und Butler jetzt für ihre Arbeit einheimsten, ließ sie den verpaßten Sieg endgültig vergessen. Nach Jahren der Mühsal waren sie am Ziel und werden, wenn schon nicht als die ersten, so doch als die erfolgreichsten Entdecker extrasolarer Planeten in die Geschichte der Astronomie eingehen. Denn die Begleiter von 70 Virginis und 47 Ursae Majoris waren nur die Vorhut einer Legion neuer Planeten, die sie aus ihren Daten extrahierten. Bis Ende 1996 hatten sie bei sechs Sternen neue Planeten entdeckt. Drei davon haben ähnliche Eigenschaften wie der Planet von 51 Pegasi: eine geringe Distanz zum Stern und eine kurze Umlaufzeit. Marcys und Butlers Angst, die Schweizer könnten ihnen erneut zuvorkommen, war übrigens unbegründet. Mayor und Queloz hatten keinen einzigen dieser Sterne auf ihrer Liste.

Im Februar 1996 vernahm Marcy inoffiziell, daß auch seine Kollegen Bill Cochran und Artie Hatzes bei einem Stern auf einen Planeten gestoßen seien. Die beiden Astronomen an der Universität von Texas in Austin hatten wie Marcy 1987 mit der Planetensuche begonnen und wendeten die gleiche Methode an wie er. Marcy schenkte dem Namen des Sterns, 16 Cygni B, keine große Aufmerksamkeit. Er war viel zu beschäftigt mit der Analyse der eigenen Daten. Dabei stießen er und Butler auch auf ein sonderbares Objekt: einen Planeten geringer Masse, der in stark elliptischer Umlaufbahn um den Stern HR7504 kreist.

Eines Nachts nahm Marcy einen Sternenkatalog zur Hand und bemerkte, daß 16 Cygni B und HR7504 ein und derselbe Stern sind. Bei der Namengebung der Sterne hatten die Astronomen ihren eigenen Turmbau zu Babel veranstaltet. Viele Sterne hatten mehrere Namen, und es war den persönlichen Vorlieben der Wissenschaftler vorbehalten, welche davon sie benutzten.

Marcy schickte Cochran eine Nachricht: «Wir müssen reden.» Cochran wußte schon lange, daß Marcy 16 Cygni B auf seiner Liste hatte. Als sein Mitarbeiter Hatzes die Spur des Planeten Anfang Februar auf dem Bildschirm fand, fragte er Cochran als erstes: «Wer schaut sich diesen Stern noch an?» Cochran nahm die Liste mit den Zielsternen aller Planetensucher zur Hand, die er kurz zuvor erstellt hatte, und fand 16 Cygni B unter Marcys Sternen. «Wir schauten einander an und sagten: ‹Eines Tages werden wir mit Marcy sprechen müssen›», erinnert sich Cochran.

Cochran und Marcy kamen schnell überein, ihre Daten zusammenzulegen und die Entdeckung am 22. Oktober 1996 auf einem Treffen der

Artie Hatzes (links) und Bill Cochran. (Foto: Marsha Miller)

Amerikanischen Astronomischen Gesellschaft in Tucson, Arizona, gemeinsam bekanntzugeben.

Der Planet, den die beiden Teams unabhängig voneinander gefunden hatten, ist in mehrfacher Hinsicht außergewöhnlich. Er umläuft alle 804 Tage 16 Cygni B, der Teil eines Doppelsternsystems ist. Die zwei Sterne 16 Cygni A und 16 Cygni B umkreisen einander mit einer sehr langen Umlaufzeit. Die Schätzungen liegen irgendwo zwischen 100 000 und 500 000 Jahren.

Aber der Planet hatte noch mehr zu bieten. Bis zu seiner Entdeckung ließen sich alle gefundenen Begleiter in zwei Kategorien einteilen: Die leichteren unter ihnen, bis etwa vier Jupitermassen, hatten alle kreisförmige Umlaufbahnen, die schwereren von etwa sechs Jupitermassen und mehr wanderten auf starken Ellipsen um ihren Mutterstern. Sofort wurde vermutet, daß endlich ein klares Erkennungsmerkmal für Planeten und Sterne gefunden worden sei. Zu den Sternen gehören auch die Braunen Zwerge, weil sie wie Sterne entstehen.

In einem Artikel in *Physics Today* favorisierte der Theoretiker Alan Boss nach den ersten Funden bereits die «Exzentrizität als primäres Unterscheidungskriterium zwischen ‹Sternen› und ‹Planeten›». Mit dem Begriff «Exzentrizität» bezeichnen die Astronomen einen Zahlenwert, der über die Form einer Umlaufbahn Auskunft gibt. Michel Mayor vermutete schon lange vor Boss in der Exzentrizität eines Begleiters einen entscheidenden Hinweis auf seine Entstehung. Damit wäre Marcys Planet bei 70 Virginis mit seiner stark elliptischen Umlaufbahn eindeutig ein Brauner Zwerg gewesen und kein Planet

Der Planet um 16 Cygni B aber erschütterte das neu errichtete Theoriegebäude. Mit einer minimalen Masse von 1,6 Jupitern gehört er eindeutig zu den leichten Funden. Doch seine Umlaufbahn ist noch stärker elliptisch als jene des Begleiters von 70 Virginis. Der neue Planet kommt bis auf die halbe Distanz Erde–Sonne an 16 Cygni B heran und entfernt sich während des nächsten halben Umlaufs um mehr als das Fünffache vom Stern.

Marcy feierte einen stillen Triumph. Er hofft, daß damit den Theoretikern eine Lektion erteilt wird, die 70 Virginis als Braunen Zwerg verunglimpfen. Doch Alan Boss bleibt bei seiner Theorie: «Ich würde Marcy diesen Punkt geben, wenn 16 Cygni B nicht Teil eines Doppelsternsystems wäre.» Boss vermutet, daß der zweite Stern den Planeten mit seiner Gravitation aus einer ursprünglich kreisförmigen Bahn gerissen hat. Da 70 Virginis, soweit bekannt, ein Einzelstern ist, kommt für ihn ein solches Szenario nicht in Frage.

Marcy fällt jedoch eine Reihe von Möglichkeiten ein, die bei 16 Cygni B *und* 70 Virginis eine Rolle gespielt haben könnten: eine massereiche Staubscheibe, die auf den Planeten einwirkte, oder weitere noch nicht entdeckte Planeten, die die Umlaufbahn des jetzt gefundenen beeinflußten. Marcy, der sich schon einmal von den Theoretikern an der Nase hatte herumführen lassen, ist mißtrauisch geworden gegenüber voreiligen Erklärungen.

14. Eine gewagte Bekanntgabe

Kurz nach Weihnachten 1995, fast am selben Tag, als Paul Butler in seinen Daten den Planeten bei 70 Virginis fand, beschloß George Gatewood aufzugeben. Vier Monate zuvor hatte er auf seinen Fotoplatten die eigenartigen Positionsänderungen von Lalande 21185 entdeckt. Vergeblich hatte er zu beweisen versucht, daß sie aufgrund eines Fehlers zustande gekommen waren.

Sein erster Verdacht war auf das Datum gefallen. Beim Vermessen von Lalande 21185 und den Sternen in seiner Umgebung mußte jeder der 229 Aufnahmen Datum und Uhrzeit ihrer Entstehung zugeordnet werden. Daraus berechnete eines von Gatewoods Programmen, an welcher Stelle sich die Erde auf ihrer Wanderung um die Sonne befand, als das Bild gemacht wurde. Nur so konnte der Effekt eliminiert werden, den die Karussellfahrt des Teleskops um die Sonne auf die Messung hatte.

Daß es dabei manchmal zu Verwechslungen kam, war nicht ungewöhnlich. Auf den Fotoplatten selbst waren Datum und Uhrzeit der Aufnahme nicht angegeben. Wann ein Bild gemacht worden war, mußte in alten, zerfledderten Beobachtungsbüchern nachgeschlagen werden. Unter der Nummer, die auf der Platte angegeben war, fand man darin die Angaben, die ein Astronom in einer klaren Nacht vor zwanzig oder auch fünfzig Jahren notiert hatte. Da konnte es schon mal passieren, daß man eine vergilbte Acht für eine Neun hielt. Doch Gatewood fand keine falschen Daten. Bei Lalande 21185 schien alles in Ordnung zu sein.

Als nächstes prüfte Gatewood die Referenzsterne. Immerhin war es möglich, daß sich einer oder mehrere von ihnen bewegten. Dadurch hätte der Eindruck entstehen können, Lalande 21185 verschiebe seine Stellung. Wer die Position seines Schiffs mit Hilfe von Leuchtbojen zuverlässig bestimmen will, muß sicher sein, daß die Bojen fest am Grund verankert sind und sich nicht bewegen. Um zu testen, ob einer der Referenzsterne seine Position veränderte, benutzte Gatewood nicht mehr alle zwanzig davon in seiner Analyse, sondern unterteilte sie in Gruppen. Doch wie er es auch anstellte, das Resultat blieb das gleiche. Jetzt konnte der Irrtum eigentlich nur noch in den Programmen liegen.

Gatewood schrieb jedes Programm neu, das an der Verarbeitung der Daten beteiligt war. Falls sich irgendwo in den 15 000 Programmzeilen ein Fehler eingeschlichen haben sollte, würden alte und neue Programme nicht das gleiche Resultat ausgeben. Doch die Kurve, die behauptete, daß sich Lalande 21185 nicht mit gleichbleibender Geschwindigkeit auf einer geraden Linie durch den Raum bewegt, war auch mit der neuen Software nicht flach zu kriegen.

Im Oktober schließlich – Mayor hatte in Florenz eben die Entdekkung des Planeten um 51 Pegasi bekanntgegeben – machte Gatewood den wichtigsten Test: Er überprüfte das Resultat mit einem zweiten Verfahren. Seit 1984 wurde die Stellung der Sterne in Pittsburgh nicht mehr auf Fotoplatten gebannt. Gatewood hatte an seinem sechzigjährigen Rohr vielmehr ein Gerät installiert, das Positionsänderungen elektronisch bestimmte, ohne den zeitraubenden Umweg über Fotoplatte und Meßmaschine. Mit dem Multichannel Astrometric Photometer (MAP), wie Gatewood seine Erfindung taufte, hatte er seit 1988 die Region von Lalande 21185 regelmäßig beobachtet. Diese Meßreihe erstreckte sich zwar nur über sieben Jahre, doch wenn sich bei dem Stern wirklich etwas Ungewöhnliches tat, mußten die Daten der alten und der neuen Meßmethode zusammenpassen.

Die Idee des elektronischen Meßgeräts MAP war nach endlosen Diskussionen entstanden, die Gatewood mit seinen Mitarbeitern über die Präzision der Positionsbestimmung führte. Versuche mit immer neuen Fotoplatten hatten gezeigt, daß die obere Grenze der Genauigkeit dieser Technik erreicht worden war. Es gab zu jener Zeit nur eine erfolgversprechende Strategie: In einer Nacht mußten viele Aufnahmen derselben Region gemacht werden, damit aus den darauf bestimmten Positionen für jeden Stern ein Mittel errechnet werden konnte. Doch um die Genauigkeit merklich zu steigern, hätte man ein und denselben Stern im Akkord fotografieren müssen. Gatewood machte einige Versuche und stellte zum Beispiel fest, daß bei fünfzig Aufnahmen pro Nacht die Genauigkeit siebenmal größer war als bei einer einzelnen Fotoplatte. Diese Methode war für den normalen Betrieb aber viel zu aufwendig.

Eigentlich wußte Gatewood schon lange, wo das Problem lag. Fotoplatten gehen überaus verschwenderisch mit Licht um. Nur etwa ein oder zwei Prozent des Lichts, das auf sie trifft, erzeugt die chemische Reaktion, die später zu einer sichtbaren Spur wird. Das restliche Licht, das die riesige Linse sammelt, verschwindet ohne Wirkung in der Fotoemulsion.

Im Grunde wußte Gatewood auch, wie dieses Problem zu lösen gewesen wäre: Elektronische Lichtsensoren sind im Vergleich mit Fotoplatten ein Wunder an Effizienz, sie registrieren praktisch jedes Lichtteilchen, das auf sie trifft. Die einfachste Lösung hätte darin bestanden, die Fläche einer Fotoplatte mit lichtempfindlichen elektronischen Elementen vollzupacken. Solche CCD gab es damals zwar bereits, doch fehlerfrei ließen sie sich nur in der Größe eines Daumennagels herstellen. Die Fotoplatten hatten aber fast das Format DIN A4. Überdies war die Auflösung des CCD viel geringer als jene der Fotoplatten. Gatewood suchte nach einem System, das die Vorteile der Fotografie und der Elektronik vereinigte.

Die Grundidee dazu lieferte ihm Frank Drake. Drake war jener Astronom, der 1960 zum ersten Mal mit einem Radioteleskop nach Signalen außerirdischer Intelligenz suchte. Später wurde er zu einem der führenden Köpfe der SETI-Bewegung (Search for Extraterrestrial Intelligence: Suche nach außerirdischer Intelligenz), die große Programme startete, um unsere Brüder und Schwestern im All aufzuspüren. Den Leuten von SETI war von Anfang an klar, daß die Möglichkeit außerirdischer Intelligenz an die Existenz von Planeten gebunden ist. Deshalb befaßten sie sich auf ihren Konferenzen auch mit der Frage, wie man solche Planeten finden könnte.

Auf einer SETI-Konferenz Mitte der siebziger Jahre hörte Gatewood einen Vortrag von Frank Drake über eine Methode der exakten Positionsbestimmung von Sternen, die sich der Vorteile der Elektronik bedient. Drake schlug vor, die Messungen mittels eines starr nach oben gerichteten Teleskops zu machen. Bei seinem Modell fällt das Licht am hinteren Ende des Teleskops durch einen schmalen Schlitz auf eine Reihe lichtempfindlicher elektronischer Sensoren. Während sich die Erde dreht, kommen die Bilder der Sterne, eines nach dem anderen, am Schlitz vorbei und beleuchten die Detektoren für kurze Zeit. Da die Erde mit gleichbleibender Geschwindigkeit rotiert, läßt sich aus der Zeit zwischen den Durchgängen des Lichts die Distanz zwischen den Sternen bestimmen.

Gatewood sah sofort, daß diese Idee Mängel hatte. Am meisten störte ihn die Abhängigkeit von der Erdrotation. Ein bestimmter Stern konnte deswegen während 24 Stunden nur einmal gemessen werden. Zudem schränkte das starr ausgerichtete Teleskop die freie Wahl der zu messenden Sterne ein.

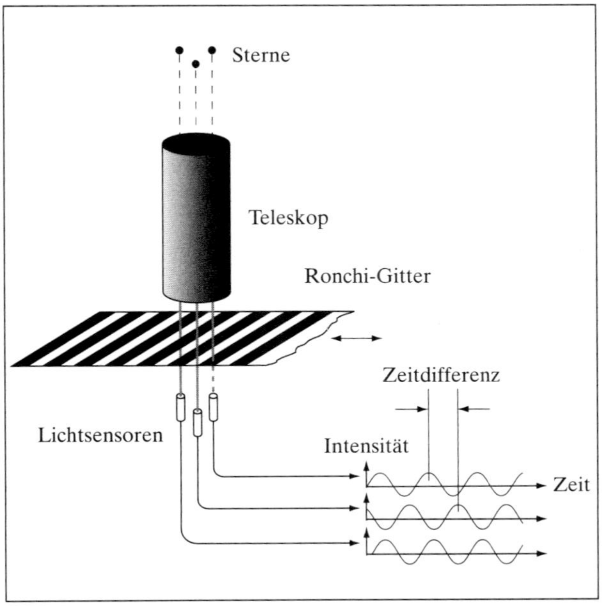

Astrometrie mit MAP: Mit diesem Verfahren lassen sich Distanzen zwischen Sternen sehr exakt bestimmen. Das Teleskop wird dabei fest auf ein bestimmtes Feld von Sternen gerichtet. Hinter dem Teleskop ist für jeden Stern entsprechend seiner Position ein elektronischer Sensor angeordnet, der die Helligkeit des Sterns mißt. Zwischen Teleskop und Sensoren wird nun eine mit vielen feinen Strichen versehene Glasplatte (Ronchi-Gitter) hin- und herbewegt. Die Striche lassen das Sternenlicht abwechselnd durchscheinen und blockieren es. Die Lichtsensoren nehmen das als Blinken wahr. Aus dem zeitlichen Abstand dieses Blinkens der einzelnen Sterne kann auf deren Abstand geschlossen werden.

Doch zurück in Pittsburgh, begann er über Drakes Vorschlag nachzudenken und fand heraus, wie sich die Mängel beseitigen ließen. Statt nur eines Schlitzes verwendete er eine Platte mit Hunderten von Schlitzen, die das Licht der Sterne abwechselnd blockieren und durchscheinen lassen. Astronomen nennen eine solche mit feinen Strichen versehene Glasplatte ein «Ronchi-Gitter». Wenn es auf einem Schlitten am Ende des Teleskops hin- und herbewegt wurde, konnte Gatewood auf die Assistenz der Erdbewegung verzichten und das Teleskop wie bei den fotografischen Aufnahmen fest auf ein bestimmtes Feld von Sternen richten.

Hinter der Platte mit den Schlitzen ordnete er für den Stern, dessen Position er bestimmen wollte, und zwölf Referenzsterne je einen lichtempfindlichen Sensor an. Wenn sich die Platte mit den Schlitzen langsam bewegt, registrieren die Sensoren ein Blinken: Abwechselnd wird das Licht ihres Sterns durchgelassen oder blockiert. Aus dem zeitlichen Abstand des Blinkens der einzelnen Sterne kann Gatewood auf deren

Abstand schließen. Da die Sterne in jedem Feld, das er untersuchte, anders verteilt sind, müssen auch die Lichtdetektoren für jede Messung neu angeordnet werden.

Doch Gatewood war Astronom und verstand nichts von Elektronik. Er erwarb sich seine Kenntnisse, indem er alles ausprobierte: «Ich ging in den Radio-Shack-Laden, wo sie elektronische Bauteile verkauften. Ich fragte: ‹Was ist das?›, und sie erklärten es mir. Ich kaufte es, und zu Hause ging es in Rauch auf.» Doch nach und nach zeitigte das autodidaktische Lernen Erfolg. Das Gerät konnte 1984 in Betrieb genommen werden.

Schon bei den Tests des Prototyps stieß Gatewood auf ein neues Problem. Jetzt, da er die Position der Sterne endlich genauer hätte bestimmen können, bemerkte er, daß die siebzigjährige Linse des Thaw-Refraktors kleine Fehler aufwies. Fehler, die beim Ausmessen der ungenaueren Fotoplatten unbemerkt geblieben waren. Gatewood wechselte seine geliebte Linse aus.

Normalerweise sind solche Veränderungen am Teleskop eine Katastrophe für die Arbeit mit den Fotoplatten. Um über Jahrzehnte zuverlässige Resultate zu erhalten, muß das Teleskop möglichst in Ruhe gelassen werden. Doch da Gatewood in Zukunft nur noch mit dem MAP arbeiten und keine Fotografien mehr machen wollte, war der Zeitpunkt für den Wechsel der Optik ideal.

Als Gatewood im Oktober 1995 die MAP-Daten von Lalande 21185 analysierte, zeigten sie ebenfalls sonderbare Abweichungen. Er begann, auch diese Daten nach möglichen Fehlern zu untersuchen. Irgendwo mußte es ein Problem geben, davon war er überzeugt. Doch nach weiteren zwei Monaten, kurz nach Weihnachten 1995, entschied sich Gatewood, daß er kein Problem mehr hatte. Er änderte ganz einfach die Aufgabenstellung: «Statt zu beweisen, daß es bei Lalande 21185 nichts gibt, entschied ich mich zu beweisen, daß die Störung wirklich war.»

Tatsächlich konnte Gatewood die Daten der Fotoplatten mit jenen des MAP ohne allzu große Probleme in Einklang bringen. Sofort versuchte er, mögliche Planetenbahnen zu finden, die die gefundene Störung verursachen. Eine bedeutend schwierigere Aufgabe. Die Bahnen, die er fand, lassen sich nur mit Ach und Krach in die gemessenen Daten zwängen. Schließlich präsentierte er eine Lösung, die – auch nach seiner Meinung – statistisch nicht über jeden Zweifel erhaben war.

Aber Gatewood ließ sich nicht entmutigen: «Der Punkt war nicht, daß bestimmte Planeten dort waren, der Punkt war, daß *etwas* dort war», erklärte er später sein Resultat. Trotzdem verkündete er gut fünf Monate nach seiner weihnachtlichen Entscheidung nicht die Entdeckung von *etwas*, sondern den Fund von mehreren Planeten. Die Abweichungen von der geradlinigen Bahn von Lalande 21185 erklärte Gatewood sich und der Welt am 11. Juni 1996 anläßlich eines Treffens der Amerikanischen Astronomischen Gesellschaft in Madison mit zwei, vielleicht sogar drei Planeten: einem mit einer etwas kleineren Masse als Jupiter und einer Periode von 30 bis 35 Jahren, einem etwas größeren, der Lalande 21185 alle sechs Jahre umrundet, und einem möglichen dritten Körper mit einer Periode von über 35 Jahren.

Die Reaktionen auf die halbseidenen Planeten waren gemischt. Die *New York Times* veröffentlichte zwar einen Artikel über den Fund, aber heute gibt auch Gatewood zu, daß er in der Interpretation seiner Daten ein wenig zu weit gegangen war. «Alles, was ich sagen kann, ist, da geschieht etwas, aber ich kann keine Auskunft über die Details geben.» Um in den Club der Planetenentdecker aufgenommen zu werden, müßte Gatewood den Kollegen allerdings etwas mehr Details liefern. Doch im Moment weiß niemand, wann Gatewood seine Daten zu Lalande 21185 veröffentlichen wird. Eine erste Version des Artikels ist bereits in seinem Papierkorb gelandet: «Als ich die Arbeit durchlas, realisierte ich, daß die Referees sie in Stücke reißen würden. (...) Ich hatte vergessen zu sagen, was ich beobachtet hatte, und begann zu interpretieren.»

Statt die Arbeit erneut zu schreiben, entschied sich Gatewood, noch mehr Daten zu sammeln. Nach Ansicht anderer Astronomen hätte er schon früher zu diesem Schluß kommen können. Geoff Marcy und Paul Butler hatten Gatewood ihre Beobachtungsdaten von Lalande 21185 zur Verfügung gestellt, bevor er an die Öffentlichkeit trat. Wenn Gatewoods Behauptung stimmt, hätte zumindest der Planet mit der kurzen Periode in diesen Daten auftauchen sollen. Doch Marcys Ergebnisse bestätigen Gatewoods Planeten nicht.

Gatewood ist womöglich ein Opfer des Kolumbus-Effekts, vor dem er selbst immer gewarnt hat. Nachdem Mayor und Marcy ihre Planetenfunde bekanntgegeben hatten, drängte es wohl auch ihn, neue Welten zu entdecken.

Die ersten bestätigten Planetendetektionen haben jedenfalls die Hemmschwelle in der Astronomiebranche deutlich herabgesetzt. Diesen Verdacht bestätigt auch Gatewood selbst: «Wenn die ersten Planeten einmal da draußen sind, ist es nicht mehr so schlimm, einen Fehler zu machen.»

Natürlich weiß er, daß er sich ins Glashaus gesetzt hat. «Ich bin bekannt dafür, die Planeten aller anderen zu entlarven. Jetzt werde ich ein gutes Ziel abgeben.» Vielleicht hat Gatewood ganz einfach den Rat befolgt, den ihm Peter van de Kamp vor Jahren gegeben hatte: «Weißt du, George, früher oder später mußt du aufhören, dich ständig um systematische Fehler zu sorgen, und selbst welche machen.»

15. Ein schmutziges Geheimnis

Nicht nur Geoff Marcy und George Gatewood hatten nach Mayors Entdeckung eine unruhige Zeit, auch Alan Boss konnte nicht mehr schlafen. «Ich lag abends im Bett und überlegte, was eigentlich los ist.»

Alan Boss von der Carnegie-Stiftung in Washington ist einer der führenden Theoretiker auf dem Gebiet der Planetenentstehung (Quelle: Alan Boss).

Boss arbeitet in der Abteilung für Erdmagnetismus der Carnegie-Stiftung in Washington, wo trotz des Namens der irdische Magnetismus seit Jahren nicht mehr untersucht wird. Er ist einer der führenden Theoretiker auf dem Gebiet der Planetenentstehung und gehörte mit Walker und Burrows zu den drei Referees, die Mayors Arbeit im Auftrag von *Nature* begutachtet hatten. Schon nach dem ersten Durchlesen roch es nach viel Arbeit für die Theoretiker. An Mayors Argumentation gab es nichts Wesentliches auszusetzen – außer der Tatsache, daß er den Planeten dort gefunden hat, wo Boss ihn nicht erwartet hatte. Aber dafür konnte Mayor nun wirklich nichts.

In einem Punkt waren sich die Theoretiker einig: Falls der Begleiter von 51 Pegasi wirklich ein Planet sein sollte, konnte er unmöglich entstanden sein, wo Mayor und Queloz ihn gefunden hatten. Es gab so nahe beim Stern einfach nicht genug Material, um einen derartig schweren Körper zusammenzubauen. Egal, ob er ganz aus Gestein war wie ein erdähnlicher Planet oder ein Gasplanet mit einem Kern aus Gestein und Eis und einer Hülle aus Gas.

Die Masse einer normalen Scheibe aus Staub und Gas um einen sonnenähnlichen Stern hat höchstens ein Zehntel der Sonnenmasse. Etwa 70 Prozent davon sind Wasserstoff, 28 Prozent Helium, der Rest Eis, Gestein und Metall, wobei Eis zwei- bis dreimal häufiger vorkommt als die anderen festen Stoffe. Ein sehr nahe beim Stern liegender Planet fände in einer solchen Scheibe höchstens Material für ein Zehntel der Erdmasse – wenn er bei den hohen Temperaturen überhaupt entstehen könnte. Der Planet um 51 Pegasi war aber mindestens 150 Erden schwer. Die Scheibe hätte 150mal massiver sein müssen als der Stern, um an dieser Position einen so großen Planeten zusammenbacken zu können. Für Astronomen eine groteske Vorstellung.

«Das war die erste Lektion, die uns der neue Planet erteilte: Planeten bleiben nicht unbedingt, wo sie entstanden sind», sagt Boss. Obwohl diese Idee nicht neu war, kam sie nach Mayors und Marcys Entdeckungen für viele Astronomen überraschend. Bereits 1980 postulierten Scott Tremaine, heute an der Universität von Toronto, und Peter Goldreich vom California Institute of Technology (Caltech) im *Astrophysical Journal*, daß Planeten auf Wanderschaft gehen können. Tremaine und Goldreich zeigten, daß sich die Struktur der Staubscheibe und die Umlaufbahn von Planeten innerhalb von einigen tausend Jahren wesentlich verändern können, weil sich Staubscheibe und Planet gegenseitig beeinflussen.

Doch diese Theorie hatte bei Experten für Sonnensysteme nie richtig Fuß fassen können. «Es war unser schmutziges Geheimnis», sagt Boss, «wir wußten, daß Planeten theoretisch innerhalb kurzer Zeit auf einer Spirale in Richtung Stern wandern konnten, doch wir kannten keine Möglichkeit, sie anzuhalten.» In den errechneten Fällen fielen die Planeten auf den Stern und gingen verloren. Das war – wenn man von einer gewissen Regelmäßigkeit dieses Ereignisses ausging – ein unerfreuliches Szenario: Die Suche nach Planeten hätte sich erübrigt. Nach allem, was man damals wußte, war es aber auch ein unwahrscheinlicher Ausgang, denn die Planeten des einzigen bekannten Sonnensystems waren alle noch da. Zudem schienen sich ihre Umlaufbahnen seit ihrer Entstehung nicht wesentlich verändert zu haben.

Mit den Planetenfunden erlebte Tremaines Idee eine Renaissance. Neben 51 Pegasi wurden drei weitere Begleiter in ähnlicher Nähe ihrer Muttersterne entdeckt. Sollten sie tatsächlich von ihrem ursprünglichen Entstehungsort dorthin gelangt sein, mußte es einen systematischen Effekt geben, der sie kurz vor dem Stern stoppte. Danach suchten die Forscher nun.

Doug Lin von der Universität von Kalifornien in Santa Cruz und Peter Bodenheimer von der Universität von Toronto schlugen schon kurze Zeit nach Mayors Auftritt in Florenz zwei mögliche, aber in ihren Details ziemlich umständliche Erklärungen vor: Der Planet habe die Spiralbewegung gestoppt, weil das Magnetfeld den innersten Teil der Staubscheibe des Sterns zuvor ausgeräumt habe, oder er sei zum Stillstand gekommen aufgrund eines komplizierten Wechselspiels der Kräfte zwischen Planet und schnell rotierendem Stern.

Auch Mayors ehemaliger Doktorand Willy Benz hat seinen Rechner angeworfen, um den Planeten seines Exprofessors zu erklären. Er vermutet, daß der Stoppmechanismus mit der Rocheschen Grenze zusammenhängt. Die Rochesche Grenze bezeichnet einen Bereich um einen Stern, in dem dessen Begleiter von der Gezeitenkraft zerrissen wird. Für diesen Effekt sind die unterschiedlichen Kräfte verantwortlich, welche die Gravitation des Sterns in näheren und ferneren Teilen des Planeten erzeugt. Benz stellt sich vor, daß der Begleiter auf seiner Spirale in Richtung Stern irgendwann an die Rochesche Grenze gelangt. Dort beginnt die Gezeitenkraft, den Gasplaneten zu zerreißen. Das dem Planeten entrissene Gas fließt auf den Stern über. Der Planet verliert so an Masse und rückt deshalb vom Stern weg. Die Staubscheibe drückt ihn wieder auf den Stern zu, und der Vorgang wiederholt sich so lange, bis die Staubscheibe verschwunden ist.

Es ist im Moment ungewiß, ob eines der vorgeschlagenen Szenarien wirklich in Frage kommt für die Entstehung der «heißen Jupiter», wie Mayor die neuen Planeten mit kurzer Periode nennt. Alle paar Wochen denken sich die Astronomen neue Erklärungen aus. Es wird auch vermutet, daß mehrere gleichzeitig entstandene Riesenplaneten einander gegenseitig beeinflussen. Der eine wird dabei in den Raum geschleudert, der andere rückt nahe zum Stern. Eine umfassende Theorie zu finden ist schwierig. Sie muß nicht nur erklären, wie der Planet seine Spiralbewegung beginnt und kurz vor dem Stern stoppt, sondern auch, warum sich dieser Vorgang ausgerechnet in unserem Sonnensystem nicht abgespielt hat.

Was die Entstehung der neuen Planeten angeht, so befinden wir uns in einem «fortgeschrittenen Stadium des Unwissens», wie es der Astronom David Black ausdrückt. Black ist Direktor des Instituts für Mond- und Planetenforschung in Houston, Texas. Er ist eine Art Vaterfigur der Planetensucher in den USA. Bereits in den siebziger Jahren leitete er Workshops zu diesem Thema. Heute sitzt er einem Gremium vor, das die langfristigen Planetensuchprogramme der NASA prüft.

David Black, Direktor des Instituts für Mond- und Planetenforschung in Houston, Texas (Quelle: David Black).

Black sind die Spiraltheorien von Tremaine und Lin zu umständlich. Er dachte von Anfang an, daß es eine einfachere Erklärung geben müsse. Trotz der Argumente in Mayors Arbeit, die für eine flache Sicht auf die Bahnebene des Planeten sprechen, vermutete Black erst einmal, daß das Ensemble aus Planet und Stern aus einem sehr steilen Winkel zu sehen ist. Deshalb sei die Masse des Planeten viel größer als die von Mayor veranschlagte Obergrenze von zwei Jupitern. In der Zeitschrift *Sky and Telescope* schrieb Black im August 1996, ein dreiviertel Jahr, nachdem Mayor seinen Fund bekanntgegeben hatte: «Zum jetzigen Zeitpunkt würde ich wetten, daß 51 Pegasi B ein Brauner Zwerg ist und kein Mitglied eines Sonnensystems.»

Als Marcy und Butler andere jupitergroße Planeten in geringer Distanz zu ihrem Mutterstern entdeckt hatten, wurde diese Argumentation unhaltbar. Es ist so unwahrscheinlich wie ein Lottogewinn, daß die Bahnebenen *aller* vier Planeten zufälligerweise in einem steilen Winkel zu uns stehen. Von der Statistik in die Enge getrieben, stellte Black eine neue Theorie auf, die belegen sollte, daß praktisch alle gefundenen Objekte keine Planeten seien, sondern Braune Zwerge.

Aus der chemischen Zusammensetzung eines Begleiters wäre seine Natur eindeutig zu erkennen: Der Anteil von Stoffen, die schwerer sind als Wasserstoff und Helium, ist in Gasplaneten deutlich höher als in Sternen oder Braunen Zwergen. Doch die Zusammensetzung der Atmosphäre der neuen Begleiter ist unbekannt.

Bei der Unterscheidung zwischen Braunem Zwerg und Planet geht es immer um die gleiche Frage: Ist es möglich, aus den wenigen Angaben, die von extrasolaren Planeten bekannt sind, auf deren Entstehung zu schließen? Ein Brauner Zwerg entsteht wie ein Stern aus Gas, das in sich zusammenfällt. Ein Planet dagegen wird in einer Staubscheibe aus Staub und Eis langsam zusammengebacken. Sind die Spuren dieser Entstehungsmechanismen Milliarden von Jahren nach der Geburt eines Systems noch irgendwo zu erkennen? In der Form der Umlaufbahn? Der Länge der Periode? Dem Abstand zum Mutterstern? Der Größe der Masse? Oder ist das Verhältnis aus mehreren dieser Größen der Schlüssel?

Black kam zu dem Schluß, daß die Masse definitiv ein schlechtes Merkmal sei, um zwischen Braunem Zwerg und Planet zu unterscheiden. Die alten Theorien für die größtmögliche Masse eines Planeten und die kleinstmögliche eines Braunen Zwergs hielt er nur für beschränkt aussagekräftig. Höchstens so schwer wie Jupiter könne ein Planet in einer Staubscheibe werden, hatten Theoretiker in den achtziger Jahren errechnet. Die kleinste Masse, in die sich eine zusammenfallende Gaswolke teilen könne, um einen Braunen Zwerg zu bilden, liege dagegen zwischen sieben und zehn Jupitern.

In diesen Berechnungen gab es also eine Lücke zwischen Planet und Braunem Zwerg. Doch die Masse der gefundenen Objekte verteilte sich gleichmäßig über den Bereich, den die Theorie zum Niemandsland erklärt hatte.

Mayor und Boss vertraten die Ansicht, die Exzentrizität der Umlaufbahn könne als mögliches Unterscheidungskriterium zwischen Planet und Braunem Zwerg dienen. Die Exzentrizität ist eine Zahl, an der sich die Geometrie der Umlaufbahn – kreisförmig oder ellipsenförmig – ablesen läßt. Alle neugefundenen schweren Körper wanderten in starken Ellipsen um ihren Mutterstern, weshalb die beiden Astronomen sie zu den Braunen Zwergen zählten. Alle leichten Körper, wie zum Beispiel der Begleiter von 51 Pegasi, bewegten sich in Kreisen und waren damit Planeten. Der leichte Begleiter bei 16 Cygni B, der aufgrund seiner stark elliptischen Bahn nicht in diese Theorie paßte, mußte durch ein außergewöhnliches Ereignis zu seiner besonderen Umlaufbahn gekommen sein. Vielleicht unter dem Einfluß des zweiten Sterns dieses Systems, 16 Cygni A.

Black war diese Erklärung zu exotisch. Statt seine Schlüsse aus Exzentrizität und Masse eines Planeten zu ziehen, wie Mayor und Boss es taten, ließ er die Masse aus dem Spiel. Black verglich statt dessen die Exzentrizität der Planeten mit deren Umlaufzeit und stellte diese Daten ähnlichen Diagrammen von Doppelsternen, Braunen Zwergen und Gasplaneten unseres Sonnensystems gegenüber. Mit Ausnahme des von Marcy entdeckten Planeten bei 47 Ursae Majoris lagen die Punkte der extrasolaren Planeten alle in der Nähe von Braunen Zwergen oder Doppelsternen. Die neugefundenen Begleiter hatten ein ähnliches Verhältnis aus Exzentrizität und Umlaufzeit wie Doppelsterne.

Für Black ein sicheres Zeichen, daß die neuen Objekte keine Planeten sind. Sein Verdikt beruht allerdings auf dem bloßen Vergleich zweier

Eigenschaften von unseren Planeten, Doppelsternen und den neuen Begleitern. Ob das Verhältnis von Exzentrizität zu Umlaufzeit Milliarden Jahre nach der Geburt eines Systems noch Informationen über dessen Entstehung trägt, ist ungewiß. Vielleicht sind die Spuren aus dieser Zeit längst verwischt, und es besteht überhaupt keine Möglichkeit, mit den spärlichen Daten einer indirekten Detektion Braune Zwerge und Planeten auseinanderzuhalten.

Das hätte weitreichende Folgen. Die Unterscheidung zwischen Braunem Zwerg und Planet ist nicht nur ein semantischer Sandkastenkrieg der Astronomen. Sie ist vor allem aus einem Grund wichtig: Kreist um einen Stern ein jupiterähnlicher Planet, lohnt sich dort die Suche nach weiteren, kleineren, erdähnlichen Planeten. Handelt es sich dagegen um einen Braunen Zwerg, ist die Chance, bei diesem Stern auf Planeten zu stoßen, sehr gering.

16. Ist da draußen wer?

Jean Heidmann, Astronom an der Sternwarte in Meudon bei Paris (Quelle: Jean Heidmann).

Nachdem der französische Astronom Jean Heidmann von der Entdeckung des Planeten bei 51 Pegasi erfahren hatte, versuchte er sofort, einige Stunden Beobachtungszeit am Radioteleskop von Nançay zu bekommen. Wenn man den Planeten schon nicht sehen konnte, war vielleicht wenigstens etwas aus seiner Richtung zu hören.

Heidmann ist Radioastronom an der Sternwarte von Paris in Meudon. Er beobachtet nicht das Licht der Objekte am Himmel, sondern deren Radiostrahlung. Physikalische Vorgänge in Sternen oder anderen Himmelskörpern erzeugen neben der sichtbaren Strahlung auch unsichtbare: darunter Radiowellen, die sich grundsätzlich durch nichts von jenen unterscheiden, die der Mensch Ende des letzten Jahrhunderts entdeckte, um drahtlos Nachrichten zu übermitteln. Was die Radioastronomen für ihre Arbeit brauchen, sind riesige Radioantennen und spezielle Empfänger. In einem Waldstück bei Nançay, 200 Kilometer südlich von Paris, stehen zwei große Gitter – über 200 Meter lang und 30 Meter hoch –, mit denen Heidmann schon oft in den Weltraum gehorcht und Galaxien untersucht hatte.

Im Fall von 51 Pegasi interessierte sich Heidmann nicht für natürlich erzeugte Radiowellen, sondern für Signale außerirdischer Intelligenz. Danach jagte er schon seit Jahren. «Ich halte die Frage nach anderem intelligentem Leben im Universum für eine der wichtigsten überhaupt.» Natürlich wußte Heidmann, daß der Planet bei 51 Pegasi mit über tausend Grad Celsius an der Oberfläche viel zu heiß war für jede Form von Leben. Doch könnten sich beim Stern weitere kleinere Planeten verstekken, die noch nicht gefunden worden sind und deren atmosphärische Bedingungen der Entstehung von Leben, Intelligenz und Radiosendern mehr entgegenkommen. Die Frage war bloß, auf welcher Frequenz er nach den Signalen unserer Brüder und Schwestern im All suchen sollte. Die Auswahl ist groß. Alle Frequenzen von etwa 1 Megahertz bis 30 000 Megahertz können unsere Atmosphäre mehr oder weniger ungehindert passieren. Das ist rund 30 000mal der Empfangsbereich eines Mittelwellenradios.

Heidmann war nicht der erste, der sich fragte, welche Frequenz Außerirdische für ihre Radiosendung auswählen würden. 1959 veröffentlichten der italienische Physiker Giuseppe Cocconi und sein amerikanischer Kollege Philip Morrison in der Fachzeitschrift *Nature* einen Artikel mit dem Titel «Suche nach interstellarer Kommunikation». Diese Arbeit gilt heute noch als Markstein auf dem Gebiet der Suche nach außerirdischer Intelligenz. Cocconi und Morrison gingen davon aus, daß eine technisch viel fortgeschrittenere Gesellschaft auf einem Planeten eines fremden Sterns Kontakt zu anderen intelligenten Wesen sucht. Die Sonne wäre eines der möglichen Ziele der Außerirdischen. «Wir werden annehmen, daß sie vor langer Zeit einen Kommunikationskanal eingerichtet haben, den wir eines Tages entdecken, und daß sie sich geduldig auf die Antwort von der Sonne freuen, die ihnen sagen wird, daß eine neue Gesellschaft in die Gemeinschaft der Intelligenz eingetreten ist.»

Um herauszufinden, auf welcher Frequenz sich das bedeutende Ereignis abspielen könnte, versuchten Cocconi und Morrison sich in einen außerirdischen Radioastronomen zu versetzen. Es gibt im Bereich der Radiowellen ein auffälliges Merkmal, das jedem Radioastronomen bekannt ist: die Emissionslinie von Wasserstoff bei 1420 Megahertz. Erzeugt wird das «Wasserstoffsingen», wie es die Astronomen nennen, von bestimmten Elektronenübergängen des Wasserstoffs, der überall im Weltall anzutreffen ist. Nach Meinung von Cocconi und Morrison würde eine außerirdische Intelligenz uns in der Nähe dieser Marke zu erreichen versuchen. «Der Leser mag diese Spekulation für Science-fiction halten», schreiben die beiden Physiker, die glauben, «die Suche nach Signalen [außerirdischer Intelligenz] verdiene erhebliche Anstrengung». Die Wahrscheinlichkeit, solche Signale zu empfangen, sei zwar klein, «aber wenn wir nie suchen, ist die Erfolgschance null».

Anfang der siebziger Jahre schlug der Elektroingenieur und Vizepräsident des Elektronikriesen Hewlett-Packard Bernard Oliver in einem Bericht zu Händen der NASA eine zweite Frequenz vor: die Emissionsfrequenz der Hydroxylgruppe (OH), die aus einem Wasserstoff- und einem Sauerstoffatom besteht. Oliver war der Meinung, daß diese Frequenz, die zwischen jener der Zerfallsprodukte von Wasser liegt, sich als «poetischer Ort, wo auf Wasser beruhendes Leben seinesgleichen sucht», geradezu aufdränge. «Wo sollen wir uns treffen? Am Wasserloch natürlich!»

Also ging Heidmann zum Wasserloch und wartete auf die Signale von 51 Pegasi. An neun aufeinanderfolgenden Tagen jeweils eine Stunde lang. Zehnmal versuchte er es auf der von Cocconi und Morrison vorgeschlagenen Frequenz. Sein Empfänger konnte auf 1024 Kanälen gleichzeitig hören. Doch die Außerirdischen waren nicht auf Sendung. Jedenfalls konnte Heidmann sie nicht empfangen. Auch bei zwei von Marcy und Butler entdeckten Planeten, die er ebenfalls abhörte, herrschte Stille.

Heidmann hatte nicht ernsthaft erwartet, daß er aus der Richtung der neugefundenen Planeten etwas Ungewöhnliches vernehmen würde. Seine Messungen waren eher ein Tribut an eine große astronomische Entdeckung. «Ich wollte den neuen Planeten bloß meine Referenz erweisen.»

Mit dem negativen Jagdergebnis pflegte Heidmann eine alte SETI-Tradition. Bisher konnte trotz intensiver Suche noch kein nachweislich von Außerirdischen gesendetes Signal empfangen werden. Trotzdem waren die Wissenschaftler immer wieder überzeugt davon, Hinweise darauf gefunden zu haben. Praktisch seit der Entdeckung der Radiowellen Ende des letzten Jahrhunderts suchen Forscher nach Nachrichten außerirdischer Intelligenz.

Als bei einem Experiment des amerikanischen Physikers und Ingenieurs Nikola Tesla 1899 unerklärliche Störungen auftauchten, glaubte er, daß er «der erste war, der einen Gruß von einem Planeten zum anderen» gehört habe. Zwanzig Jahre später hoffte der italienische Radiopionier Guglielmo Marconi auf Hilfe für die Menschheit durch Funkkommunikation mit fremden Sternen. «Weil viele der Planeten [anderer Sterne] viel älter sind als unsere, müssen die Wesen dort über Informationen von enormem Wert für uns verfügen», gab er 1919 in der *New York Times* zu Protokoll.

Eine Ansicht, die die Zeitung nicht teilte. In einem Kommentar mit dem Titel «Laßt die Sterne in Ruhe» warnte sie vor dem Kontakt mit E. T., da die Menschheit sonst Wissen erhalten könne, auf das sie nicht vorbereitet sei.

Frank Drake, ein Pionier der Suche nach außerirdischer Intelligenz (Foto: Seth Shostak, SETI Institute).

In den folgenden Jahren fand die mögliche Kommunikation mit Außerirdischen immer wieder den Weg in die Medien, doch bis Anfang der sechziger Jahre kam es kaum zu einer breiten wissenschaftlichen Diskussion. Das änderte sich, als Cocconis und Morrisons Artikel erschienen war. Ein Jahr danach suchte Frank Drake mit dem Radioteleskop in Green Bank im amerikanischen Bundesstaat Virginia zum ersten Mal bei zwei Sternen – Tau Ceti und Epsilon Eridani – nach Signalen Außerirdischer. Das Projekt «Ozma», wie Drake es nach dem Märchen «Der Zauberer von Oz» nannte, bestand darin, den 25 Meter großen Parabolspiegel jeweils mehrere Stunden auf einen Stern zu richten und dabei auf ungewöhnliche Daten zu warten. Doch alles, was Drake an vermeintlichen Mitteilungen der Sterne empfing, war irdischen Ursprungs.

Ein Jahr später berief der Weltraumausschuß der Nationalen Akademie der Wissenschaften der USA in Green Bank eine Tagung ein, die der Frage nachging, ob es außerhalb der Erde vernunftbegabtes Leben gebe und wie man, falls das der Fall sei, mit diesen Wesen in Verbindung treten könne. Obwohl die elf Teilnehmer alle renommierte Wissenschaftler waren – einer von ihnen erhielt, während das Treffen abgehalten wurde, sogar den Nobelpreis –, legten sie keinen Wert auf Publizität. Nur auf Einladung konnte man an der Konferenz teilnehmen, die Medien waren ausgeschlossen.

Frank Drake organisierte den wissenschaftlichen Teil des Treffens. Jede Suche nach außerirdischer Intelligenz hing letztlich von der Frage ab, ob es sie wirklich gab und, wenn ja, wie häufig. Drake versuchte eine Gleichung aufzustellen, mit der sich berechnen ließ, wie viele technisch fortgeschrittene Gesellschaften mit der Fähigkeit zur interstellaren Kommunikation in unserer Galaxis existieren. Die «Drake-Gleichung», wie sie bald schon genannt wurde, ist eine banale Folge von Multiplikationen verschiedener Wahrscheinlichkeiten. Jede für eine Bedingung, die für die Existenz intelligenten Lebens nötig ist.

Die Drake-Gleichung besteht aus Faktoren für die Wahrscheinlichkeit, daß sich bei einem Stern Planeten formen, daß die Bedingungen auf einem dieser Planeten lebensfreundlich sind, daß Leben darauf entsteht, daß die Lebewesen Intelligenz entwickeln, daß sie über die Möglichkeit verfügen, über die großen Distanzen zwischen den Sternen zu kommunizieren, und daß sie gerade jetzt auf diesem Stand der Entwicklung sind. Multipliziert mit der Zahl von Sternen in unserer Galaxis, ergibt die Drake-Gleichung die Zahl von außerirdischen Zivilisationen, mit denen eine Kontaktaufnahme theoretisch möglich scheint.

Obwohl die Gleichung vor allem ein Weg war, «eine große Menge Unwissenheit auf kleinem Raum zu vereinigen», wurde sie in der Folge zum Dreh- und Angelpunkt der Überlegungen aller, die sich mit dem Thema beschäftigten. Die Diskussionen in Green Bank führten zu Schätzungen zwischen weniger als tausend und einer Milliarde kommunikativer Gesellschaften.

Die Suche nach ihren Signalen konnte beginnen.

Doch wonach sollte man eigentlich Ausschau halten? Was würden uns die Außerirdischen sagen? Und vor allem, wie würden sie es tun? Die Frage war einfacher zu beantworten mit einer Definition von dem, was man nicht suchte: Signale natürlicher Phänomene und Zeichen irdischen Ursprungs. Alles andere, dessen Quelle sich nicht eruieren ließ, kam grundsätzlich als Botschaft einer außerirdischen Intelligenz in Frage. Einige Wissenschaftler rechneten damit, daß die Nachricht aus Folgen von Impulsen bestehen könne. Damit wäre sie einfach von natürlichen Phänomenen zu unterscheiden gewesen, die, soweit damals bekannt, keine solchen Signale erzeugten.

Genau auf solche regelmäßigen Pulse stieß die britische Astronomin Jocelyn Bell im Oktober 1967. Sie fand das sonderbare Signal auf einem Abschnitt des dreißig Meter langen Papierstreifens, den das Registriergerät täglich vollschrieb. Bell suchte nicht nach Außerirdischen. Ihr Auftrag war vielmehr, die Daten des Radioteleskops im englischen Cambridge auszuwerten, aus denen später die Größe der strahlenden Himmelsobjekte bestimmt werden sollte.

Mit ihrem Professor Antony Hewish stellte sie fest, daß die Pulse mit extremer Präzision auf der Erde eintrafen: alle 1,33730109 Sekunden. Kein bisher bekanntes Himmelsobjekt kam dafür in Frage. Weil die Signale ihren Ursprung ohne Zweifel jenseits des Sonnensystems hatten, spekulierte Hewish, daß möglicherweise eine außerirdische Intelligenz sie ausgesendet hatte. Eine Zeitlang nannten Hewish und Bell die Signale deshalb «LGMs» – eine Abkürzung für «Little Green Men» (kleine grüne Männchen).

Um die gewagte Hypothese zu testen, ging Hewish davon aus, daß die Außerirdischen einen Planeten bewohnen, der um einen Stern kreist. Genauso, wie das Licht eines Sterns seine Frequenz wechselt, wenn sich der Stern nähert oder entfernt, hätte sich auch die Zeit zwischen den Radiopulsen vergrößern oder verkleinern sollen, wenn der Planet seine Radialgeschwindigkeit änderte. Doch die Pulse zeigten keine Doppler-Verschiebung, überdies entdeckte Bell kurze Zeit später an einer anderen Stelle am Himmel eine weitere pulsierende Quelle. Daß uns gleichzeitig zwei fremde Zivilisationen rufen würden, war eher unwahrscheinlich.

Die richtige Erklärung wurde schließlich in einem Phänomen gefunden, das bereits 1934 vorausgesagt worden war. Ein Neutronenstern war für die Pulse verantwortlich. Man nannte ihn deshalb ab jetzt auch Pulsar. Ein Pulsar ist das Überbleibsel eines Sterns, der den nuklearen Brennstoff im Kern aufgebraucht hat und deshalb der enormen Kraft der Gravitation nichts mehr entgegenzusetzen hat. Mit einer Explosion, die Supernova genannt wird, stößt er seine äußeren Schichten ab und fällt unter dem eigenen Gewicht in sich zusammen. Was übrigbleibt, ist eine Kugel mit etwa zwanzig Kilometern Durchmesser und riesiger Masse, die sich bis zu mehreren hundertmal pro Sekunde um die eigene Achse dreht. Das starke Magnetfeld eines Neutronensterns und die schnelle Drehung erzeugen in einem komplizierten Zusammenspiel die kurzen Pulse. Wir waren wieder allein.

Nachdem fünfzehn Suchprogramme keine Neuigkeiten von den Sternen gebracht hatten, entschlossen sich Frank Drake und seine Kollegen, selbst auf Sendung zu gehen. Am 16. November 1974 schickten sie mit dem größten Radioteleskop der Welt bei Arecibo in Puerto Rico eine aus

1679 Nullen und Einsen bestehende Botschaft in Richtung des Kugelsternhaufens M13. Auf die Antwort warten sie noch immer. Ihre Meldung wird erst in 25 000 Jahren an ihr Ziel gelangen. Trotzdem gab es Leute, die die Internationale Astronomische Union aufforderten, Drakes Treiben zu unterbinden, weil es gefährliche Folgen haben könne.

In den siebziger Jahren begann sich auch die NASA für die Außerirdischen zu interessieren. Sie organisierte verschiedene Konferenzen, die sich zum Teil auch mit der Entdeckung

Das Radioteleskop von Arecibo in Puerto Rico ist mit 305 Metern Durchmesser das größte der Welt (Quelle: NASA).

extrasolarer Planeten beschäftigten. 1990 wurde die Suche nach Signalen außerirdischer Intelligenz zu einem NASA-Projekt. 108 Millionen Dollar sollten bis Ende des Jahrtausends in die Suche nach E. T. gesteckt werden. Die Wissenschaftler bauten Empfänger, die auf vierzehn Millionen Kanälen gleichzeitig hören konnten, und entwarfen Computerprogramme, die die einfallende Datenflut analysierten.

Doch 1993 fiel das ganze Projekt den Budgetkürzungen des amerikanischen Kongresses zum Opfer. «Bis zum heutigen Tag wurden Millionen ausgegeben, und wir haben noch nicht einen einzigen kleinen grünen Kerl erwischt», kommentierte ein Abgeordneter seine ablehnende Haltung. Einige Wissenschaftler gründeten daraufhin das SETI-Institut und versuchen seither mit privatem Geld, wenigstens einen Teil des Projekts weiterzuführen.

Die SETI-Leute haben aber nicht nur Geldsorgen. Heidmann prophezeit der erdgebundenen Radioastronomie auch sonst eine düstere Zukunft. Während der letzten acht Jahre haben die Störungen durch elektronische Geräte um das Zehnfache zugenommen. Gegen die Strahlung von Mikrowellenöfen und Funktelefonen wird Radio 51 Pegasi bald keine Chance mehr haben. Deshalb will Heidmann auf den Mond. Einen Krater auf der Mondrückseite hat er sich schon ausgewählt, wo ein Radioteleskop ohne die Störungen der Zivilisation arbeiten könnte.

Im Moment ein utopisches Projekt. Überhaupt gibt es viele Fachleute, die aus ganz unterschiedlichen Gründen an den Erfolgsaussichten von SETI zweifeln. Der Philosoph Terence McKenna hat grundsätzliche Bedenken: «Erwartungsvoll nach einem Radiosignal einer außerirdischen Quelle zu suchen ist wahrscheinlich eine genauso kulturgebundene Vermutung, wie die Galaxis nach einem guten italienischen Restaurant zu durchforsten.»

Auch unter den Planetenjägern sind die Ansichten geteilt über die Versuche, außerirdische Radiosignale zu empfangen. Geoff Marcy stellt sich voll und ganz hinter die SETI-Projekte. Andere Astronomen dagegen halten die Zeit für solche Unternehmen für verfrüht. Sie möchten die Planeten zuerst sehen und in ihrem Spektrum nach den Spuren der Chemie des Lebens fahnden. Erst dann wisse man, worauf es lohne, das Radioteleskop zu richten.

Die Drake-Gleichung besteht aus sieben Faktoren. Einer davon, die Zahl der Sterne, ist ungefähr bekannt. Einen zweiten – die Wahrscheinlichkeit, daß um einen Stern Planeten kreisen – beginnen die Planetensucher jetzt zu bestimmen. Die restlichen fünf sind immer noch ungewiß.

17. Eine unglückliche Wahl

Bruce Campbell wußte, daß es irgendwann geschehen würde: Eines Tages würde einer kommen und finden, was zu suchen er nach zehn Jahren frustriert und enttäuscht aufgegeben hatte. In der Woche vom 9. Oktober 1995, kurz nachdem Mayor seinen Planetenfund bekanntgegeben hatte, rief ein Freund aus alten Tagen Campbell an und erzählte ihm von 51 Pegasi.

Campbell war der erste Astronom gewesen, der realistische Chancen hatte, als Entdecker eines extrasolaren Planeten in die Geschichte einzugehen. 1980 startete er zusammen mit Gordon Walker ein Planetensuchprogramm mittels Messung der Radialgeschwindigkeiten von Sternen. Lange Zeit verfügten die beiden Forscher über das einzige ausreichend genaue Meßgerät für die Planetensuche. Wie die überwiegende Mehrheit ihrer Kollegen waren sie überzeugt davon, daß fast bei jedem Stern ein Jupiter zu finden sei. Campbell wählte mehr oder weniger zufällig zwanzig genügend helle sonnenähnliche Sterne aus, die nicht Teil von Doppelsternsystemen waren. Er setzte sie auf seine Liste und begann, dreimal pro Jahr ihre jeweiligen Geschwindigkeiten zu messen. Diese Auswahl bestimmte den Verlauf seines weiteren Lebens. Mindestens die Muttersterne von drei Planeten, die Marcy später entdeckte, waren so hell, daß sie bereits Campbells Spektrograph hätte beobachten können. Doch diese Sterne waren nicht auf seiner Liste.

Campbell fand keine Planeten und mußte deshalb die Astronomie später verlassen. Er hatte in den siebziger Jahren die entscheidende Idee, wie die Genauigkeit der Radialgeschwindigkeitsmessungen verbessert werden konnte: Das Sternenlicht muß durch ein Gas geleitet werden, das ihm sein stabiles Referenzspektrum aufprägt.

Der britische Astronom Roger Griffin hatte ein ähnliches Verfahren bereits 1973 vorgeschlagen. Statt das Sternspektrum und das Referenzspektrum einer Lampe nebeneinander auf einer Fotoplatte aufzuzeichnen, sollten die Absorptionslinien der Referenzquelle im Sternspektrum integriert werden. Griffin benutzte einige Absorptionslinien der Erdatmosphäre als Referenz. Auf dem Weg zum Erdboden legt das Sternenlicht den letzten Teil seiner Reise durch die Erdatmosphäre zurück, dort wird es zum Beispiel von Wasserdampf oder Sauerstoff absorbiert und mit den dafür typischen schwarzen Absorptionslinien versehen. Aus der Distanz zwischen diesen Linien und den Linien des Sternspektrums konnte man die Geschwindigkeit des Sterns bestimmen.

Griffins Idee wurde umgesetzt und zeitigte tatsächlich erstaunliche Präzision. Die Luftschicht der Erde ließ sich jedoch nicht kontrollieren. Je nach Stellung des Teleskops war die in der Atmosphäre zurückgelegte Strecke des Lichts unterschiedlich lang, wodurch die Absorptionslinien verschieden stark ausfielen. Zudem erschienen im Spektrum des Sterns nicht nur die als Orientierungspunkte geeigneten stark ausgeprägten Linien, sondern auch viele unbrauchbare schwache, die das Spektrum verschmutzten.

Da hatte Campbell eine Idee, die er später als seine «einzige wirkliche wissenschaftliche Entdeckung» bezeichnete: eine in Glas eingesperrte kleine Privatatmosphäre. Das richtige Gas in einem Glaszylinder, durch den das Sternenlicht scheint, und man kann Gasmenge, Temperatur und Druck selbst kontrollieren und über Jahre mit exakt dem gleichen Maßstab messen.

Ein solches Gas mußte mehrere Bedingungen erfüllen: Zum Beispiel mußte sein Spektrum dem Sternenlicht auf einer kurzen Strecke aufgeprägt werden. Länger als ein oder zwei Meter durfte der Gasbehälter allein aus Platzgründen nicht sein, schließlich mußte es irgendwo zwischen Teleskop und Spektrograph eingebaut werden. Zudem sollten die Linien nicht zu nahe beieinander liegen, weil sie sonst Linien des Sternspektrums überdecken konnten.

Weil Campbell nicht wußte, welches Gas seine Wunschliste erfüllte, suchte er nach einem Spezialisten auf dem Gebiet der Spektralanalyse und stieß auf Gerhard Herzberg. Herzberg ist ein kanadischer Physiker deutscher Abstammung, der einige Jahre zuvor den Nobelpreis für Chemie erhalten hatte. Kurze Zeit nachdem Campbell seine Fragen an Herzberg formuliert hatte, schrieb dieser ihm einen langen Brief zurück. Für Herzberg kam nur ein Gas in Frage, das alle Bedingungen erfüllte: Fluorwasserstoff. Herzberg hatte selbst mit Fluorwasserstoff gearbeitet und stellte Campbell eine Gaszelle für Experimente zur Verfügung. Der Nobelpreisträger interessierte sich sehr für die Arbeit von Campbell und kam sogar zur Eröffnung des Canada-France-Hawaii-Teleskops auf Mauna Kea nach Hawaii.

Doch das einfache Spektrum und die starken Absorptionslinien des Fluorwasserstoffs mußten teuer erkauft werden. Darauf hatte Herzberg in seinem Brief bereits vorsichtig hingewiesen: «Es ist natürlich ein bißchen unpraktisch, mit Fluorwasserstoff umzugehen.» Fluorwasserstoff ist extrem giftig, es verätzt die Haut, ist bereits in kleinsten Mengen eingeatmet tödlich, und, für Astronomen fast noch schlimmer: Es greift Glas an. Überdies mußte es für ein optimales Resultat auf hundert Grad erhitzt werden.

Campbell baute ein etwa armlanges Rohr aus Metall, umwickelte es mit Heizbändern und setzte vorne und hinten Saphirglas ein, dem das

Fluorwasserstoffgas nichts anhaben konnte. Erst vor der Beobachtung wurde das Gas durch ein kompliziertes System von Ventilen und untereinander verbundenen Behältern in die Röhre geleitet. Diese Prozedur war nicht ungefährlich. «Wir hatten mehr als einen Fast-Unfall», erinnert sich Gordon Walker, der bei den Vorbereitungen mit seinem Mitarbeiter jeweils wie Kapitän und Kopilot arbeitete. «Wir sprachen über alles, bevor wir es taten. ‹Ich werde jetzt dieses Ventil öffnen, ist das richtig?› – ‹Ja, es ist richtig, öffne das Ventil.›» Für den Notfall hing im Vorraum eine Gasmaske. «Ich bezweifle aber, daß sie uns viel genutzt hätte.»

Das Einrichten der Apparatur war zwar umständlich, doch sie erbrachte vom ersten Augenblick an phantastische Resultate. Die Kanadier erreichten die traumhafte Genauigkeit von zehn bis fünfzehn Metern pro Sekunde. Das war ein Quantensprung in der Meßtechnik. Die Ergebnisse waren rund hundertmal besser als die der alten Verfahren.

Campbell und Walker hatten das Gerät nicht mit dem Ziel gebaut, nach Planeten zu suchen. Erst als sie während des Baus die enorme Präzision des Apparats feststellten, entschieden sie sich, Planetenjäger zu werden. Für Campbell gab es damals keinen Zweifel, daß er damit einige Jupiter vom Himmel holen würde. Er hatte eines der größten Teleskope der Welt zur Verfügung, den 3,6-Meter-Canada-France-Hawaii-Spiegel, und er war allein auf weiter Flur. Erst 1987 erschien mit Marcy, Cochran und McMillan die Konkurrenz. Campbell war sich sicher, im Vorteil zu sein. «Ich dachte, wir hätten einen Riesenvorsprung.» Campbell und Walker sammelten seelenruhig ihre Daten und hofften, nach ein paar Jahren die Jupiter aussortieren zu können.

Da sie das Teleskop nur an sechs Nächten pro Jahr benutzen konnten und pro Stern bis zu einer Stunde messen mußten, beschränkten sie ihre Auswahl auf etwa zwanzig Sterne. Nach sieben Jahren Arbeit

Erste Gaszelle: Im länglichen Kasten (Bildmitte) ist das mit Fluorwasserstoffgas gefüllte Rohr untergebracht. Das Sternenlicht vom Teleskop wird über mehrere Spiegel zum Eintrittsfenster des Rohrs geleitet. Nachdem es die etwa einen Meter lange Strecke im Rohr zurückgelegt hat, verläßt es den Gaszylinder durch das Fenster am anderen Ende und verschwindet im Spektrographen (Foto: Gordon Walker).

glaubten sich Campbell und Walker fast am Ziel. Auf einer Konferenz der Amerikanischen Astronomischen Gesellschaft in Vancouver gab Campbell am 18. Juni 1987 bekannt, daß seine Beobachtungen «klare Hinweise auf Begleiter mit kleiner Masse um zwei Sterne und vielsagende Andeutungen bei fünf weiteren ergeben hätten».

Doch seine Ergebnisse waren nicht klar und vielsagend genug. Einige Jahre später stellte sich heraus, daß sich keiner der vermuteten Planeten wirklich festmachen ließ. Im Fall des Sterns Gamma Cephei, der sich besonders verdächtig gemacht hatte, schienen Flecken auf dem rotierenden Stern zur falschen Messung geführt zu haben.

Campbell bekam schließlich große Probleme, Geld aufzutreiben für sein Projekt. «Ich arbeitete damals in einem Gebiet, das andere Astronomen nicht sehr interessierte. Die Suche nach extrasolaren Planeten war für sie bei weitem nicht so interessant wie zum Beispiel die Kosmologie.»

1990 entschloß er sich, die Forschung zu verlassen. Heute arbeitet er als erfolgreicher Geschäftsmann in Victoria. Der Brief, den ihm Herzberg damals geschrieben hatte, hängt gerahmt in Campbells Büro. Eines der wenigen Relikte aus seinem früheren Leben als Planetenjäger.

18. Wann können wir sie sehen?

Ganz egal, ob alle gefundenen Objekte letztlich Planeten sind oder ob einige ihr Namensschild später gegen ein anderes eintauschen müssen oder sogar ganz verschwinden: Die neunziger Jahre des 20. Jahrhunderts werden in die Geschichte eingehen als eine Zeit, in der den philosophischen Spekulationen über die Existenz fremder Welten anderer Sonnen erstmals naturwissenschaftliche Fakten gegenübergestellt wurden.

Aus einem Wissenschaftszweig mit zweifelhafter Reputation ist innerhalb weniger Monate eines der zukunftsträchtigsten Gebiete der Astronomie geworden. Bis vor kurzem fanden die Planetensucher noch an einem großen Tisch Platz. Heute haben sich ihnen Hunderte angeschlossen, die neue Welten entdecken wollen. Und auch die Pioniere denken noch lange nicht ans Aufhören. Die Treibjagd am Firmament hat gerade erst begonnen.

Mayor wird 1997 an der ESO-Sternwarte in Chile ein neues Teleskop installieren, das ausschließlich der Planetensuche am Südhimmel dient. Sein Assistent Queloz hat vor, in die USA zu ziehen und dort beim Bau eines Raumteleskops für die Planetensuche mitzuwirken. Marcy und Butler arbeiten neuerdings mit dem Keck-Teleskop auf Hawaii, einem der größten der Welt. Auch Gatewood, McMillan und Cochran benutzen seit kurzem dieses Zehn-Meter-Spiegelteleskop. Cochran wird überdies mit dem Hobby-Eberly-Teleskop arbeiten. Das neue Gerät – ein Gemeinschaftsprojekt mehrerer amerikanischer und deutscher Universitäten – soll 1997 in Texas den Betrieb aufnehmen. Sein Spiegel wird mit elf Metern Durchmesser der größte der Welt sein.

Das Interesse der Öffentlichkeit ist den Astronomen sicher. Die Leute wollen endlich wissen, ob da draußen noch jemand ist oder ob wir allein sind in der Weite des Alls. Und von wem können sie darauf eine Antwort erwarten, wenn nicht von den Astronomen, die nach jenen Welten suchen, auf denen unsere Brüder und Schwestern zu Hause sein könnten – oder die Brüder und Schwestern unserer Bakterien.

Lebensformen auf einer niedrigen evolutionären Stufe brauchen weniger Zeit, um sich zu entwickeln, und können sich an Veränderungen ihrer Umgebung schneller anpassen. Deshalb ist es weit wahrscheinlicher, «da draußen» auf außerirdische Algen, Einzeller oder Bakterien zu stoßen als auf E. T. oder Vulkanier. Es gibt keinen Grund anzunehmen, daß, wo Leben entsteht, zwingend Intelligenz daraus hervorgeht. «Die Evolution ist kein Mechanismus, in den nur vorne ein blödes Bakterium hineingesteckt werden muß, damit hinten ein Einstein herausspringt», schrieb Gero von Randow in einem Artikel über Leben auf dem Mars in der *Zeit*.

Der jüngste Hinweis darauf, daß es auf einem anderen Planeten *unseres* Sonnensystems früher Leben gegeben hat, ist denn auch kein grünes Männchen, das aus einem Raumschiff hüpfte, sondern ein kartoffelgroßes Stück Stein mit dem Namen ALH 84001. Zehn Monate nach Mayors Auftritt in Florenz präsentierte die NASA es im August 1996 der Öffentlichkeit als Hinweis auf bakterienähnliche Wesen, die vor über drei Milliarden Jahren auf dem Mars gelebt haben sollen.

1984 hatte ein Team von Wissenschaftlern in der Antarktis den Marsmeteoriten entdeckt und ihn ins Johnson Space Center im texanischen Houston gebracht. Zwölf Jahre später wurde er auf einer weltweit übertragenen Pressekonferenz – unter einer Glasabdeckung auf ein Stück Samt gebettet – zum Fernsehstar. Seine chemische Zusammensetzung belegt, daß die Forscher in der Antarktis ein Stück Mars gefunden hatten. Einen metallisch schimmernden Brocken mit dramatischem Lebenslauf: Vor 15 Millionen Jahren war ein Komet auf dem Mars aufgeschlagen und hatte den Brocken aus dessen Oberfläche herausgerissen. Von da an irrte er durch das Sonnensystem, bis er vor 13 000 Jahren ins Schwerefeld der Erde geriet und in der Antarktis vom Himmel fiel.

Teile des Marsmeteoriten wurden zertrümmert, verdampft, zerschnitten und unter das Mikroskop gelegt, bis sie ihre drei Geheimnisse preisgaben: organische Verbindungen, ohne die Leben unmöglich ist, Mineralien, wie sie auch von irdischen Bakterien ausgeschieden werden, und kleinste röhrchenförmige Strukturen, ähnlich versteinerten Bakterien, wie man sie ebenfalls in Erdgestein gefunden hatte. Für jedes einzelne dieser Phänomene gibt es Erklärungen, die nichts mit außerirdischem Leben zu tun haben. Doch ihren gemeinsamer Auftritt in ALH 84001 werten einige Wissenschaftler als klaren Hinweis auf urzeitliches Leben auf dem Mars. Über die Stichhaltigkeit der Indizien herrscht allerdings weithin Uneinigkeit.

Für die Suche nach Leben auf *extrasolaren Planeten* ist der NASA-Fund bestenfalls eine psychologische Stütze. Wenn sich die Interpretation bestätigen sollte, daß neben der Erde ein zweiter Planet in unserem Sonnensystem Leben getragen hat, stünden auch die Chancen für Leben auf den Planeten anderer Sterne besser. Allerdings ist es ausgeschlossen, daß der Himmel je ein Stück einer solch fremden Welt fallen läßt. Eine Raumsonde loszuschicken, die einen Brocken eines extrasolaren Planeten zurückbringt oder wenigstens Bilder zurückschickt, ist ebenfalls aussichtslos: Selbst zu unseren nächsten Sternen sind die Entfernungen so groß, daß eine Sonde erst in Tausenden von Jahren dort ankommen würde. Das einzige, was die Astronomen in absehbarer Zeit auf Spuren von

Leben der fremden Welten untersuchen können, ist das Licht der Planeten.

Aus dem Spektrum kann die chemische Zusammensetzung der Atmosphäre gelesen werden. Wonach die Astronomen dort suchen müßten, wissen sie schon. Es gibt drei Stoffe, die typisch sind für Leben auf der Erde: Kohlenstoff, Sauerstoff und Wasser. Natürlich kann man den Forschern einen gewissen «Erdchauvinismus» vorwerfen, da sie von Anfang an davon ausgehen, Leben auf fremden Planeten sei unserem ähnlich. Doch was bleibt ihnen anderes übrig? Irgendeine Annahme müssen sie treffen, bevor sie ans Werk gehen. Immerhin haben die Biologen plausible Gründe gefunden, warum ausgerechnet diese drei Stoffe bei *irdischem* Leben eine überragende Rolle spielen.

«Die Eigenschaften, die nach unserem Verständnis am engsten mit dem Leben zusammenhängen, beruhen auf wandlungsfähigen Makromolekülen, die nach übereinstimmender Meinung aller Chemiker ausschließlich mit einem Kohlenstoffgerüst aufgebaut werden können», schreibt der Biologe und Nobelpreisträger Christian de Duve in seinem Buch *Aus Staub geboren*. Aufgrund des Baus seiner Atome kann Kohlenstoff wie kein anderes Element die große Vielfalt komplexer, aber doch stabiler Moleküle bilden, die irdische Lebewesen benötigen, um zu funktionieren.

Wasser ist das ideale Lösungsmittel, in dem sich die Chemie des Lebens abspielen kann. «Man kennt keine andere Flüssigkeit mit einer vergleichbaren Kombination günstiger physikalischer Eigenschaften», schreibt de Duve.

Und Sauerstoff wird bereits von einfachen Bakterien, aber auch von Algen und höheren Pflanzen erzeugt, die Photosynthese betreiben. Er wird frei, wenn Pflanzen oder Bakterien mittels Wasser und Kohlendioxid Sonnenlicht in energiereichen Verbindungen speichern. Sauerstoff ist ein sehr reaktionsfreudiges Gas. Wird es nicht ständig neu erzeugt, verschwindet es aus der Atmosphäre, weil es Verbindungen mit anderen Elementen eingeht.

Zumindest in unserem Sonnensystem hätten wir Erfolg mit der Strategie, nach diesen drei Spuren von Leben Ausschau zu halten. Die Erde ist der einzige Planet, der in seinem Spektrum größere Mengen von Wasser und Sauerstoff verrät. In der Kombination mit Kohlenstoff, der in Form von Kohlendioxid auch in der Atmosphäre anderer Planeten zu finden ist, sind diese Elemente der untrügliche Fingerabdruck des Lebens.

Das Problem ist bloß, an das Spektrum eines der neuen Planeten heranzukommen. Bisher wurde noch kein einziges Lichtteilchen eines extrasolaren Planeten identifiziert. Die Astronomen haben alle Begleiter mit indirekten Methoden nachgewiesen, aufgrund der Bewegung ihres Muttersterns.

Der Sonnenforscher Bob Noyes versucht im Moment, in bereits gewonnenen Beobachtungsdaten das Licht eines Planeten zu finden. Zwar kann heute kein Teleskop einen extrasolaren Planeten neben dem viel helleren Stern bildlich darstellen, doch im Strom des empfangenen Sternenlichts fließt auch ein Rinnsal Planetenlicht. Schließlich sammelt das Teleskop das ganze Licht, das aus der Richtung des Sterns kommt. Im Sternspektrum, das die Planetenjäger zur Geschwindigkeitsmessung benutzen, versteckt sich also auch das Spektrum des Planeten. Allerdings ist es so schwach, daß die Suche danach extrem schwierig ist. Noyes versucht, mit ausgeklügelter Mathematik im lauten Sternspektrum das leise Planetenspektrum zu finden. Ob es gelingen wird, ist ungewiß.

Das große Problem, mit dem die Astronomen fertig werden müssen, ist das Sternenlicht, das alle schwachen Lichtquellen in seiner Umge-

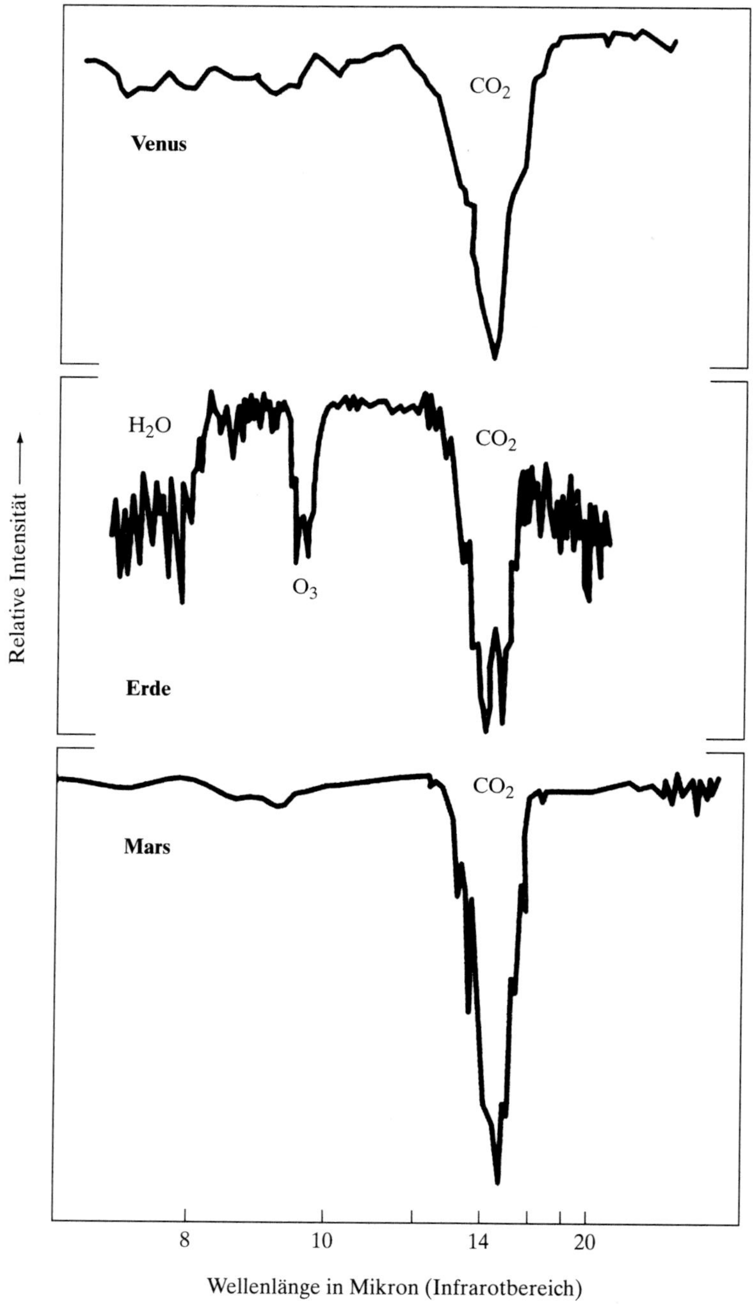

Planetenatmosphären: Das Spektrum der Erde unterscheidet sich vom Spektrum ihrer Nachbarplaneten. Der blaue Planet zeigt als einziger Spuren von Wasser und Sauerstoff (Quelle: NASA).

bung in seinem hellen Schein ertränkt. Sie stehen vor der Aufgabe, «ein Glühwürmchen neben einem Suchscheinwerfer auszumachen – und das aus mehreren tausend Kilometern Entfernung», wie Roger Angel von der Universität von Arizona es ausdrückt. Angel beschäftigt sich schon lange mit dem Problem, wie das Licht extrasolarer Planeten direkt nachgewiesen werden könnte. Alle von ihm und anderen Astronomen vorgeschlagenen Techniken haben zwei Punkte gemeinsam: Die Beobachtung erfolgt im Infrarotbereich, und das Sternenlicht wird blockiert, damit der viel schwächer leuchtende Planet sichtbar wird.

Einerseits lassen sich im Infrarotbereich eines Planetenspektrums die Spuren von Sauerstoff, Kohlenstoff und Wasser leicht erkennen. Andererseits ist der Helligkeitskontrast zwischen Stern und Planet dort weniger groß als im sichtbaren Licht. Verschieden warme Körper strahlen ihre maximale Energie bei unterschiedlichen, genau vorhersagbaren Wellenlängen ab (Grafik S. 86). Sonnenähnliche Sterne mit einer Oberflächentemperatur von etwa 5000 Grad leuchten am stärksten im sichtbaren Bereich des Lichts. Die viel kühleren Planeten dagegen geben ihre maximale Strahlung im Infrarotbereich ab. Ein Planet ist zwar auch dort noch viel dunkler als der Stern, doch ist das Verhältnis bedeutend vorteilhafter für seine Beobachtung: Im sichtbaren Bereich ist ein Stern etwa zehnmilliardenmal heller als der Planet, im Infrarotbereich sinkt dieser Faktor auf zehn Millionen.

Damit ist der Kontrast immer noch zu hoch, um den Planeten neben dem Stern zu sehen. Das Sternenlicht muß zusätzlich gedämpft werden. Die Astronomen können dafür einen Koronographen einsetzen, wie Terrile und Smith es getan haben, um die Staubscheibe bei Beta Pictoris zu sehen. Bei einem Koronographen verdeckt eine kleine Blende in der Optik des Teleskops den Stern und läßt dadurch seine Umgebung in günstigerem Kontrast erscheinen.

Auf diese Weise konnte der Astronom Shrinivas Kulkarni mit seinen Kollegen am Caltech zum ersten Mal einen Braunen Zwerg sichten. Die Existenz von Braunen Zwergen war bis dahin ähnlich unsicher wie jene von extrasolaren Planeten. Zwar gab es einige vielversprechende Kandidaten, doch wollte kein Astronom die Hand für sie ins Feuer legen.

Der Fund von Kulkarni wurde unmittelbar nach dem des Planeten bei 51 Pegasi in Florenz bekanntgegeben. Der Braune Zwerg beim Stern Gliese 229 ist zwischen zwanzig- und fünfzigmal so schwer wie Jupiter und liegt mindestens vierzigmal weiter entfernt von seinem Stern als die Erde von der Sonne. Das ist etwa die mittlere Entfernung der Sonne zu Pluto, dem äußersten Planeten unseres Sonnensystems. Der

Der Braune Zwerg bei Gliese 229. Links das Entdeckerbild, rechts ein Bild des Weltraumteleskops Hubble (Bild: S. Kulkarni, D. Golimowski; NASA).

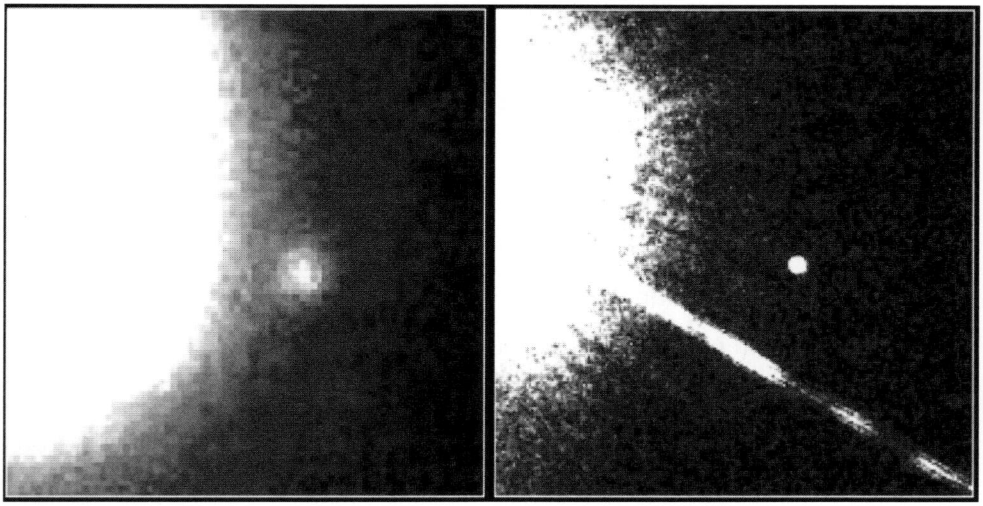

Braune Zwerg leuchtet zwar nicht wie ein normaler Stern, ist aber als Folge seiner Entstehung immer noch etwa 800 Grad heiß. Deshalb ist er im Infrarotbereich viel besser zu sehen als ein Planet in dieser Distanz, dessen Temperatur mindestens 200 Grad Celsius unter Null liegt.

Um den dunklen Begleiter von Gliese 229 sichtbar zu machen, benutzte Kulkarni neben einem Koronographen einen weiteren technischen Trick: adaptive Optik. Ein ständiges Problem bei der Sternbeobachtung ist die Verzerrung des Bildes durch die Erdatmosphäre. Was wir mit bloßem Auge als Glitzern der Sterne wahrnehmen, ist die Folge von Störungen, die das Licht auf dem Weg durch die verschiedenen Luftschichten ablenken. Im Idealfall sollte eine Lichtwelle über die ganze Fläche des Teleskops gleichzeitig bei ihm eintreffen – wie eine Wasserwelle an einem geraden Strand. Durch die Luftunruhen wird die Wellenfront jedoch deformiert: An einigen Stellen trifft der Wellenberg des Lichts früher ein, an anderen später. Das Resultat ist ein verschwommenes Bild des Sterns, das in Kulkarnis Fall den Braunen Zwerg überdeckt hätte. Ein deformierbarer Korrekturspiegel, der abhängig von der aktuellen Verformung der Wellenfront an vielen Stellen ständig geringfügig anders gebogen wird, kann die Wellenfront jedoch wieder gerade ausrichten. Heute gibt es bereits viele Teleskope, die mit dieser technisch aufwendigen und daher teuren Technik ausgerüstet sind.

Roger Angel und sein Kollege Neville Woolf, die seit fünfzehn Jahren zusammenarbeiten, glauben, mit adaptiver Optik vom Erdboden aus auch die Jupiter anderer Sterne sehen zu können. Allerdings müßten die bisherigen Systeme dafür noch verbessert werden. Heutige Korrekturspiegel können ihre Form an 1000 Stellen 1000mal pro Sekunde verändern. Damit ein extrasolarer Jupiter nicht im verschwommenen Licht seines Muttersterns verschwände, müßte ein Spiegel an 20 000 Stellen und dazu doppelt so schnell korrigiert werden. So sollte es laut Angel und Neville möglich sein, mit einem geeigneten Teleskop die großen Gasplaneten bei einem Dutzend naher Sterne auszumachen und mit einigen Stunden Belichtungszeit sogar einen erdgroßen Trabanten bei unserem nächsten Nachbarn Alpha Centauri A zu finden.

In einem so gewonnenen Spektrum nach den Spuren von Kohlenstoff, Sauerstoff und Wasser zu suchen wäre allerdings sinnlos. Da das Licht des Planeten den letzten Teil seines Weges durch die Erdatmosphäre zurücklegt, fände man darin vor allem die spektrale Spur

Roger Angel will mit Hilfe adaptiver Optik die Jupiter anderer Sterne finden (Quelle: Universität von Arizona).

vom Leben auf unserer Erde. Nur ein im Weltraum stationiertes Teleskop kann das Licht eines extrasolaren Planeten auf die Insignien des Lebens untersuchen. Um Planetensysteme im Umkreis von dreißig Lichtjahren zu suchen, wäre jedoch ein Raumteleskop mit fast hundert Metern Durchmesser nötig. Eine unmögliche Forderung.

Glücklicherweise kann dieser Engpaß umschifft werden. Es ist möglich, ein großes Teleskop zu simulieren, indem das Licht mehrerer kleiner Teleskope zusammengeführt wird. Wie mit dieser Interferometrie genannten Technik Planeten gesucht werden können, hat der Astronom Ronald Bracewell von der Universität von Stanford in Kalifornien schon 1979 beschrieben. Er wollte zwei Ein-Meter-Teleskope, die im Infrarotbereich arbeiten, im Abstand von zwanzig Metern koppeln und dabei das Sternenlicht auf elegante Weise auslöschen. Werden die an einem Träger befestigten Teleskope so ausgerichtet, daß ihre Distanz zum Stern exakt gleich groß ist (der Stern liegt in diesem Fall genau auf der Mittelsenkrechten zwischen den Teleskopen), dann erreicht jede Lichtwelle beide Teleskope gleichzeitig. Bevor das Licht beider Teleskope zusammengeführt wird, brauchen jetzt bloß die Lichtwellen des einen invertiert zu werden. Invertieren bedeutet, Wellenberge in Wellentäler zu verwandeln. Werden die Bilder beider Teleskope überlagert, trifft ein Wellenberg des einen Teleskops auf das Wellental das anderen: Das Sternenlicht wird ausgelöscht. Ein Planet, der neben dem Stern liegt und dessen Licht deshalb nicht genau gleichzeitig bei beiden Teleskopen eintrifft, bleibt aber sichtbar. Ein solches Interferometer löscht allerdings auch streifenweise Licht neben dem Stern aus. Deshalb muß der Träger mit den zwei Teleskopen während der Beobachtung rotieren. Erst aus dem komplexen Signal, das dabei entsteht, kann ein Planet identifiziert werden.

Im Auftrag der NASA haben Angel, Neville und Bracewell mit über zwanzig Wissenschaftlern zusammengearbeitet, um ein Konzept für ein solches Raumteleskop zu entwickeln. Darunter waren auch die Franzosen Alain Léger von der Universität von Paris und Jean-Marie Mariotti von der Pariser Sternwarte. Das von ihnen vorgeschlagene System besteht insgesamt aus vier Teleskopen, die an einem 50 bis 75 Meter langen Gerüst befestigt werden. Je

Ausblenden des Sternenlichts: Bei gleicher Distanz des Sterns zu zwei getrennten Spiegeln kann sein Licht auf elegante Weise ausgeblendet werden. Die Lichtwellen, die auf den einen Spiegel treffen, werden invertiert und zu den Lichtwellen des anderen Spiegels addiert. Das Licht aller Objekte, die von beiden Spiegeln genau gleich weit entfernt liegen, wird auf diese Weise ausgelöscht. Himmelskörper in unterschiedlicher Entfernung zu beiden Spiegeln bleiben sichtbar.

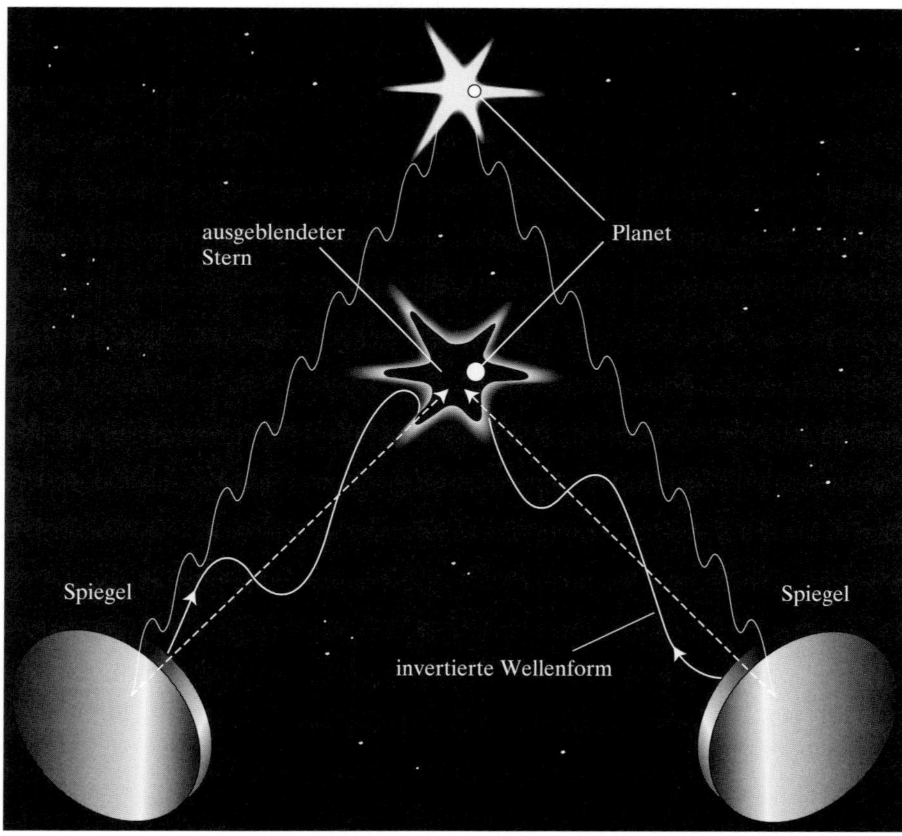

zwei verdunkeln das Hauptbild des Sterns, und zusätzlich löscht jedes Spiegelpaar das restliche Sternenlicht des anderen aus. Unter der Leitung von Léger läuft bei der europäischen Raumfahrtorganisation ESA ein ähnliches Projekt mit Namen «Darwin».

Nachdem Bracewell 1979 den blendenden Schein des Zentralgestirns auf dem Papier erlegt hatte, bemerkte er, daß ein weiteres Hindernis vor der Entdeckung einer zweiten Erde stand: das Zodiaklicht, Licht der Sonne oder eines Sterns, das von Staubteilchen zwischen den Planeten gestreut wird. Es erschwert die Arbeit der Planetenjäger zweifach: Der Staub in *unserem* Sonnensystem stört die Beobachtung, ähnlich wie die Erdatmosphäre die Arbeit mit erdgebundenen Teleskopen erschwert. Der Staub im *fremden* Sonnensystem überstrahlt das Licht eines erdähnlichen Planeten im Infrarotbereich 300fach.

Für das erste Problem hat Alain Léger eine einfache Lösung gefunden. Das Teleskop muß in großer Entfernung von der Sonne stationiert werden. Etwa im Abstand Jupiters. Dort gibt es nur noch geringe Mengen Staub. Der zweiten Schwierigkeit hoffen die Astronomen durch die Rotation des Teleskops beizukommen. Das Signal eines Planeten sollte sich dabei klar von jenem des diffus verteilten Staubs unterscheiden.

Wann eine zweite Erde gefunden wird, ist ungewiß. Selbst die Schätzungen, wann ein erstes Bild eines *jupiterähnlichen* Planeten gelingt, gehen weit auseinander. Gordon Walker vermutet in einem in *Nature* veröffentlichten Artikel im Sommer 1996, daß dieses Rennen «bereits im nächsten Jahr gewonnen werden könnte». Andere Astronomen sind skeptischer. David Black vom Institut für Mond- und Planetenforschung in Houston, Texas, glaubt, daß wir noch zehn bis zwanzig Jahre auf das ersehnte Bild warten müssen.

Die Stationierung von Angels Superteleskop, das den Namen «Planet-Finder» trägt, ist im Moment für das Jahr 2009 geplant. Das ESA-Projekt «Darwin» soll irgendwann zwischen 2011 und 2015 einsatzbereit sein. Doch diese Zahlen sind bloße Absichtserklärungen optimistischer Forscher. Bei allem, was mit Raumfahrt zu tun hat, sind die Prognosen der Spezialisten oft nicht mehr wert als jene von Handlesern und Pendlern. Nach den Verlautbarungen der NASA aus den siebziger Jahren haben wir längst eine Mondstation gebaut, sind auf dem Mars gelandet und beziehen unsere Energie aus riesigen Solarkraftwerken, die um die Erde kreisen.

Am weitesten fortgeschritten ist im Moment das Projekt eines Raumteleskops der NASA mit Namen SIRTF (Space Infrared Telescope Facility). Das neue Infrarotteleskop wird wie das Hubble-Teleskop um die Erde kreisen und soll im Jahr 2002 in die Erdumlaufbahn gebracht werden. Es wird Staubscheiben, Braune Zwerge und vielleicht Riesenplane-

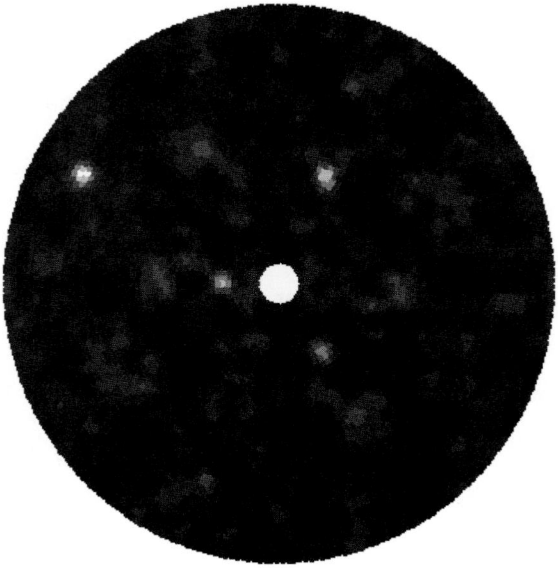

Nach aufwendiger Rechenarbeit liefern die Beobachtungen mit dem Interferometer das «Familienporträt» eines Sonnensystems. Hier die Simulation eines Vier-Planeten-Systems in 33 Lichtjahren Entfernung. Jeder Planet wird aus technischen Gründen doppelt angezeigt (Bild: Universität von Arizona).

ten sehen können, jedoch keine erdähnlichen Planeten wie das Interferometer von Angel. Um herauszufinden, um welche Sterne überhaupt solch kleine Planeten kreisen, plant die NASA das Projekt SIM (Space Interferometry Mission) mit einem Teleskop, das die Position der Sterne auf einige Millionstel einer Bogensekunde genau mißt. Damit könnte in Madrid der Flügelschlag einer Fliege in Teheran erkannt werden.

Das Wundergerät soll die kleinen Verschiebungen feststellen, zu denen ein erdgroßer Planet seinen Mutterstern zwingt, ähnlich wie George Gatewood es auf seinen Fotoplatten für den Stern Lalande 21185 getan hat, bloß genauer. Der Start dieser Mission ist provisorisch für das Jahr 2005 geplant. Die Suche nach den Spuren von Leben auf extrasolaren Planeten ist im Fahrplan der NASA-Studie ExNPS (Exploration of Neighboring Planetary Systems) im Jahr 2010 eingetragen.

Bei der Planung dieser großen Projekte sind die Forscher gut beraten, die Geschichte der Entdeckung des ersten extrasolaren Planeten in Erinnerung zu behalten. Was immer wir «da draußen» finden werden, es wird vielleicht – wie im Fall von 51 Pegasi – nicht sein, was wir erwarteten.

Darüber, ob wir überhaupt je außerirdisches Leben entdecken oder, falls es sich um intelligente Wesen handeln sollte, sogar Kontakt mit ihnen aufnehmen werden, gehen die Meinungen weit auseinander. Während eine Gruppe von Wissenschaftlern bereits ein diplomatisches Protokoll für den Funkkontakt mit Außerirdischen entworfen hat, scheint es anderen zweifelhaft, daß wir je auf Tuchfühlung mit ihnen gehen werden.

Auch wenn sie es nie finden sollten, die meisten Astronomen sind davon überzeugt, daß es im Universum noch anderes Leben gibt. Es ist die Geschichte ihres Forschungsgebiets, die sie zu dieser Erkenntnis zwingt. Jede astronomische Theorie, die dem Menschen einen besonde-

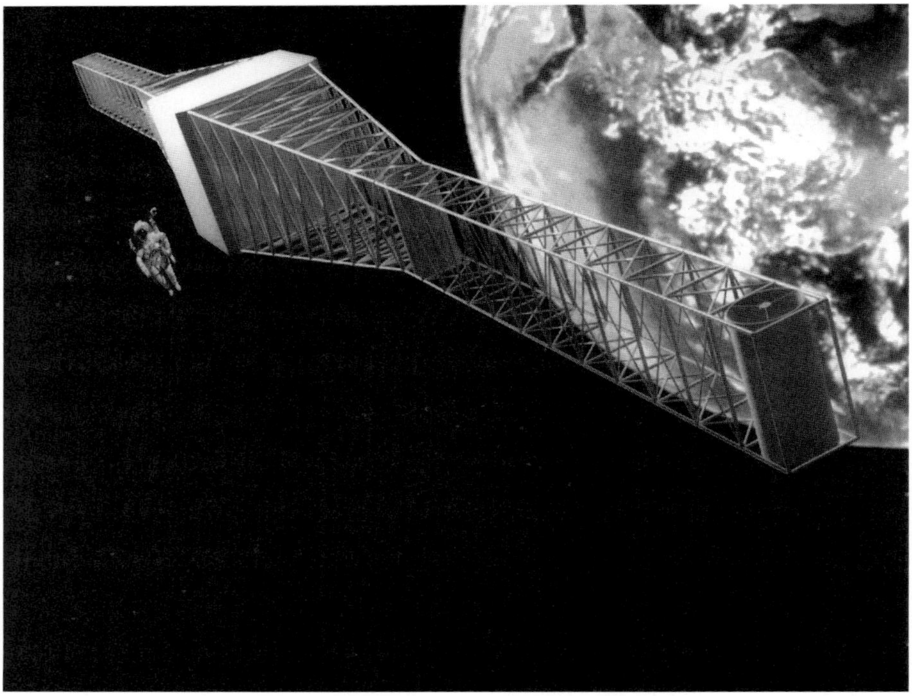

So könnte das rotierende Interferometer «Planet-Finder» mit seinen vier an einem Träger befestigten Teleskopen aussehen (Quelle: Universität von Arizona).

ren Platz im Kosmos zuweisen wollte, hat sich als falsch erwiesen: Die Erde ist nicht der Mittelpunkt des Universums, auch die Sonne nicht oder die Milchstraße, in der sich unser Sonnensystem befindet. Unser Platz im Kosmos ist in astronomischer Hinsicht kein Sonderfall. Warum sollte er es in biologischer sein?

19. Streit um 51 Pegasi

Anfang 1997 hatte sich die Aufregung um die neuen Planeten weitgehend gelegt. Die Astronomen hatten ihre unverarbeiteten Daten analysiert, die Theoretiker versuchten sich an neuen Modellen der Planetenentstehung, und die Teleskopbauer entwarfen gewaltige Geräte, mit denen die neuen Planeten sichtbar gemacht werden sollen. Die meisten Astronomen waren zu diesem Zeitpunkt von der Existenz der neuen Planeten überzeugt. Da ließ die Fachzeitschrift *Nature* eine Bombe platzen. In ihrer Ausgabe vom 27. Februar 1997 behauptete ein kanadischer Astronom, er könne belegen, daß es den Planeten bei 51 Pegasi gar nicht gebe.

David Gray ist Professor an der Universität von Western Ontario. Er beschäftigt sich mit allen möglichen Eigenschaften von Sternen: ob sie rotieren, wie sich ihr Magnetfeld verändert, was sich an ihrer Oberfläche tut. Grays Spektrograph eignet sich nicht für die Planetensuche mittels Messung der Radialgeschwindigkeit. Für diesen Zweck ist das Gerät über lange Zeit nicht stabil genug. Dafür kann Gray einzelne Absorptionslinien extrem stark auflösen. Während die Planetenjäger aus der Verschiebung von Tausenden solcher Linien die Radialgeschwindigkeit eines Sterns bestimmen, zieht Gray seine Schlüsse aus der Form einzelner Absorptionslinien.

Die perfekte Absorptionslinie eines ruhenden Gases ist extrem schmal und symmetrisch. Das Gas, das sie erzeugt, blockiert das Licht an einer exakt vorgegebenen Stelle. Die Materie an der Sternoberfläche ist jedoch ständig in Bewegung. Heiße Gasfontänen schießen aus inneren Schichten an die Oberfläche, kältere Gasmassen sinken ab. Wenn der Stern pulsiert, kann sich die ganze äußere Schicht wie ein Wellblech verformen. Zudem nähert sich bei einem rotierenden Stern die eine Seite immer dem Beobachter, während die andere von ihm flieht. Alle diese Bewegungen sorgen gleichzeitig für kleinste Rot- und Blauverschiebungen des Lichts. Dadurch ändert sich die Form der Absorptionslinien. Sie verbreitern sich und werden asymmetrisch.

Gray hatte zwischen 1989 und 1996 39 Messungen an 51 Pegasi vorgenommen. Als er in diesen Spektra die Form einer bestimmten Absorptionslinie untersuchte, stellte er fest, daß sie ständig ihre Form änderte. Eine Regelmäßigkeit war darin allerdings nicht zu erkennen. Erst als Gray überprüfte, ob die Formänderung etwas mit der Periode von Mayors Planet zu tun hatte, machten seine Messungen Sinn. Die Absorptionslinien änderten ihre Form im Rhythmus von 4,23 Tagen. Gray zog daraus den folgenschweren Schluß, daß sich auf der Oberfläche von 51 Pegasi Dinge abspielen, die Mayor und Queloz einen Planeten vorgaukelten. Eine sonderbare Art der Pulsation sei für die Meßresultate der Schweizer verantwortlich. Falls der Stern von der Gravitation eines Planeten zu kleinen Kreisen gezwungen würde, dürfte sich nur die *Lage* der Absorptionslinien verändern, nicht aber deren *Form*. «Obwohl die Veränderungen der Spektrallinien von 51 Pegasi im Moment noch nicht völlig verstanden werden, ist die Chance, daß sie von einem Planeten verursacht werden, verschwindend klein», schrieb Gray.

Die Reaktion aus dem Camp der Planetenjäger ließ nicht lange auf sich warten. Bereits eine Woche vor Erscheinen der Arbeit in *Nature* konnte man im Internet eine lange Entgegnung darauf lesen. Mayor und Queloz hatten zusammen mit ihren amerikanischen Kollegen Marcy und Butler alle Argumente gegen die Theorie von Gray zusammengetragen. Nach ihrer Meinung müßte 51 Pegasi zum Beispiel seine Helligkeit ändern, wenn es die Pulsation tatsächlich gäbe. Obwohl sich bei der von Gray vorgeschlagenen Pulsation nicht der ganze Stern gleichzeitig ausdehnt und dann zusammenzieht, sondern sich einige Gebiete nach außen bewegen, während andere gegen das Zentrum ziehen, sollte sie die Helligkeit des Sterns beeinflussen. Von verschiedenen Gruppen gemachte Messungen zeigen aber, daß 51 Pegasi äußerst stabil ist. Überdies hat auch Gray kein theoretisches Modell dafür, wie die Pulsation zustande kommen soll.

In diesem Punkt erhielten die Planetenjäger Unterstützung von den Experten für die Pulsationen der Sonne. Tim Brown, der sich Jahre mit diesem Thema beschäftigt hat, kann sich nicht vorstellen, daß ein sonnenähnlicher Stern wie 51 Pegasi mit einer Periode von vier Tagen pulsieren kann. «So sehr ich Pulsationen mag, in diesem Fall halte ich sie für sehr unwahrscheinlich.» Auch Bob Noyes, der in den Sechzigerjahren die Fünf-Minuten-Schwingung der Sonne entdeckt hat, hält es für ausgeschlossen, daß ein Zwilling der Sonne mehr als 1000mal langsamer schwingen soll.

Mayor hatte die Arbeit von Gray bereits Ende Dezember 1996 zur Einsicht erhalten. *Nature* wollte wissen, was der Planetenentdecker davon hält. Wie immer verhielt sich Mayor zurückhaltend und sachlich. Ganz anders Geoff Marcy und Paul Butler. «Ich kann nicht verstehen, wie man aufgrund so schwacher Daten zu diesem Schluß kommen kann», sagte Butler, der auch fand, daß *Nature* bei der Auswahl der Gutachter von Grays Arbeit eine schlechte Wahl getroffen hatte.

Einer der Gutachter war Gordon Walker, der im Sommer 1995 bereits die Arbeit der Schweizer beurteilt hatte, und *Nature* von ihrer Publikation abriet. Walker hat sich nie von der Existenz des Planeten bei 51

Pegasi überzeugen lassen. Grays Arbeit bot jetzt eine Möglichkeit, die Messungen ohne Planet zu erklären.

Der zweite Gutachter soll Artie Hatzes gewesen sein, der mit Bill Cochran zusammen nach Planeten sucht. Hatzes ist ein früherer Student von Gray. «Die Gutachter sind voreingenommen», sagt Butler, «ich habe eine extrem schlechte Meinung von *Nature*. Ich würde nie dort publizieren.»

Gray nimmt die Vorwürfe gelassen hin: «So leid es mir tut, die Wahrheit ist die Wahrheit, es gibt keinen Planeten bei 51 Pegasi.» Andere Astronomen halten die Auswahl der Gutachter für fair. «Die Leute sind entweder Freunde oder Konkurrenten, das ist in diesem kleinen Gebiet nicht anders möglich», sagt Tim Brown.

Als Kronzeugen gegen den Planetenkiller Gray riefen Marcy und Butler ihren Kollegen Cochran und Gutachter Hatzes auf. Die zwei hatten eine ähnliche Untersuchung gemacht wie Gray, sollen aber – so sehen es jedenfalls Marcy und Butler – zu einem Resultat gekommen sein, das Grays Messungen widerspricht: Die Oberfläche des Sterns bewege sich kaum, jedenfalls nicht so stark, wie sie es müßte, um die Beobachtungen der Schweizer mit einer Pulsation zu erklären. Cochran und Hatzes wollten ihren Kollegen allerdings nicht den Rücken stärken. Sie betonten, ihre Daten seien zu ungenau, um wirklich mit Grays Werten verglichen werden zu können.

Die Aufregung von Marcy und Butler hat wohl damit zu tun, daß auch einige ihrer Planeten Gefahr laufen, vom Himmel geholt zu werden. Von den sechs Planeten, die sie gefunden hatten, könnten drei ebenfalls Grays Pulsation zum Opfer fallen. Zwar untersuchte Gray nur 51 Pegasi, doch die Mini-Sonnensysteme bei Upsilon Andromedae, Tau Bootis und 55 Cancri haben ähnlich kurze Perioden. Für die Systeme mit längeren Umlaufzeiten besteht vorläufig keine Gefahr. Eine Pulsation, die sich nur alle Monate oder Jahre wiederholt, halten die Pulsationsspezialisten für noch unmöglicher als eine mit einer Periode von vier Tagen.

Gewißheit werden erst weitere Messungen bringen. Falls nicht bald ein eindeutiger Beweis für den Planeten gefunden wird, könnte sich der Streit um 51 Pegasi allerdings hinziehen. Denn selbst wenn es die von Gray vermutete Pulsation geben sollte, schließt sie die Existenz des Planeten nicht zwingend aus. In ihrer Stellungnahme machten die Planetenjäger aus der Not eine Tugend und deuteten die Pulsation als zusätzliche Bestätigung für einen sehr nahen Planeten, der diesen Effekt im Stern erzeugt.

Doch was bliebe, wenn 51 Pegasi tatsächlich den Titel des ersten entdeckten Sterns mit einem Planeten verlieren würde? Wenn Mayor und Queloz nicht das gefunden haben, wonach sie suchten? Dann stünden die Planetenjäger vor der paradoxen Situation, daß die Arbeit mit den größten Folgen für die Forschung über Planeten fremder Sonnen überhaupt nichts mit ihnen zu tun hat.

Zeittafel: Die wichtigsten Ereignisse und Entdeckungen bei der Suche nach extra-solaren Planeten

1543 In *De revolutionibus orbium coelestium (Über die Kreisbewegungen der Weltkörper)* vertritt Nikolaus Kopernikus die Auffassung, die Erde stehe nicht im Mittelpunkt des Universums, sondern drehe sich wie die anderen Planeten auf einer Kreisbahn um die Sonne.

1609 In *Astronomia nova* veröffentlicht Johannes Kepler die ersten beiden Gesetze der Planetenbewegung: Planeten beschreiben Ellipsen, und sie bewegen sich in Sonnennähe schneller als in Sonnenferne (siehe auch 1619: Kepler). Zu dieser durch Beobachtung gewonnenen Erkenntnis wird Isaac Newton (siehe 1687) später die Theorie liefern.

1610 Mit Hilfe eines Teleskops findet Galileo Galilei beim Jupiter vier Monde und entdeckt damit das erste von außen beobachtbare System, bei dem ein Himmelskörper um einen anderen kreist.

1619 Kepler formuliert in *Harmonice mundi* das dritte Gesetz der Planetenbewegungen über das Verhältnis von Umlaufzeit und Distanz zur Sonne verschiedener Planeten.

1666 Isaac Newton entdeckt, daß sich weißes Sonnenlicht mit einem Glasprisma in ein Farbenspektrum zerlegen läßt, also aus einer Mischung verschiedener Farben zusammengesetzt ist.

1668 Isaac Newton baut das erste Spiegelteleskop aus Metall. Da dieses Material einige Nachteile hat, werden vorläufig vor allem Linsenteleskope benutzt.

1686 In seinem populärwissenschaftlichen Werk *Entretiens sur la pluralité des mondes* (deutsche Ausgabe: *Gespräche von mehr als einer Welt, zwischen einem Frauenzimmer und einem Gelehrten*) vertritt Bernard Le Bovier de Fontenelle die Meinung, es gebe viele weitere bewohnte Planeten, die um andere Sterne kreisten.

1687 In seinem Hauptwerk *Philosophiae naturalis principia mathematica (Mathematische Prinzipien der Naturlehre)* formuliert Newton die drei Newtonschen Axiome der Mechanik und kann daraus ableiten, wie sich die Gravitation zwischen Erde und Mond errechnen läßt. Diese Entdeckung und der Anspruch, daß sie für alle Himmelskörper gelte, ermöglichen es, Planetenbahnen vorauszuberechnen.

1718 Edmond Halley entdeckt, daß Sterne sich bewegen und nicht in fester Position zueinander bleiben, wie man bis dahin geglaubt hatte. Diese Verschiebung der Sterne wird Eigenbewegung genannt.

1755 Immanuel Kant erklärt die Entstehung des Planetensystems aus einer Wolke aus Gas und Staub, die sich verdichtet.

1781 William Herschel entdeckt Uranus. Der siebte Planet der Sonne ist der erste, der mit Hilfe eines Fernrohrs gefunden wird.

1782 John Goodricke führt Helligkeitsänderungen von Algol auf einen unsichtbaren Begleiter zurück, der sich bei jeder Umkreisung für kurze Zeit zwischen den Beobachter und den Stern schiebt. Solche Helligkeitsänderungen dienen später auch als Indiz für Planeten (Photometrie).

1796 Pierre Simon de Laplace veröffentlicht eine ähnliche Theorie zur Entstehung des Sonnensystems wie Kant 1755. In seiner Theorie bilden sich die Planeten aus Gasringen, die aus der bereits existierenden Sonne herausgeschleudert werden. Diese Nebularhypothese bildet die Grundlage heutiger Theorien.

1838 Friedrich Wilhelm Bessel gelingt die erste korrekte Entfernungsmessung (Parallaxe) eines Sterns. 61 Cygni ist elf Lichtjahre von der Erde entfernt.

1841 Aus periodischen Stellungsänderungen von Sirius schließt Bessel auf einen unsichtbaren Begleiter. Mit dem gleichen Verfahren (Astrometrie) wird später versucht, Planeten zu finden (siehe 1938: Holmberg, 1943: Strand, 1963: van de Kamp, 1984 und 1996: Gatewood).

1842 Christian Johann Doppler erklärt den später nach ihm benannten Doppler-Effekt: eine scheinbare Verschiebung der Wellenlänge von Licht und Ton, wenn sich die Quelle nähert oder entfernt.

1846 Johann Gottfried Galle und sein Assistent Heinrich d'Arrest entdecken den achten Planeten unseres Sonnensystems, Neptun. Seine Position ist von Urbain-Jean-Joseph Le Verrier und John Couch Adams vorausberechnet worden.

1848 Armand Fizeau erkennt, daß sich die Geschwindigkeit eines Objekts durch die Verschiebung der Spektrallinien seines Spektrums bestimmen läßt. Der Doppler-Fizeau-Effekt (siehe auch 1842: Doppler) ist Basis der späteren Planetensuchprogramme mittels Messung der Radialgeschwindigkeiten (siehe 1980: Campbell, 1986: McMillan, 1994 und 1995: Mayor, 1987 und 1996: Marcy, 1987 und 1996: Cochran).

1859 Robert Wilhelm Bunsen und Gustav Robert Kirchhoff erfinden das Spektroskop. Es ermöglicht, chemische Elemente aus Spektrallinien zu identifizieren, und wird später eingesetzt, um die chemische Zusammensetzung von Sonne und Sternen zu studieren.

1886 William Huggins mißt mit Hilfe des Doppler-Fizeau-Effekts (siehe 1848) die Radialgeschwindigkeit des Sterns Sirius.

1889 Hermann Karl Vogel weist durch die periodische Doppler-Verschiebung im Spektrum von Algol nach, daß der Stern von einem unsichtbaren Begleiter umkreist wird. Nach dem gleichen Prinzip, doch mit viel genaueren Meßgeräten werden über hundert Jahre später die ersten extrasolaren Planeten entdeckt (siehe 1980: Campbell, 1986: McMillan, 1994 und 1995: Mayor, 1987 und 1996: Marcy, 1987 und 1996: Cochran).

1897 Thomas See gibt die Entdeckung mehrerer extrasolarer Planeten bekannt. Seine Funde können nie bestätigt werden.

1905 Thomas Chamberlin und Forest Moulton erklären die Entstehung des Sonnensystems mit der Planetesimalhypothese. Danach ist das Sonnensystem entstanden, als die Sonne in geringer Entfernung einen anderen Stern passierte und dabei aus beiden Sternen Materie herausgerissen wurde. Im Nebel, der sich danach aus dem heißen Gas um den Stern gebildet habe, seien kleine Körper (Planetesimale) kondensiert, die sich später zu Planeten zusammengeballt hätten.

1918 James Jeans und Harold Jeffreys stellen mit der Gezeitenhypothese eine ähnliche Theorie auf wie Chamberlin und Moulton (siehe 1905: Chamberlin): Beim Zusammentreffen zweier Sterne sei Gas aus ihren Körpern gerissen worden, das sich allerdings nicht als Nebel um den Stern verteilt habe, sondern sofort zu Planeten kondensiert sei.

1930 Bernard Ferdinand Lyot erfindet den Koronographen, eine Einrichtung, die die Sonnenscheibe abdeckt, um die Korona zu untersuchen. Später gelingt es damit, Staubscheiben um fremde Sterne sichtbar zu machen (siehe 1984: Terrile).

1930 Clyde William Tombaugh entdeckt den neunten und äußersten heute bekannten Planeten unseres Sonnensystems, Pluto.

1935 Henry Russell zeigt, daß die Theorien von Chamberlin und Moulton (siehe 1905) und von Jeans und Jeffreys (siehe 1918), wonach das Sonnensystem das Ergebnis eines Fast-Zusammenstoßes unserer Sonne mit einem Stern ist, physikalische Gesetze verletzen.

1938 Erik Holmberg gibt nach astrometrischen Messungen die Entdeckung eines extrasolaren Planeten beim Stern Prokyon bekannt. Der Planetenfund bleibt unbestätigt.

1943 Kaj Strand gibt nach astrometrischen Messungen die Entdekkung eines extrasolaren Planeten beim Stern 61 Cygni bekannt. Der Planetenfund bleibt unbestätigt.

1944 Carl Friedrich von Weizsäcker nimmt die Planetenentstehungstheorie von Laplace (siehe 1796) wieder auf und belegt, daß die Planeten durch langsame Verklumpung von Planetesimalen entstehen (siehe 1905: Chamberlin).

1958 In seinem Buch *Of Stars and Men* postuliert Harlow Shapley die Existenz von Objekten, deren Größe zwischen jener von Sternen und Planeten liegt. Was er «Liliputanersterne» nennt, wird später offiziell «Braune Zwerge» heißen (siehe 1975: Tarter).

1959 Giuseppe Cocconi und Philip Morrison veröffentlichen einen Artikel in der Zeitschrift *Nature,* der sich ernsthaft mit der Suche nach Signalen außerirdischer Intelligenz mittels Radioteleskopen befaßt.

1960 Frank Drake beginnt das Projekt Ozma. Er hört mit dem Radioteleskop von Green Bank im US-Bundesstaat Virginia zwei Sterne nach Signalen außerirdischer Intelligenz ab.

1961 In Green Bank, Virginia, findet die erste Konferenz statt, die sich mit der Frage beschäftigt, ob es außerhalb der Erde vernunftbegabtes Leben gibt und wie man, falls das der Fall ist, mit diesen Wesen in Verbindung treten könnte.

1963 Shiv Kumar erkennt, daß in einem Stern, dessen Masse unter eine bestimmte Untergrenze fällt, keine stabile Kernfusion stattfinden kann. Er berechnet diese Grenze auf 0,07–0,09 Sonnenmassen. Später wird man solche Objekte «Braune Zwerge» nennen (siehe auch 1958: Shapley und 1975: Tarter).

1963 Peter van de Kamp gibt die Entdeckung eines neuen Planeten bekannt, der um Barnards Pfeilstern kreisen soll. Die umstrittene Entdeckung macht Barnards Pfeilstern unter Astronomen berühmt-berüchtigt. Während der nächsten zwanzig Jahre wird van de Kamp immer neue Arbeiten zu Barnards Pfeilstern veröffentlichen und die Daten seiner Planeten korrigieren. Heute ist so gut wie sicher, daß ihm Meßfehler unterlaufen sind.

1967 Jocelyn Bell und ihr Kollege Anthony Hewish entdecken den ersten Pulsar. Der schnell rotierende Neutronenstern gibt regelmäßige Radiowellenpulse ab.

1969 Apollo 11 landet auf dem Mond.

1970 Antoine Labeyrie entwickelt die Speckle-Interferometrie, eine Technik, die mit Hilfe mehrerer sehr kurzer Belichtungen eines

Himmelsobjekts den störenden Einfluß der Atmosphäre verringern kann.

1974 Frank Drake (siehe 1960) sendet mit dem Radioteleskop in Arecibo eine Nachricht an Außerirdische. Sie wird in 25 000 Jahren beim Kugelsternhaufen M13 eintreffen.

1975 Jill Tarter schlägt für Objekte zwischen Planet und Stern den Namen «Brauner Zwerg» vor.

1976 Die amerikanischen Raumsonden Viking 1 und Viking 2 landen auf dem Mars und suchen ohne Erfolg nach Leben.

1980 Bruce Campbell und Gordon Walker beginnen das erste Suchprogramm nach Planeten mittels Messung der Radialgeschwindigkeiten. Nach einigen Fehlalarmen wird die Suche 1992 ergebnislos eingestellt.

1983 Hartmut Aumann und Frederick Gillett entdecken mit dem Infrarotteleskop IRAS beim Stern Wega eine Staubwolke. IRAS wird noch Dutzende solcher Wolken entdecken.

1984 George Gatewood nimmt ein neues Gerät (MAP) in Betrieb, das sehr exakte astrometrische Messungen erlaubt, und startet damit die Suche nach Planeten.

1984 Bradford Smith und Richard Terrile gelingt es, die Staubscheibe um Beta Pictoris zu fotografieren, indem sie das Licht des Sterns mit einem Koronographen (siehe 1930: Lyot) abdecken.

1984 Donald McCarthy, Frank Low und Ronald Probst geben die Entdeckung eines Planeten beim Stern Van Biesbroeck 8 bekannt. Sie wenden die Technik der Speckle-Interferometrie (siehe 1970: Labeyrie) an. Kurze Zeit später kann der neue Planet nicht mehr gefunden werden.

1986 Bob McMillan beginnt sein Planetensuchprogramm mittels Messung der Radialgeschwindigkeiten.

1987 Bill Cochran und Artie Hatzes beginnen ihr Planetensuchprogramm mittels Messung der Radialgeschwindigkeiten.

1987 Geoff Marcy und Paul Butler beginnen ihr Planetensuchprogramm mittels Messung der Radialgeschwindigkeiten.

1988 David Latham und Michel Mayor geben mit Kollegen den Fund eines Braunen Zwergs beim Stern HD114762 bekannt. Die Entdeckung beruht auf der Messung von Radialgeschwindigkeiten.

1991 Andrew Lyne gibt die Entdeckung eines Pulsarplaneten bei PSR 1829 bekannt. Kurze Zeit später stellt sich heraus, daß ein Programmfehler für ein falsches Resultat sorgte.

1992 Alexander Wolszczan und Dale Frail publizieren die Entdekkung von drei Planeten, die um einen Pulsar (PSR1257+12) kreisen. Die Existenz dieser Planeten kann zwei Jahre später bestätigt werden.

1992 Robert O'Dell gelingen mit dem Raumteleskop Hubble Bilder von Staubscheiben um junge Sterne im Orionnebel.

1994 Michel Mayor und Didier Queloz beginnen ihr Planetensuchprogramm mittels Messung der Radialgeschwindigkeiten.

1995 6. Oktober, Michel Mayor und Didier Queloz geben die Entdeckung eines Planeten bei 51 Pegasi bekannt. Dieser Fund löst eine Welle weiterer Entdeckungen extrasolarer Planeten bei sonnenähnlichen Sternen aus.

1995 6. Oktober, Shrinivas Kulkarni und seine Kollegen veröffentlichen das erste Bild eines Braunen Zwergs beim Stern Gliese 229.

1996 17. Januar, Geoff Marcy und Paul Butler geben die Entdeckung von zwei Planeten bei den Sternen 70 Virginis und 47 Ursae Majoris bekannt. Kurze Zeit später finden sie vier weitere Planeten bei 55 Cancri, Tau Bootis, Upsilon Andromedae und 16 Cygni B (siehe 23. Oktober 1996).

1996 11. Juni, George Gatewood gibt die Entdeckung von mehreren Planeten beim Stern Lalande 21185 bekannt.

1996 7. August, die NASA gibt bekannt, in einem Marsmeteoriten auf Spuren von früherem Leben auf dem roten Planet gestoßen zu sein.

1996 23. Oktober, Bill Cochran und Artie Hatzes geben zusammen mit Geoff Marcy und Paul Butler die Entdeckung eines Planeten beim Doppelstern 16 Cygni B bekannt.

Die neuen Planeten im Überblick

(Stand 27. Februar 1997)

Name des Sterns	**Entfernung des Sterns**	**Entdecker des Planeten**	**(minimale) Planetenmasse**	**Abstand Planet–Stern**
51 Pegasi	50 LJ	Mayor, Queloz	0,5 MJ	0,05 AE
Upsilon Andromedae	54 LJ	Marcy, Butler	0,7 MJ	0,06 AE
55 Cancri	42 LJ	Marcy, Butler	0,8 MJ	0,11 AE
Lalande 21185	8 LJ	Gatewood	1 MJ (?) 1 MJ (?)	2,5 AE (?) 11 AE (?)
16 Cygni B	72 LJ	Cochran, Hatzes	1,5 MJ	1,7 AE
47 Ursae Majoris	46 LJ	Marcy, Butler	2,4 MJ	2,1 AE
Tau Bootis	55 LJ	Marcy, Butler	3,9 MJ	0,05 AE
70 Virginis	59 LJ	Marcy, Butler	6,6 MJ	0,4 AE
HD114762	130 LJ	Latham, Mayor	9 MJ	0,3 AE

Erklärungen:

Alle Planeten außer jene bei Lalande 21185 wurden mittels Messung der Radialgeschwindigkeit der Sterne nachgewiesen.

Außer bei Lalande 21185 kann wegen der unbekannten Bahnneigung der Planeten nur ihre minimal mögliche Masse angegeben werden.

1 LJ = 1 Lichtjahr = 9,5 Billionen Kilometer

1 AE = 1 Astronomische Einheit = Distanz Erde–Sonne = 150 Millionen Kilometer

1 MJ = 1 Jupitermasse = 318 Erdmassen

Periode des Planeten	Bahnform des Planeten	Bemerkungen
4,2 Tage	Kreis	Existenz wird neuerdings von einigen Astronomen bestritten.
4,6 Tage	Kreis	Große Ähnlichkeit mit Planet bei 51 Pegasi.
14,6 Tage	Kreis	Es gibt Anzeichen für einen zweiten Planeten mit 5 MJ und einer Periode von 15 bis 20 Jahren.
6 Jahre (?) 30 Jahre (?)	Kreis (?) Kreis (?)	Einzige astrometrische Detektion. Qualität der Daten ungewiß, bisher keine formelle Publikation. Möglicherweise dritter Planet mit unbekannten Bahndaten.
2,2 Jahre	Ellipse	Kreist um einen Stern eines Doppel- vielleicht sogar eines Dreifachsternsystems. Hat im Vergleich zu seiner geringen Masse eine stark elliptische Umlaufbahn.
3 Jahre	Kreis	Einziger Planet, der gewiss Ähnlichkeiten mit Jupiter zeigt.
3,3 Tage	Kreis	Aufgrund älterer Messungen vermutete bereits Mayor einen Begleiter. Er konnte aber dessen Periode nicht bestimmen.
117 Tage	Ellipse	Wird wegen großer Masse und elliptischer Bahn auch für einen Braunen Zwerg gehalten. Oberflächentemperatur etwa bei 90° C.
84 Tage	Ellipse	Bereits 1988 gefunden. Wird von den meisten Astronomen (auch von Latham and Mayor selbst) für einen Braunen Zwerg gehalten.

Die neuen Sonnensysteme im Vergleich

In der Grafik wird der größte Unterschied zwischen unserem Sonnensystem und den neu entdeckten augenfällig: Um die Sonne kreisen keine Riesenplaneten in kurzer Distanz. Unsere sonnennächsten Planeten Merkur, Venus, Erde und Mars sind kleine, erdähnliche Planeten. Die neu entdeckten Planeten dagegen sind oft massereicher als Jupiter, kreisen aber in sehr kurzer Distanz um ihren Mutterstern. Wahrscheinlich gibt es in allen Systemen weitere noch unentdeckte Planeten.

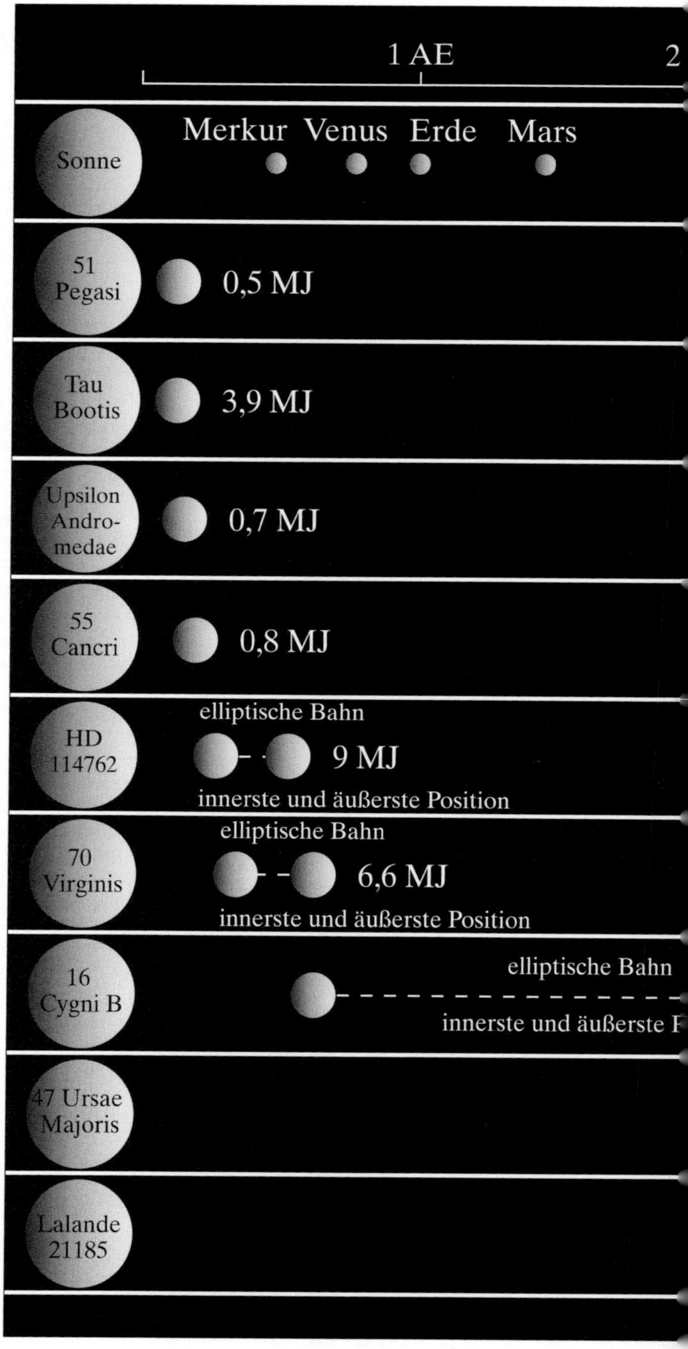

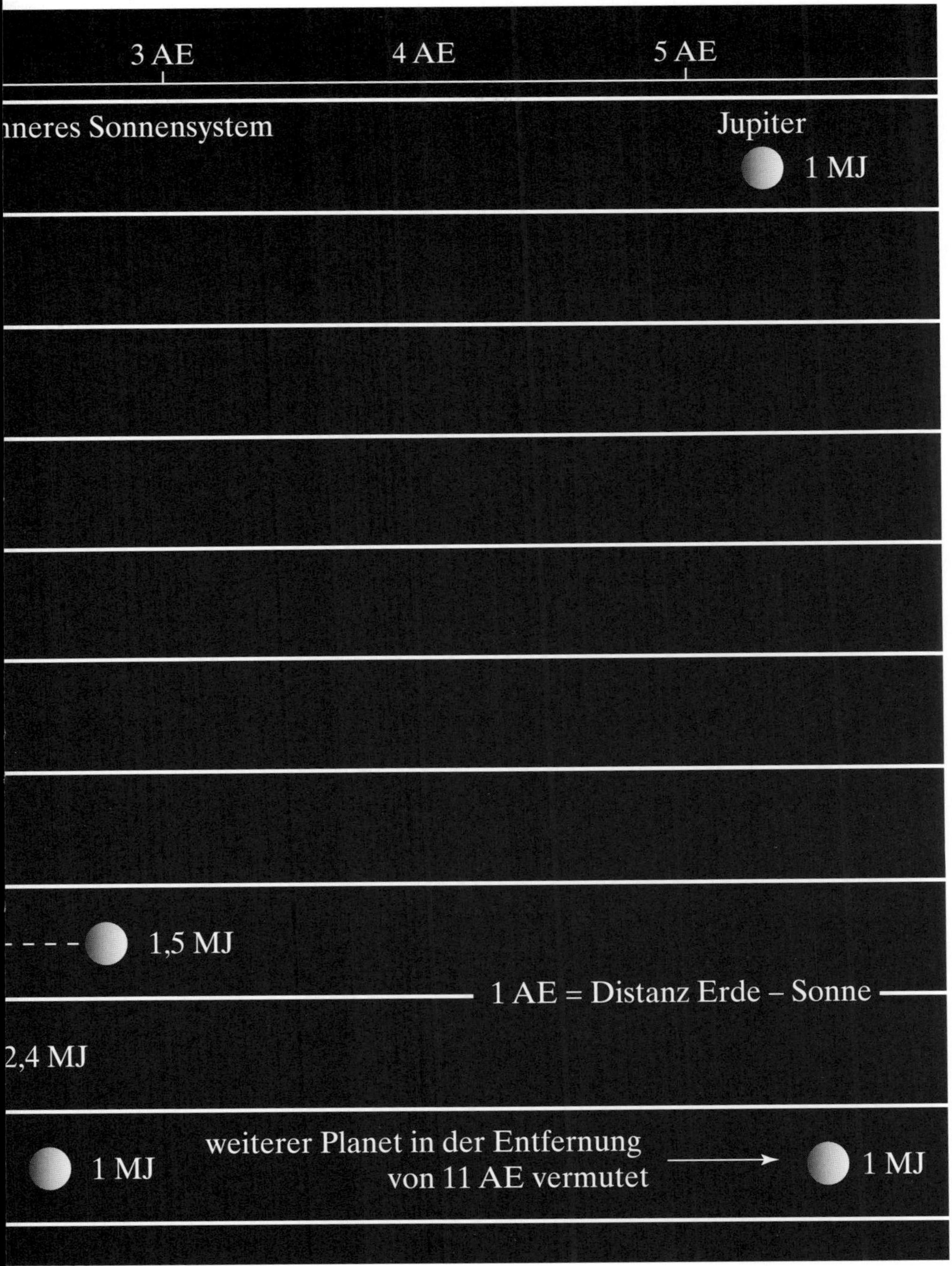
3 AE
4 AE
5 AE
ıneres Sonnensystem
Jupiter
1 MJ
1,5 MJ
1 AE = Distanz Erde – Sonne
2,4 MJ
1 MJ
weiterer Planet in der Entfernung
von 11 AE vermutet
1 MJ

47 Ursae Majoris
$10^h\ 59^m\ 27{,}97^s$
40° 25' 49"

51 Pegasi
$22^h\ 57^m\ 27{,}98^s$
20° 46' 07,3"

Upsilon Andromedae
$01^h\ 36^m\ 47{,}84^s$
41° 24' 19,6"

16 Cygni B
$19^h\ 41^m\ 51{,}96^s$
50° 31' 03,3"

55 Cancri
$08^h\ 52^m\ 35{,}81^s$
28° 19' 51,2"

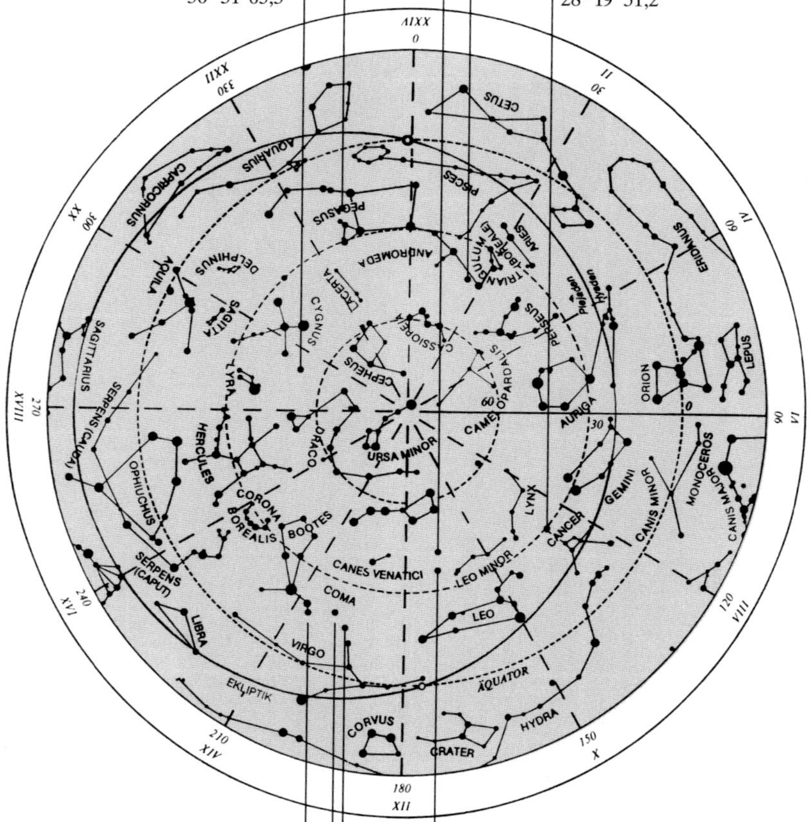

Lalande 21185
$11^h\ 03^m\ 20{,}19^s$
35° 58' 11,8"

70 Virginis
$13^h\ 28^m\ 25{,}81^s$
13° 46' 43,5"

Tau Bootis
$13^h\ 47^m\ 15{,}74^s$
17° 27' 24,4"

HD 114 762
$13^h\ 12^m\ 19{,}73^s$
17° 31' 01,6"

Extrasolare Planeten im Internet

Die Homepage des **Projekts «Darwin» der ESA** bietet nicht nur Informationen über dieses Projekt, sondern auch eine Aufstellung der aktuellen Suchprogramme sowie eine Liste der gefundenen Planeten mit den neusten Gerüchten aus der Planetenjägerszene:

http://ast.star.rl.ac.uk/darwin/Welcome.html

Das **Lexikon der extrasolaren Planeten der Sternwarte von Paris** ist auch für Profis eine zuverlässige Quelle. Es umfaßt eine umfangreiche Bibliographie und ein Archiv alter Meldungen. Wer immer auf Draht sein will, kann sich dort in eine Mailing-Liste eintragen und bekommt die neuesten Meldungen automatisch per E-Mail zugesandt:

http://www.obspm.fr/departement/darc/planets/encycl.html

Alles über **Pulsarplaneten** gibt es auf der Homepage der Pulsarforscher an der Staatsuniversität von Pennsylvania zu erfahren:

http://www.astro.psu.edu/users/pspm/pulsars.html

Sehr wichtig ist ferner die Homepage der erfolgreichen Planetenjäger **Geoff Marcy und Paul Butler** an der Staatsuniversität San Francisco. Wenn die beiden Amerikaner einen neuen Planeten entdecken, erfährt man es dort oft zuerst:

http://cannon.sfsu.edu/~williams/planetsearch/planetsearch.html

Der umfangreiche ExNPS-Bericht über die **Planetensuchprogramme der NASA** vermittelt eine Idee der Technik, die benötigt wird, um eine zweite Erde zu finden:

http://techinfo.jpl.nasa.gov/WWW/ExNPS/RoadMap.html

Die Homepage des **SETI-Instituts** mit allen Informationen über die Suche nach Radiosignalen Außerirdischer enthält auch einen historischen Abriß der wechselhaften Geschichte dieses Unterfangens:

http://www.seti-inst.edu/

Literatur

Die Literaturquellen sind kapitelweise in der Reihenfolge ihrer Nutzung aufgeführt.

1. Kapitel

Danielle Peck, «Planet Hunters», Dokumentarfilm der BBC in der Reihe *Horizon*, 1996
Lukrez, *Von der Natur der Dinge*, 2. Buch, nach: Walter Sullivan, *Signale aus dem All*, Econ Verlag, 1966, S. 16
Teng Mu, nach: Philip Morrison, *Bulletin of the Philosophical Society of Washington* 16 (1962), S. 81
Bernard le Bovier de Fontenelle, *Entretiens sur la pluralité des mondes* (1686), nach: Steven J. Dick, *Plurality of Worlds*, Cambridge University Press, 1982
Voltaire, *Micromégas* (1752), in: Michael J. Crowe, *The extraterrestrial life debate 1750–1900*, Cambridge University Press, 1986, S. 120
T. C. Chamberlin, *The Two Solar Families* (Chicago 1928), S. 148, nach: Steven J. Dick, *The Biological Universe*, Cambridge University Press, 1996, S. 171
Otto Struve, «Proposal for a project of high-precision stellar radial velocity work», *Observatory* 72 (1952), S. 199
«Die Jagd ist eröffnet», *Der Spiegel* 45 (1995), S. 210
T. J. J. See, «Recent Discoveries Respecting the Origin of the Universe», *Atlantic Monthly* 80 (1897), S. 491, nach: Steven J. Dick, *The Biological Universe*, a. a. O.
«Dark Companions», *Time* 42 (2. August 1943), S. 46
Henry Norris Russell, «Planet Companions», *Scientific American*, Juni 1943, S. 260
John Noble Wilford, «Possible Planet found beyond Solar System», *New York Times*, 11. Dezember 1984
«Extrasolar Planet Found – Perhaps», *New York Times*, 16. Dezember 1984
John Noble Wilford, «Scientists dispute Planet Discovery», *New York Times*, 5. Oktober 1986
Sarah Boxer, «The strange case of a disappearing star – or was that a planet?», *Discover*, Januar 1987
Alexander Wolszczan, Dale Frail, «A planetary system around the millisecond pulsar PSR1257+12», *Nature* 355 (1992), S. 145
Alexander Wolszczan, «Confirmation of Earth-Mass Planets Orbiting the Millisecond Pulsar PSR1257+12», *Science* 264 (1994), S. 538
Alexander Wolszczan, «Toward planets around neutron stars», *Astrophysics and Space Science* 212 (1994), S. 67
Steven J. Dick, *The Biological Universe*, a. a. O., Kapitel 4: Planetary Systems: The Limits of Theory

2. Kapitel

Ch. Fehrenbach, *Histoire et Avenir de l'OHP*, Vortragstext, 1987
National Geographic, Beilage: Sternkarte, Dezember 1995
Actualité Religieuse, 15. Dezember 1995
NASA, *TOPS: Toward Other Planetary Systems*, 1992
Geoffrey Marcy, Paul Butler, «Brown Dwarfs and Planets around Solar-Type Stars: Searches by Precise Velocities», in: *The Bottom of the Main Sequence*, 1995 (ESO Workshop, 10.–12. August 1994, Garching), S. 100

3. Kapitel

David W. Latham, Tsevi Mazeh, Robert P. Stefanik, Michel Mayor, Gilbert Burki, «The unseen companion of HD114762: a probable brown dwarf», *Nature* 339 (1989), S. 38
M. Bailes, A. G. Lyne, S. L. Shemar, «A planet orbiting a neutron star PSR1829–10», *Nature* 352 (1991), S. 311
M. Bailes, A. G. Lyne, «No planet orbiting PSR1829–10», *Nature* 355 (1992), S. 213
Richard Fienberg, «Pulsars, Planets & Pathos», *Sky & Telescope*, Mai 1992, S. 493

4. Kapitel

«Planets outside solar system hinted», *New York Times*, 20. Juni 1987
Bruce Campbell, G. A. H. Walker, S. Yang, «A search for substellar companions to solar-type stars», *The Astrophysical Journal* 331 (1988), S. 902
M. Mitchell Waldrop, «Extrasolar planets, maybe – but brown dwarfs, no», *Science* 236 (1987), S. 1623
Gordon A. H. Walker, David A. Bohlender, Andrew R. Walker, Alan W. Irwin, Stephenson L. S. Yang, Ana Larson, «Gamma Cephei: Rotation or planetary companion?», *The Astronomical Journal* 396 (1992), S. L91–L94

5. Kapitel

Philippe Henarejos, «On a trouvé la première planète extrasolaire», *Science & Vie* 929 (Februar 1995), S. 33
Bradford A. Smith, Richard J. Terrile, «A Circumstellar Disk around ß Pictoris», *Science* 226 (1984), S. 1421
H. H. Aumann, F. C. Gillett, C. A. Beichman, T. de Jong, J. R. Houck, F. J. Low, G. Neugebauer, R. G. Walker, P. R. Wesselius, «Discovery of a shell around Alpha Lyrae», *The Astrophysical Journal* 278 (1984), S. L23
Bradford Smith, «10 years of Beta Pictoris – a personal reminiscence», in: *Circumstellar dust disks and planet formation*, Editions Frontières, Paris 1994, S. 1
P. O. Lagage, E. Pantin, «Dust depletion in the inner disk of ß Pictoris as a possible indicator of planets», *Nature* 369 (1994), S. 628
A. Lecavelier des Etangs, A. Vidal-Madjar, G. Burki, H. J. G. L. M. Lamers, R. Ferlet, C. Nitschelm, F. Sèvre, «ß Pic light variations: I. about the planet hypothesis», *Astronomy and Astrophysics*, 16. Oktober 1996
H. J. G. L. M. Lamers, A. Lecavelier des Etangs, A. Vidal-Madjar, «ß Pic light variations: II. scattering by a dust cloud», *Astronomy and Astrophysics*, 29. Oktober 1996

6. Kapitel

«Astronomie: une planète située hors du système solaire», *Le Monde*, 3. Februar 1995
Alan P. Boss, «Proximity of Jupiter-Like Planets to Low-Mass Stars», *Science* 267 (1995), S. 360

7. Kapitel

B. Zuckerman, T. Forveille, J. H. Kastner, «Inhibition of giant-planet formation by rapid gas depletion around young stars», *Nature* 373 (1995), S. 494
George Wetherhill, «How special is Jupiter?», *Nature* 373 (1995), S. 470
George W. Wetherill, «Possible consequences of absence of ‹jupiters› in planetary systems», *Astrophysics and Space Science* 212 (1994), S. 23
R. Griffin und R. Griffin, «On the possibility of determining stellar radial velocities to 0.01 km/s», *Monthly Notes of the Royal Astronomical Society* 162 (1973), S. 243
Bruce Campbell, Gordon Walker, «Precision radial velocities with an absorption cell», *Publications of the Astronomical Society of the Pacific* 91 (1979), S. 540
G. Marcy, R. P. Butler, S. S. Vogt, E. Williams, Chris McCarthy, «Attaining Radial Velocity Precision of 3 m/s», *Publications of the Astronomical Society of the Pacific* 108 (1996), S. 500

10. Kapitel

D. N. C. Lin, J. Papaloizou, «On the structure and evolution of the primordial solar nebula», *Monthly Notes of the Royal Astronomical Society* 191 (1980), S. 37
Titel der Pressemitteilung über VB 8 nach: Dennis L. Mammana, Donald W. McCarthy, *Other Suns. Other Worlds?*, St. Martin's Press, New York 1996, S. 67
«VB 8B. The First Brown Dwarf outside the Solar System», *Physics Today*, Januar 1986
«Star crossed», *New York Times*, 18. Dezember 1984
Mary Murray, «The search for unlit stars», *Science News* 130 (1986), S. 282
John Noble Wilford, «Scientists dispute planet discovery», *New York Times*, 5. Oktober 1986

11. Kapitel

Sarah Lippincott, «Astrometric Analysis of Lalande 21185», *The Astronomical Journal* 65 (1960), S. 445
George Gatewood, «An astrometric study of Lalande 21185», *The Astronomical Journal* 79 (1974), S. 52
Peter van de Kamp, «Astrometric Study of Barnard's Star from Plates Taken with the 24-inch

Sproul Refractor», *The Astronomical Journal* 68 (1963), S. 515
Peter van de Kamp, «Alternate Dynamical Analysis of Barnard's Star», *The Astronomical Journal* 74 (1969), S. 757
George Gatewood, Heinrich Eichhorn, «An unsuccessful search for a planetary companion of Barnard's star», *The Astronomical Journal* 78 (1973), S. 769
John Hershey, «Astrometric analysis of the field of AC +65°6955 from plates taken with the Sproul 24-inch refractor», *The Astronomical Journal* 78 (1973), S. 421

12. Kapitel

Michel Mayor, Didier Queloz, «A Jupiter-mass companion to a solar-type star», *Nature* 378 (1995), S. 355

13. Kapitel

ABC Nightline vom 19. Oktober 1995
Geoffrey W. Marcy, R. Paul Butler, «A Planetary Companion to 70 Virginis», *The Astrophysical Journal* 464 (1996), S. L147
Geoffrey W. Marcy, R. Paul Butler, «A Planet Orbiting 47 Ursae Majoris», *The Astrophysical Journal* 464 (1996), S. L153
John Noble Wilford, «Life in Space? 2 New Planets Raise Thoughts», *The New York Times*, 18. Januar 1996
«Scientists find planets that may support life», *Christian Science Monitor*, 18. Januar 1996
«Is anybody out there?», *Time*, 5. Februar 1996
Alan Boss, «Extrasolar Planets», *Physics Today*, 1. September 1996, S. 32
G. Marcy, W. D. Cochran, A. Hatzes, R. P. Butler, «The Discovery of a Planetary Companion to 16 Cygni B», zur Veröffentlichung unterbreitet bei *The Astrophysical Journal*
G. Marcy, R. P. Butler, Eric Williams, Lars Bildsten, James Graham, A. Ghez, G. Jernigan, «The Planet Orbiting 51 Peg», zur Veröffentlichung angenommen von *The Astrophysical Journal*

15. Kapitel

Peter Goldreich, Scott Tremaine, «Disk-Satellite Interactions», *The Astronomical Journal* 241 (1980), S. 425
Geoff Marcy, Paul Butler, Eric Williams, Heather Hauser, Phil Shirts, «Three New ‹51 Peg-type› Planets», *Astrophysical Journal*, 10. Januar 1997
D. N. C. Lin, P. Bodenheimer, D. C. Richardson, «Orbital migration of the planetary companion of 51 Pegasi to its present location», *Nature* 380 (1996), S. 606
Frederic A. Rasio, Eric B. Ford, «Dynamical Instabilities and the Formation of Extrasolar Planetary Systems», *Science* 274 (1996), S. 954.
David C. Black, «Other Suns, other Planets?», *Sky & Telescope*, 1. August 1996, S. 20
D. N. C. Lin, J. Papaloizou, siehe 10. Kapitel
C. Low, D. Lynden-Bell, «The minimum jeans mass or when fragmentation must stop», *Monthly Notes of the Royal Astronomical Society* 176 (1976), S. 367
Alan P. Boss, «Protostellar formation in rotating interstellar clouds. VII. Opacity and fragmentation», *The Astrophysical Journal* 331 (1988), S. 370
Michel Mayor, Didier Queloz, Stéphane Udry, Jean-Louis Halbwachs, «From Brown Dwarfs to Planets» in: *Astronomical and Biochemical Origins and Search for Life in the Universe*, IAU Coll 161 (1996), Preprint
Steven V. W. Beckwith, Anneila I. Sargent, «Circumstellar disks and the search for neighbouring planetary systems», *Nature* 383 (1996), S. 139

16. Kapitel

Giuseppe Cocconi, Philip Morrison, «Searching for interstellar communications», *Nature* 184 (1959), S. 844
B. M. Oliver, J. Billingham, *Project Cyclops: A Design Study of a System for Detecting Extraterrestrial Intelligent Life* (Moffett Field, Calif., 1971), S. 63
Nikola Tesla, «Talking with the Planets», *Collier's Weekly*, 26, No. 19, 4 (1901)
«Radio to Stars, Marconis Hope», *New York Times*, 20. Januar 1919
«Let the stars alone», *New York Times*, 21. Januar 1919
Steven J. Dick, *The Biological Universe*, Cambridge University Press, 1996, Kapitel 8: SETI: The Search for Extraterrestrial Intelligence
Jean Heidmann, *Intelligence Extra-Terrestres*, Editions Odile Jacob, 1996

17. Kapitel

R. Griffin und R. Griffin, siehe 7. Kapitel
Bruce Campbell, Gordon Walker, siehe 7. Kapitel
Bruce Campbell, G. A. H. Walker, S. Yang, siehe 4. Kapitel
M. Mitchell Waldrop, siehe 4. Kapitel
Gordon A. H. Walker, David A. Bohlender, Andrew R. Walker, Alan W. Irwin, Stephenson L. S. Yang, Ana Larson, siehe 4. Kapitel
Gordon A. H. Walker, Andrew R. Walker, Alan W. Irwin, Ana M. Larson, Stephenson L. S. Yang, Derek C. Richardson, «A Search for Jupiter-Mass Companions to Nearby Stars», *Icarus* 116 (1995), S. 359

18. Kapitel

Gero von Randow, «Leben auf dem Mars: Ist da jemand? Bitte melden!», *Die Zeit*, 16. August 1996
Christian de Duve, *Aus Staub geboren*, Spektrum, Akademischer Verlag 1995
J. Roger P. Angel, Neville J. Woolf, «Die Suche nach Leben auf fernen Planeten», *Spektrum der Wissenschaft*, 1. Juni 1996, S. 90
B. R. Oppenheimer, S. R. Kulkarni, K. Matthews, T. Nakajima, «Infrared Spectrum of the Cool Brown Dwarf Gl 229B», *Science* 270 (1995), S. 1478
T. Nakajima, B. R. Oppenheimer, S. R. Kulkarni, D. A. Golomowski, K. Matthews, S. T. Durrance, «Discovery of a cool brown dwarf», *Nature* 378 (1995), S. 463
James Glanz, «Found: A Star Too Small to Shine», *Science* 270 (1995), S. 1435
Roger Angel, «Ground-based imaging of extrasolar planets using adaptive optics», *Nature* 368 (1994), S. 203
Gordon Walker, «A solar system next door», *Nature* 382 (1996), S. 23
Michael A. G. Michaud, «Seti and Diplomacy», in: G. Seth Shostak (ed.), *Progress in the Search for Extraterrestrial Life*, ASP Conference Series, Vol. 74 (1995)

19. Kapitel

David F. Gray «Absence of a planetary signature in the spectra of the star 51 pegasi», *Nature* 385 (1997), S. 795
Michel Mayor, Didier Queloz, Geoff Marcy, Paul Butler, «Can the 51 Peg Doppler variations be due to non-radial pulsations?», http://cannon.sfsu.edu/~williams/planetsearch/nrp.html
Artie Hatzes, William Cochran, Christopher Johns-Krull, «Testing the planet hypothesis: A search for variability in the spectral line shapes of 51 Pegasi», zur Veröffentlichung unterbreitet bei *The Astrophysical Journal*

Register

Symbole

16 Cygni A 198, 215
16 Cygni B 196, 198 ff, 215, 265 ff, *268, 270*
47 Ursae Majoris 192, 195, 215, 265 ff, *268, 270*
51 Pegasi 8, *19*, 24 f, 30, 33 f, 38 ff, 45, 47, 53 ff, 57, 64, 66, 68 f, 71 f, 76 ff, 107 f, 113 ff, *115*, 135, 137 ff, *140*, 145 ff, 149 ff, 179 ff, *185*, 189 f, 195, 202, 210 ff, 217 f, 220, 226, 229, 242, 249, 251 ff, 264, 266 ff, *268, 270*
55 Cancri 260, 265 ff, *268, 270*
61 Cygni 27, 259, 261
70 Virginis 126, 128, 191 ff, *191, 193*, 265 ff, *268, 270*
104 Taurus 114

A

Absorptionslinien 56 ff, *61*, 66, 73 ff, *75, 76*, 90, *104*, 106, 114, 130, *133*, 146, 151, 154, 230 f
Adams, John Couch 259
Algol 258, 260
ALH 84001 236, 237
Alpha Centauri A 244
Amerikanische Astronomische Gesellschaft 65, 192, 198, 207, 233
Angel, Roger 13, 241, 243, *244*, 246, 249
Apollo 11 262
Arktur 165
Arrest, Heinrich d' 259
Astrometrie 112 f, 161, 164, 167, 170, 172, 174, 205, 259
Astronomia nova 257
Aumann, Hartmut 85 ff, 263
Außerirdisches Leben
  Interstellare Kommunikation 203, 217 ff, 249, 262 f
  Ozma-Projekt 221, 262
  SETI (Search for Extraterrestrial Intelligence) 13, 203 f, 217 ff, 272
  Suche nach außerirdischem Leben 203, 217 ff

B

Barnards Pfeilstern 28, 168 ff, *171*, 262
Bell, Jocelyn 223 f, 262
Benz, Willy 12, 141 ff, 211 f
Bessel, Friedrich Wilhelm 166, 259
Beta Pictoris 81 ff, *87, 93, 95, 97*, 107, 241, 263
Black, David 13, 212 ff, *213*, 247
Bodenheimer, Peter 211
Boss, Alan 12, 13, 110, 112 f, 179, 199 f, *209*, 209 ff, 215
Bracewell, Ronald 245 ff
Brauner Zwerg 15, 40, 139, 145, 150, 174, 213 ff, *242*, 242 f, 249, 261 ff
  Entstehung 42 f, 50 f, 192 f, 199, 214 ff
  Masse 42 f, 50 f, 214
  Oberflächentemperatur 50 f, 243
  Umlaufbahn 50 f, 154, 192 ff, 199, 215
  Zusammensetzung 50 f, 214
Bright Star Catalogue 180 f
Brown, Tim 12, 53 f, 57 f, 60, 62, 66, 77, 145 ff, 182 f
Bruno, Giordano 22
Bunsen, Robert Wilhelm 260
Burki, Gilbert 13, 156 f
Burrows, Adam 13, 143 ff, 149, 179, 209
Butler, Paul 12, 45, 123 ff, *124, 127*, 179 ff, 187 ff, 201, 208, 213, 220, 235, 264 ff, 271

C

Campbell, Bruce 12, 44, 78, 128, 132, 179, 229 ff, 260, 263
Chamberlin, Thomas 23, 260 f
Cocconi, Giuseppe 218 ff, 262
Cochran, Bill 13, 44, 138, 179, 196, *198*, 232, 235, 260, 264 ff
Cosmotheros 22

D

Darwin-Projekt 247 f, 271
De revolutionibus orbium coelestium 257
DeJonge, Joost Kiewiet 170
Dina, Mary 32
Doppelsterne 47, 50 f, 154, 192, 198, 200, 215 f
Doppler, Christian Johann 57, 259
Doppler-Fizeau-Effekt 259 f

Doppler-Verschiebung 57, 60 f, 124, 134, 224, 259 f
Drake, Frank 203 f, *221*, 221 ff, 262 f
Drake-Gleichung 222
Duve, Christian de 238

E

Echelle-Spektrum 74 f, *75*, *104*
Eisenspektrum 73
Entretiens sur la pluralité des mondes 258
Epikur 7
Epsilon Eridani 221
Erdähnliche Planeten 9, 51, *102*, 115 ff, *116*, *121*, 210, 216, 249
Erdatmosphäre 71, 92, 164, 230, 243, 245, 247
ESA (European Space Agency) 247 f, 271
Etangs, Alain Lecavelier des 81
ExNPS (Exploration of Neighboring Planetary Systems) 249, 272

F

Ferlet, Roger 81
Fizeau, Armand 259
Fluorwasserstoffspektrum 132f
Fontenelle, Bernard Le Bovier de 22, 258
Frail, Dale 29, 264
Fraunhofer, Joseph von 56

G

Galaxien 8, 20, 34, 68, 115, 218
Galaxis 7, 8, 22, 222, 226
Galilei, Galileo 257
Galle, Johann Gottfried 259
Gamma Cephei 78, 233
Gasplaneten (Riesenplaneten) 9, 46, 71, 51, 110 ff, 115 ff, *121*, 129, 135, 147, 149, 210 ff, 244, 249, *268*
Gatewood, George 12 f, 161 ff, *163*, 201 ff, 235, 249, 259, 263, 265 f
Geneva Photometric Catalogue 78 f
Gezeitenkraft 142, 212
Gillett, Frederick 85 ff, 263
Gliese 229 176, *242*, 242 ff, 265
Goldreich, Peter 210
Goodricke, John 258
Gravitationslinse 175 f
Gray, David 251 ff

H

Halley, Edmond 165, 258
Harmonice mundi 257
Hatzes, Artie *198*, 266
Hauptreihenstern 181
HD114762 62, 64, 145 f, 266
Heidmann, Jean 13, *217*, 217 ff, 226
Helioseismologie 59
Herodot 7
Herschel, William 258
Hershey, John 172
Herzberg, Gerhard 231, 234
Hewish, Antony 223 f, 262
Holmberg, Erik 259, 261
Huggins, William 260
Huygens, Christian 22

I

Infrarote Strahlung 82 ff, *86*, *87*, *104*, 105 f, 241 ff
Interferometrie 176, 245 ff, *246*, *250*, 263
Internet 107, 143, 187, 271 f
IRAS (Infrared Astronomy Satellite) 82 ff, *84*, 263

J

Jeans, James 260 f
Jeffreys, Harold 260 f
Jodspektrum 133, 146
Jupiter 43 ff, *103*, 109 ff, 115 ff, *116*, *120*, 129 f, 141 ff, 150, 257, *268*

K

Kamp, Peter van de 28, 168 ff, 208, 259, 262
Kant, Immanuel 258 f
Kepler, Johannes 151, 191, 257
Komet 96, 110, 237
Kopernikus, Nikolaus 8, 11, 21, 257
Koppel, Ted 189
Koronograph 88
Kosmische Strahlung 73, 75
Krüger 60 B 28
Kugelsternhaufen M13 225, 263
Kuiper-Ring 91
Kulkarni, Shrinivas 242 f, 265
Kumar, Shiv 262

L

Labeyrie, Antoine 263 f
Lalande 21185 161 f, 166 ff, 201 ff, 249, 265 f, *268*
Laplace, Pierre Simon de 23, 259, 261
Latham, David 13, 62 ff, *63*, 145 f, 189, 264, 266
Le Micromégas 22
Le Verrier, Urbain-Jean-Joseph 259
Léger, Alain 246 f
Leuchtkraftklasse 180 f
Lichtspektrum 59, 105
Lick, James 123
Liebert, Jim 13, 140 f, 144, 178
Liliputanersterne 261
Lin, Doug 211, 213
Linsenteleskop (Refraktorteleskop) 164
Lippincott, Sarah 161 f
Lukrez 20
Lyne, Andrew 65, 184, 264
Lyot, Bernard Ferdinand 261

M

Marconi, Guglielmo 220
Marcy, Geoff 12, 45, 123 ff, *124*, *127*, 179, 181 ff, 187 ff, 199, 200, 208,

209 ff, 220, 227, 229, 232, 235, 260, 264 ff, 271
Mariotti, Jean-Marie 247
Mars 51, *102*, 109, 115, *116*, *120*, 236, 237, 248, 263, *268*
Leben auf dem Mars 236 f
Marsmeteorit 236 f
Mayor, Michel 9, 12 f, 15 ff, 33 ff *36*, 53, 60, 62, 71 ff, 93, 107 f, 110, 113, 125, 128, 130, 134 ff, 149 ff, 166, 177 ff, 196, 199, 202, 208 ff, 229, 235, 236, 260, 264, 266
McCarthy, Donald 150, 263
McKenna, Terence 226
McMillan, Bob 13, 45, 179, 232, 235, 260, 264
Merkur 51, *102*, 109, 113, 115, *116*, *120*, *268*
Milchstraße 115, *115*,
Mond 68, 91, 110, 212, 226, 247, 258, 262
Morrison, Philip 218 ff, 262
Moulton, Forest 260 f
Muller, Richard 47
Multichannel Astrometric Photometer (MAP) 202, 205 f, 263

N

NASA 13, 43 f, 225 f, 236 ff, 265
Nemesis 47
Neptun 51, *102*, 115, *116*, *120*
Newton, Isaac 56, 166, 257 f
Noyes, Bob 12, 53 ff, *59*, 77, 145 f, 166, 182 f, 240

O

O'Dell, Robert 264
Oliver, Bernard 219
Orionnebel *98*, 264

P

Pallavicini, Roberto 12
Philosophiae naturalis principia mathematica 258
Photometrie 92 f, 259
Photosphäre 56
Planeten
Entstehung 23 ff, 50 f, 109 ff, *111*, 117, *119*, 135, 142, 149, 199, 209 ff
Exzentrische Planeten 194
Fehldetektionen 26 ff, 150, 168 ff, 174
Leben auf 25, 237 f, 249
Masse 8, 27 f, 50 f, 108 ff, 115 ff, *121*, 149 ff, 192, 199, 212 ff
Oberflächentemperatur 50 f, 192, 194
Umlaufbahn 50 f, 115 f, 192 ff, 210, 215 ff
Zusammensetzung 50 f, 214
Gezeitenhypothese 260 f
Nebularhypothese 23, 259, 261
Planetesimalhypothese 109, 260 f
Staubscheibe 20, 24, 88, 90, 110, 112, *119*, 149 f, 192, 214
Planetesimale 95, 109, 260 f
Plejaden 107
Pluto 68, 90 f, *102*, 109, 110, 115 ff, *116*, *120*, 182, 243, 261
Prokyon 165, 261
PSR1829–10 65
Pulsar 29 f, 65, 224, 262, 264
Pulsarplaneten 29 f, 184, 264, 271
Pulsation 58 ff, 77, 157 ff, 251 ff

Q

Queloz, Didier 12 f, 16 ff, 24, 31 ff, 53 f, 60 ff, 81, 107 ff, 123, 125, 128, 130, 135, 137 ff, 146, 149 ff, 161, 179 ff, 188 ff, 196, 210, 235, 264, 266

R

Radialgeschwindigkeit 35 ff, *35*, 42 ff, *42*, 137, 151 ff, *152*, 174, 259 f, 263 f
Messung der 56 ff, *61*, 73 ff, *76*, 130 ff, *133*
Radioteleskope
Arecibo 224 f, *225*, 263
Cambridge 223
Green Bank 221, 262
Nançay 217 f
Randow, Gero von 236
Refraktorteleskop (Linsenteleskop) 164
Riese 181
Riesenplaneten (Gasplaneten) 9, 46, 71, 51, 110 ff, 115 ff, *121*, 129, 135, 147, 149, 210 ff, 244, 249, *268*
Roter Zwerg 111
Russell, Henry 27, 261

S

Sage, Leslie 184
Saturn 51, 91, *102*, 109, 115, *116*, *120*, 125, 129
Schwarzkörperstrahlung 85 f, *86*
Schweizerischer Nationalfonds 13, 44, 141
See, Thomas 26, 260
SETI (Search for Extraterrestrial Intelligence) 13, 203 f, 217 ff, 272
Shapley, Harlow 261 f
SIM (Space Interferometry Mission) 249
Sirius 22, 165 ff, 259 f
SIRTF (Space Infrared Telescope Facility) 248
Smith, Bradford 88 ff, 241, 263
Sonne 58 ff, 115 ff, *115*, *120*
Sonnenspektrum 56, *104*
Sonnensysteme 23 ff, 50 f, 109 ff, *111*, 117, *119*, 135, 142, 149, 199, 209 ff
Speckle-Interferometrie 263
Spektrograph 56 ff, *61*, 71 ff, 105, 124 ff, 145 ff, 151 f, 157
Spektrum 56,*104*, 105 ff

Spiegelteleskop 12, 55, 123, 235, 258
Stefanik, Robert *63*
Stern 50
- Doppelsterne 47, 50 f, 154, 192, 198, 200, 215 f
- Entstehung 23, 88, 98, 100, 115 ff, 118, 180
- Entwicklung 180
- Flecken 78 f, 174, 234
- Hauptreihenstern 181
- Leuchtkraftklasse 180 f
- Magnetfeld 79
- Masse 50 f
- Oberflächentemperatur 50 f, 85, *86*, 241
- Photosphäre 56
- Pulsation 58 ff, 77, 157 ff, 251 ff
- Rotation 40, 79, 107
- Zusammensetzung 50 f, 260

Sternwarten
- Allegheny 161 ff, *163*
- Boulder 53 f, 145
- Dominion 44, 78
- Flagstaff 55
- Haute-Provence 13, 31 ff, *70*, 107 f, 139
- Kitt Peak 55, 85
- Las Campañas 89
- La Silla (Europäische Südsternwarte ESO) 13, 90, *156*, 235
- Lick 8, 12, 123 ff, *131*, 187 f
- Oak-Ridge *63*
- Paris 217, 247, 271
- Sproul 161, *169*, 169 ff
- US-Marine (US-Naval Observatory) 27

Strand, Kaj 27, 259, 261
Struve, Otto 24
Supernova 224

T

Tarter, Jill 261 ff
Tau Bootis 254, 265 ff, *268, 270*
Tau Ceti 221
Teleskope
- Canada-France-Hawaii 33, 38, 231 f
- Coralie *36*
- Hobby-Eberly 235
- Hubble 82, 248, 264
- Shane 123, 124, *127*
- Thaw 163 ff, *163*, 206
- Tillinghast 53, *54*, 183

Teng Mu 20
Terrile, Richard 88 ff, 241, 261, 263
Tesla, Nikola 220
Thoriumspektrum 74 ff, 132
Tombaugh, Clyde 182, 261
TOPS (Towards Other Planetary Systems) 44
Tremaine, Scott 13, 210 ff

U

Unterriese 181
Upsilon Andromedae 254, 265, 266 f, *268, 270*
Uranus 51, 89, *102*, 109, 115 ff, *116, 120*, 186, 258

V

Van Biesbroeck 8 28, 150, 263
Venus 51, *102*, 109, 115, *116, 120, 268*
Vidal-Madjar, Alfred 13, 81, 90 ff, 107
Viking 1 263
Viking 2 263
Vogel, Hermann Karl 260
Voltaire 22

W

Walker, Gordon 12 f, 44, 78, 128, 132, 178 ff, *179*, 209, 229 ff, 247, 263
«Wasserstoffsingen» 219
Wega 85 ff, *86, 87*, 263
Weizsäcker, Carl Friedrich von 261
Wetherhill, George 129
Wolszczan, Alexander 13, 29 f, 264
Woolf, Neville 243

Y

Yang, Stephenson *78*

Z

Zodiaklicht 247
Zuckerman, Ben 129